edition suhrkamp 2459

Ob aufgrund ihrer Simplizität oder Komplexität, Tiere, Pflanzen, Steine und Maschinen stehen im Zentrum einer Vielfalt positiver Wissensformen. Diese geraten handelsüblichen Kulturgeschichten meistens nicht in den Blick, zu sehr sind sie durch die Perspektive des Menschen gelenkt.
In dem vorliegenden *Bestiarium*, dem ein *Florilegium*, ein *Lapidarium* und ein *Machinarium* folgen werden, kommt dem Tier der Rang einer Wissensfigur zu. Es wird zum Agenten eines Wissens, das sich aus dieser Figur allererst generiert. Als konstituierende Bedingung einer Rede von Maschine und Mensch, von Natur und Kultur werden die Tiere des hier vorgestellten *Bestiariums* zum Übertier: Dieses wird zum Vorbild des Menschen, zur Verkörperung dessen, was der Mensch gerade nicht kann oder hat. Als Vertreter dieser neuen Spezies machen Tiere wie Polypen und Seeigel, Mickymäuse und Frösche, Chamäleons und Fruchtfliegen, Ameisen und Austern nicht weniger als eine doppelte Herkunft lesbar: die des Wissens vom Leben und die des Wissens vom Menschen.

Benjamin Bühler ist derzeit wissenschaftlicher Assistent am Deutschen Seminar der Universität Basel, Stefan Rieger ist zur Zeit Heisenbergstipendiat der Deutschen Forschungsgemeinschaft. Er hat im Suhrkamp Verlag zuletzt veröffentlicht: *Kybernetische Anthropologie. Eine Geschichte der Virtualität* (stw 1680)

Benjamin Bühler
Stefan Rieger

Vom Übertier

Ein Bestiarium des Wissens

Suhrkamp

edition suhrkamp 2459
Erste Auflage 2006

Originalausgabe

Satz: Jung Crossmedia Publishing, Lahnau
Druck: Druckhaus Nomos, Sinzheim
Umschlag gestaltet nach einem Konzept
von Willy Fleckhaus: Rolf Staudt
Printed in Germany
ISBN 3-518-12459-5

1 2 3 4 5 6 – 11 10 09 08 07 06

Inhalt

Einleitung 7

Dramatis bestiae
** Ameise 15
** Auster 27
** Bär 35
** Barsch 47
** Biene 60
** Drosophila 76
** Fledermaus 89
** Frosch 99
** Graugans 114
** Hund 126
** Mickey Mouse 143
** Molch 151
** Ornithopter 161
** Pferd 175
** Polyp 187
** Ratte 200
** Schildkröte 209
** Schnecke 221
** Seeigel 230
** Steinlaus 239
** Zecke 250
** Zitteraal 265
** Homo-nix-sapiens 279

Literaturverzeichnis 293

Abbildungsverzeichnis 309

Register der Tiere, die dem Netz der alphabetischen Gesamtanordnung und seiner Querverweise entgingen 317

Einleitung

Die Kulturgeschichte konzeptualisiert das Verhältnis von Mensch und Tier in der Regel als ein defizitäres. Dieser Bestimmung nach ist der Mensch zwar selbst ein Tier, aber ein solches, das durch spezifische Eigenschaften ausgezeichnet ist: Der Mensch ist das Tier, das zur Staatenbildung, zur Sprache und Kommunikation befähigt ist, das arbeiten, spielen, weinen, lachen, lügen, lernen, sprechen, helfen und morden kann. (Macho 1997) Und so haben Naturforscher und Theologen, Biologen und Psychologen, Physiologen und Ingenieure, Anthropologen und Philosophen sich immer wieder neu bemüht, die Grenze zwischen Tier und Mensch sowie die Besonderheit des Menschen, die *differentia specifica*, zu er- und begründen und das anthropologische Differenzschema zu stabilisieren. Doch dieses Schema erweist sich selbst als Konsequenz der »Sonderstellung« oder, wie es Michel de Montaigne in dem Essay *Apologie für Raymond Sebond* formulierte, des »Hochmuts des Menschen« gegenüber anderen Seinsarten.

Anders gesagt: Dieses Schema ist blind gegenüber seiner historischen Herkunft, die gerade umgekehrt darin gründet, daß die Figur des Menschen aus der Figur des Tieres abgeleitet wird. Diese Ableitung hat ihrerseits viele Vorgeschichten, in denen das Tier dem Menschen als Vorbild dient. Schon bei Plutarch mußte sich Odysseus von einem in ein Schwein verwandelten Griechen vorführen lassen, daß die Tiere weitaus tugendhafter und vernünftiger als die Menschen seien. Und nach Demokrit sind es die Tiere, die den Menschen die meisten Künste gelehrt hätten, etwa die Spinne das Weben und Nähen, die Schwalbe das Bauen oder der Schwan und die Nachtigall das Musizieren. Nicht zuletzt wegen solcher Einzelbefähigungen stellt sich immer wieder die Frage nach der Vernunft der Tiere. Diese durchzieht die Geschichte von Anthropologie und Philosophie bis in aktuelle Diskussionen der Gegenwart. (Schütt 1990, Perler/Wild 2005) Doch auch wenn den Tieren eine gewisse Vernunftfähigkeit zugesprochen wurde, etwa in Pierre Bayles berühmtem *Rorarius*-Artikel oder in der Schrift *Traité des animaux* des französischen Sensualisten Etienne Bonnot de Condillac, blieb die Sonderstellung des Menschen doch immer gewahrt.

Ex negativo bestätigt wird diese Sonderstellung in der These vom Menschen als Mängelwesen, die bereits von Johann Gottfried Herder formuliert und von Arnold Gehlen zu einer Theorie der Anthropo-Biologie ausgearbeitet wurde: Demnach ist der Mensch zwar im Gegensatz zum Tier defizitär, doch gerade das zwingt ihn zu Leistungen, die ihn weit über das Tier hinausheben. Der Mensch ist dieser Einschätzung nach von Natur aus ein Kulturwesen – er muß durch künstliche Verfahren kompensieren, was die Natur ihm vorenthält. Dieser Logik zufolge holt der Mensch durch Kultur- und Medientechniken nach, was ihm das Tier voraushat. Genau dies hat zum Beispiel die Bionik, die aus der Natur für die Technik lernen will, zu ihrem Gegenstand erklärt. Die Bionik, deren Begriff von einem amerikanischen Luftwaffenmajor aus den Ausdrücken *biology* und *electronics* zusammengefügt wurde, kann dabei selbst auf eine lange Tradition zurückblicken. So hat bereits Leonardo da Vinci aus dem Studium des Vogelfluges technische Konsequenzen für den Menschenflug gezogen, und noch heute dient, wie die um Tarnung bemühten Militärs wissen, das Chamäleon als Vorbild intelligenter, weil sich der Umwelt anpassender Kleidung. Doch die Konsequenz von Aussageformen wie der Bionik liegt keineswegs nur in einem wechselseitigen heuristischen und pragmatischen Austausch von Konzepten, Modellen und Theorien. Vielmehr verschwinden mit den Unterschieden zwischen Biologie und Technik auch die zwischen Mensch und Tier, wie es etwa Julien Offray de La Mettrie bereits im 18. Jahrhundert mit seiner These vom Menschen als Maschine formuliert hatte. Die Gleichsetzungen von Tier, Maschine und Mensch haben jedoch nicht allein philosophische oder anthropologische Konsequenzen, sondern führen direkt in die moderne Biopolitik. Denn erzeugt wird hier ein *nacktes Leben* (Agamben 2003), welches, wie Foucault gezeigt hat, den Gegenstand politischer Regulierungstechnologien bildet: »Der moderne Mensch ist ein Tier, in dessen Politik sein Leben als Lebewesen auf dem Spiel steht.« (Foucault 1983, 171)

Die Angabe positiver Kriterien für die Unterscheidung menschlicher und anderer Lebensformen wird immer weiter verunmöglicht. Maschinen und künstliche Intelligenzen tun ein übriges, dem Menschen angestammte Areale und damit ein Stück weit seine vermeintliche Natur abspenstig zu machen. Zunehmend ersetzen sie, was als genuine Eigenheiten und Eigenschaften des Menschen gilt. Vor diesem Hintergrund lohnt eine Inversion der Blickrichtung – Tiere sehen den Menschen an oder genauer noch: Wissenschaftler sehen durch die Augen der Tiere auf den Menschen, und was sie sehen, sind Defizite und Mängel nicht des Tieres, sondern des Menschen. Die Krone der Schöpfung scheint in dieser Verkehrung als das Defizitär der Figur des Tieres. Mit der *Wissensfigur* des Tieres wird das Argument aus einem platten Biologismus gelöst und zu einer Denkfigur ausgeweitet. Der Bezug von Mensch und Tier wird über seine Kasuistik hinaus systematisiert – seine Bühne ist nicht länger das Varieté und der Tierpark, seine Bühne ist die moderne Ordnung des Wissens selbst. Kurz und mit Blick auf den Titel dieses Buchs gesagt: Das Tier als evolutionäre Vorform des Menschen wird zur Maßgabe dessen, wohin der Mensch sich allererst noch zu entwickeln hat oder hätte – etwa im Sinne einer Evolution sozialer Einrichtungen und technischer Errungenschaften, von Medien und Apparaturen. In einer Verkehrung von Präfiguration und Postformation wird das Tier dem Menschen zu einem Vorbild, zu einer idealen Verkörperung von Fähigkeiten, über die der Mensch – jedenfalls als (natürliches) Wesen – nicht verfügt. Das Tier wird zum Übertier.

Doch das Tier dient nicht nur dem Menschen, sondern auch der Erkenntnis als Vorbild: Es wird zur Maßgabe für die Formulierung bestimmter Wissensbestände. Daß der Bezug zwischen Tieren und dem Komplex Technik/Wissen wesentlich tiefer reicht, als es die technischen Externalisierungen bzw. Supplementierungen nahelegen, wird deutlich mit der Wissensformation einer »kybernetischen Anthropologie«. Deren anthropologischer Ausgangspunkt ist von Blaise Pascal, Johann

Gottfried Herder, Max Scheler, Arnold Gehlen, Norbert Wiener, Martin Heidegger bis Max Bense das Bild vom Menschen als das eines »nicht festgestellten Tieres«. (Nietzsche 1988, 81) In der Seinsweise bzw. Organisationsform des Tieres suchen diese Theorien die Lösung des Problems des Mißverhältnisses zwischen Natur und Mensch, der »Selbsteinrichtung des Menschen in der Natur.« (Bense 1998, 446) Tiere fungieren hier nicht schlicht als Illustrationen der theoretischen Überlegungen, sondern sie fungieren als Wissensfiguren – mit Blick auf das Tier kann deutlich werden, »was Komplexität bei Menschen und Maschinen heißt.« (Rieger 2003, 471) Weil der Tierbezug eine Vielfalt von Wissensformen mit unterschiedlichem Komplexitätsgrad ermöglicht, befindet sich die Wissensfigur des Tieres im Zentrum der Diskurse von Maschinen und Menschen.

Besonders deutlich ist dieser Zusammenhang in der Biologie. Denn für das methodisch nicht hintergehbare Experiment sind Tiere als Versuchsobjekte unumgänglich. Zwar können menschliche Leichen seziert (und ausgestellt) werden, doch Experimente am Menschen sind in der Regel aus moralischen Gründen ausgeschlossen. Daher ist die experimentelle Biologie, wie auch zu einem großen Teil die Verhaltenspsychologie, darauf angewiesen, an Tieren als Substituten des Menschen ihre Forschungen zu betreiben. (Dazu von Holst 1970) Die wissenschaftstheoretischen Konsequenzen daraus hat Georges Canguilhem gezogen: Weil die Biologie von der »Rückwirkung des Objekts des Wissens auf die Konstitution des Wissens zeugt, welches auf das Wesen dieses Objekts abzielt« und weil sich in ihr Erkenntnis und Technik in unauflösbarer Weise verbinden, könne sie für die »philosophische Stellung des Problems der Erkenntnismittel und des Werts dieser Mittel von entscheidender Bedeutung« sein. (Canguilhem 1975, 39)

Canguilhems These von der Rückwirkung des Wissensobjekts auf das Wissen selbst verweist darauf, daß die Wahl bestimmter Tiere mit bestimmten anatomischen, physiologischen oder molekularbiologischen Eigenschaften nicht beliebig ist. Tiere als Wissensobjekte organisieren und strukturieren das an ihnen gewonnene Wissen, doch sie werden zyklisch auch durch die Experimentalsysteme, deren Objekte sie sind, hervorgebracht. Diese doppelte Rolle von Tieren haben Michael Hagner, Hans-Jörg Rheinberger und Bettina Wahrig-Schmidt herausgestellt, wenn sie davon sprechen, daß ein natürliches Objekt eines »spezifischen Repräsentationsraumes bedarf, um wissenschaftlich wirksam zu werden«, es aber auch umgekehrt »an der Konstituierung eines solchen Raumes einen entscheidenden Anteil« haben kann. (Hagner/Rheinberger/Wahrig-Schmidt 1994, 8) So habe die Wahl geeigneter Objekte ganze Forschungsrichtungen eröffnet: »Bakteriophagen, die Schnecke Aplysia, E. coli-Bakterien, die Drosophila-Fliege, die Weaver-Mutante einer Maus – all diese Objekte haben die Laborforschung in der Molekulargenetik, Neurophysiologie, Immunologie, Virologie und Krebsforschung zu einem erheblichen Teil mitbestimmt.« (Hagner/Rheinberger/Wahrig-Schmidt 1994, 9)

Vor diesem Hintergrund sind die Tiere dieses Bestiariums ausgewählt. So hängt die jeweilige Auswahl der Tiere als Objekte für Forschungsrichtungen, von Beobachtung und Experiment, von deren jeweiliger Organisationsform ab. Etwa gilt deren Simplizität als Garant des am Tier gewonnenen Wissens (Polyp, Seeigel, Drosophila). Die Auswahl hängt aber auch von Eigenschaften ab, die der Mensch nicht hat oder an sich selbst nicht erkennt wie etwa die Wahrnehmungsweisen von Zitteraalen, Fledermäusen und Bienen, die Bewegungsformen von Tausendfüßlern und Fischen, die altruistischen Verhaltensformen bei Ameisen und Bienen oder die Orientierung von Vögeln. Die Tiere werden auf diese Weise zum Gegenstand wissenschaftlichen Interesses und zu Agenten je neuer Forschungsrichtungen – die ihrerseits die Bestimmung des Menschen leiten.

An dieser Gemengelage haben ganz unterschiedliche Dinge Anteil: theoretische Biologie, System- und Umweltforschungen, wie sie Jakob von Uexküll unternimmt, die Beschäftigung mit Kommunikations- und Interaktionsformen, die die Tiere aus dem lange Zeit dominanten Paradigma der Pawlowschen Reflexlehre lösten und die den Tieren ein situationsspezifisches, situationsadäquates Verhalten und damit eine bestimmte

Form von Intelligenz zuschrieben. Der Befund, daß Tiere wie auch Menschen sich zu ihren Umwelten auch jeweilig verhalten, hat ein übriges dazu beigetragen, die Differenz zwischen Menschen und Tieren noch weiter einzuebnen. Erst durch diese Einebnung wird eine wissenschaftliche Vergleichbarkeit ermöglicht, die ihrerseits eine Fülle positiven Wissens und entsprechende theoretische Begleitprogramme hervorbringt.

Die in diesem *Bestiarium des Wissens* vorgelegte Liste folgt anderen Kriterien als denen von Alltagssemantik, von üblichen Kulturgeschichten oder wissenschaftlichen Taxonomien. Denn mit dem Blick auf das Tier und dessen vermeintliche Natur wird die Unterscheidung von Natur und Kultur selbst zum Gegenstand der Beobachtung. (Rieger 2004) Im Vordergrund steht damit weder die Kulturgeschichte noch die Wissenschaftsgeschichte des Tiers, sondern vielmehr eine Geschichte des Wissens, das durch und über die Figur des Tiers erzeugt wurde und wird. Weder erscheint der Hund daher bloß als treuer Gefährte des Menschen noch der Affe ausschließlich als sein verdrängtes Anderes (Neumann 1996), weder die Ratte nur als Phantasma des Unheimlichen noch die Graugans als Verkörperung heimeliger Familiarität, weder Kater Murr als der Spiegel des Menschen noch Moby Dick als Verkörperung des Bösen, weder Lassy als kinderlieber Hund noch Fury als Pferd mit hohem moralischem Anspruch. Die Helden dieser Liste sind nicht die Tiere der Emblematik oder der Fabel, nicht der Bibel oder des alten oder neuen *Physiologus*, nicht die Tiere der Märchen, der Tieridyllen oder eines wie auch immer überlieferten kulturellen Selbstverständnisses. Vielmehr sind die Helden dieser Geschichte Tiere als Wissensfiguren, als Agenten eines Wissens, daß sich aus diesen Figuren generiert. Damit stehen auch andere Formen der Berichterstattung zur Disposition, als sie von der Kulturgeschichte in den Vordergrund gestellt werden. Folgt diese doch jener anthropologischen Selbstgefälligkeit, die bevorzugt in Form der Anekdote vom Tier handelt: vom Tier, das sich als Gefährte in die Häuslichkeit des Menschen fügt und dort für gemütliches Chaos sorgt, vom Tier als dem Objekt von Freizeitunterhaltung und kurioser Verwunderung. Ob in der Menagerie oder im Tierpark, ob in den häuslichen Umwelten oder auf den Varietébühnen, im Flohzirkus oder im Delphinarium: Die Anekdoten über rechnende Pferde und schachspielende Hunde, über schielende Löwen und intelligente Delphine, über Schimpansen und Seehunde als Serienstars gegenwärtiger Fernsehunterhaltung sind nichts anderes als Agenten einer Anthropologisierung des Tieres. Die Angleichung an den Menschen und an entsprechende Berichterstattungen erfolgt über die Beobachtung oder über die Dressur menschlicher Vermögen. Tiere, die speichern und merken, die rechnen und spielen können, die moralanalog handeln und auch sonst auf die Gepflogenheiten menschlicher Umgangsformen verpflichtet werden, sind Figuren einer solchen Angleichung – und sie sind Legion. Fast scheint es, als ob diese Form sich durchhält: ob Ernst Haeckel in seinen Büchern vom Liebesleben der Hirsche berichtet oder ob Bernhard Grzimek dem Fernsehpublikum die Sonntagnachmittagsspaziergänge afrikanischer Löwen vor Augen stellt – das entsprechende Narrativ bleibt ungebrochen. Weil einer solchen Rede über das Tier in diesem *Bestiarium des Wissens* gerade nicht gefolgt werden soll, haben die Tiere, von denen hier gehandelt wird, häufig auch keine Namen. Sie bleiben als Wissensträger weitgehend anonym und können dennoch mit Namen versehen als *Helden* von Tiergeschichten auftreten.

Mit dem vielfältigen Wissen, das den Tieren eingetragen ist, werden andere Kontexte ebenso virulent wie die in solchen Kontexten üblichen »Erzählformen«, die Berichterstattungen und Visualisierungsstrategien, die Beobachtungsprotokolle und Experimentalanordnungen, die statistischen Zahlenkolonnen und deren Auswertungen. Ob aufgrund seiner Simplizität oder seiner Komplexität – mit Michel Foucault, der in seiner *Ordnung der Dinge* anläßlich einer chinesischen Enzyklopädie von Jorge Luis Borges selbst zum Denker eines Bestiariums wird, bezeichnet das Übertier die *Herkunft* des Wissens vom Leben. (Foucault 1997 u. 2002)

Benjamin Bühler, Stefan Rieger

Ameise

Besonders wichtig für die klare Einsicht in den universalen kosmischen Entwickelungs-Proceß scheinen mir diese modernen Vorstellungen über periodisch wechselnden Untergang und Neubildung der Weltkörper, die wir den gewaltigen neueren Fortschritten der Physik und Astronomie verdanken, in Verbindung mit dem Substanz-Gesetz. Unsere Mutter »Erde« schrumpft dabei auf den Werth eines winzigen »Sonnenstäubchens« zusammen, wie deren ungezählte Millionen im unendlichen Weltenraum umherjagen. Unser eigenes »Menschenwesen«, welches in seinem anthropistischen Größenwahn sich als »Ebenbild Gottes« verherrlicht, sinkt zur Bedeutung eines placentalen Säugethiers hinab, welches nicht mehr Werth für das ganze Universum besitzt als die Ameise und die Eintagfliege, als das mikroskopische Infusorium und der winzigste Bazillus. Auch wir Menschen sind nur vorübergehende Entwickelungs-Zustände der ewigen Substanz, individuelle Erscheinungsformen der Materie und Energie, deren Nichtigkeit wir begreifen, wenn wir sie dem unendlichen Raum und der unendlichen Zeit gegenüberstellen.

Haeckel 1899, 282

Seit der Antike bilden Ameisen mit ihrer hierarchisch streng geregelten Sozialordnung ein verbreitetes Modell für menschliche Sozialordnungen. In seinem berühmten Bild einer »überamerikanischen Stadt« hat Robert Musil den totalitären Kern dieses Staatsmodells herausgestellt. (→ MICKEY MOUSE) Hier sei das Leben zwar kurz, aber man gewinne ihm ein »Maximum des Erreichens« ab, und schließlich lehre die Zoologie, »daß aus einer Summe von reduzierten Individuen sehr wohl ein geniales Ganzes bestehen kann.« (Musil 1987, 31 f.) Doch nicht nur der faschistoide Charakter des Ameisenmodells, den Norbert Wiener als charakteristisch für das zeitgenössische Amerika ansah (→ BIENE), bildet ein Faszinosum, sondern auch die Kriege und Schlachten der Ameisenvölker. So schildert Cord Riechelmann in seinem jüngst erschienenen *Bestiarium* (2003) den Krieg zwischen der aus Südamerika eingeschleppten Roten Feuerameise, die Unbesiegte, die keine Gefangenen mache, und der nordamerikanischen *Pheidole dentata*, deren Arbeiterinnen ununterbrochen an den Grenzen patrouillieren, um das Territorium zu sichern. Greifen die Roten Feuerameisen an, komme es zu einer »kurzen grausamen Schlacht«, auf dem »Schlachtfeld häufen sich zerschnittene Feindkörperteile und vom Feuerameisengift tödlich gelähmte Kämpfer.« Während die Pheidole-Soldaten kämpfen, werden Eier und Larven in Sicherheit gebracht, so daß das Volk wieder aufgebaut werden kann. (Riechelmann 2003, 51) Riechelmanns spannende Schilderung kann direkt an die Schlachtbeschreibungen der Ameisenforscher Bert Hölldobler (*1936) und Edward O. Wilson (*1929) anschließen. Im folgenden seien zwei Varianten solcher Beschreibungen angeführt:

Many ant species are known to carry enemies killed in territorial battles back to their nests for use as food. This is true for at least a few within-species conflicts, as in the cannibal wars of *Formica polyctena* [...]. It is more commonly the case for between-species aggression. For example, the fire ant *Solenopsis invicta* consumes *Pheidole* colonies that it displaces [...]. The weaver ant treats alien workers of conspecific colonies and of other species like prey to be killed and carried back to the nest, but the effect as territorial defense is just the same [...].

Territorial raids also appear to have led to slavemaking in a few species. The colony conquests of *Myrmecocystus mimicus*, in which worker and brood of alien colonies are captured and adopted as nestmates, result in true slavery – the colonies use the labor of captives belonging to the same species. (Hölldobler/Wilson 1990, 414)

Das Schauspiel der Weberameisen, deren Kolonien sich wie so viele italienische Stadtstaaten in ständigen Grenzauseinandersetzungen befinden, veranschaulicht die Situation, in der sich fast alle sozialen Insekten befinden. Vor allem die Ameisen sind wohl die aggressivsten und kriegerischsten von allen Tieren. Sie übertreffen mit ihren organisierten Bosheiten bei weitem uns Menschen; dagegen sind wir vergleichsweise harmlos und friedfertig. Das außenpolitische Ziel der Ameisen läßt sich wie folgt zusammenfassen: ständige Bedrohung der Territorialgrenzen benachbarter Kolonien und, falls möglich, die totale Vernichtung des Nachbarvolkes. Wenn Ameisen im Besitz von Nuklearwaffen wären, würden sie die ganze Welt wahrscheinlich innerhalb von einer Woche auslöschen. (Hölldobler/Wilson 1995, 69)

Das erste Zitat stammt aus Hölldoblers und Wilsons Buch *The Ants* (1990), welches *das* Standardwerk der Myrmekologie ist, der wissenschaftlichen Erforschung der Ameisen. Während sich dieses Buch vorrangig an Biologen richtet, handelt es sich bei *Ameisen. Die Entdeckung einer faszinierenden Welt* (1995), aus dem das zweite Zitat stammt, um ein populärwissenschaftliches Werk, welches das Interessante der Ameisenforschung anschaulich behandeln will. Im Vergleich dieser beiden Zitate fallen jedoch nicht nur Strategien der Popularisierung des wissenschaftlichen Textes auf, wie der Bezug auf die menschliche Geschichte und Lebenswelt, Anthropomorphismen oder die Veranschaulichung durch phantastische Gedankenexperimente, sondern der wissenschaftliche Text bedient sich ebenfalls rhetorischer Strategien, wenn auch nicht in dieser exzessiven Form. Ausdrücke wie *killed enemies*, *cannibal wars*, *nestmates* oder *true slavery* sowie die Narration von Ameisenkriegen verleiht der biologischen Fachsprache eine Doppeldeutigkeit – sie läßt sich sowohl als biologische Terminologie, der es um nichts anderes als die Beschreibung tierischen Verhaltens geht, als auch als Modell für die Beschreibung menschlichen Verhaltens auffassen. Anders gesagt: Die Beschreibungssprache impliziert eine latente Sozialtheorie bzw. Anthropologie, weshalb die Wissenschaftsgeschichte um die Analyse der rhetorischen und narratologischen Verfaßtheit wissenschaftlicher Texte nicht umhinkommt.

So stehen die zitierten Beschreibungen der Ameisen in einer langen Tradition: Während Hölldobler/Wilson allerdings die politische Metaphorik einsetzen, um das Verhalten der Ameisen zu beschreiben, rekurrieren politische und philosophische Autoren auf das Metaphernfeld »Ameise«, um soziale und politische Verhältnisse zu beschreiben. Dabei lassen sich metaphorologisch zwei Linien festmachen: zum einen das »kriegerische« Verhalten der Ameisen für die Beschreibung militärischer Auseinandersetzungen zwischen Menschen bzw. Staaten, zum anderen der Ameisenstaat als negative oder positive Folie für eine einheitliche und hierarchische Organisation des Staates bzw. der Gesellschaft.

Biologen wiederum greifen auf die Beschreibungssprache der Politik zurück, um das soziale Verhalten der Ameisen (sowie der Bienen) anschaulich zu machen, wobei diese Beschreibungssprache immer wieder die bloße Heuristik überschreitet, wenn aus dem Verhalten der Ameisen Folgerungen für das Verhalten der Menschen gezogen werden. Das heißt, die anthropomorphe Beschreibung der Ameisen wird zurückgewendet auf den Menschen, woraus sich dessen theriomorphe Beschreibung ergibt: Die Ameise wird zum Übertier, sie verkörpert Eigenschaften wie Aggressivität oder Solidarität, an denen der Mensch gemessen wird. Während etwa Hölldobler/Wilson die »Bosheit« der Ameisen in den Vordergrund stellen, sah der Psychiater Auguste Forel (1848-1931) in den sozialen Instinkten der Ameisen ein Vorbild für das allererst durch »rationelle Zuchtwahl« auszubildende soziale Verhalten der Menschen. (Forel 1907a und 1907b) Wie schon Forel um 1900 ausgehend von den Ameisen sozialtechnologische und anthropologische Folgerungen zog, so geht es auch dem Biologen Wilson um mehr als die Ameisen, denn, wie John Lyne schreibt, Wilson »moved from ants to the human condition, and from entomologist to cultural analyst.« (Lyne 1990, 39)

Wilson zählt nicht nur zu den berühmtesten Ameisenforschern der Welt, sondern auch zu den Begründern der Soziobiologie. Wegweisend war vor allem sein 1975 erschienenes Buch *Sociobiology: The New Synthesis*. Der Titel war selbst schon das Programm: Die neue Synthese sollte an die in der Mitte des 20. Jahrhunderts ausgebildete *Synthetische Theorie der Evolution* erinnern, wobei sich Wilsons Synthese auf Soziologie und Biologie bezog: »Sociobiology is defined as the systematic study of the biological basis of all social behavior.« (Wilson 1976, 4) Die zentrale anthropologische These dieses sich auf *jegliches* soziale Verhalten beziehenden Ansatzes besteht in der Behauptung, daß das soziale Verhalten von Menschen von genetischen Faktoren bestimmt sei, das heißt, für den Menschen gelten dieselben Gesetze wie für Tiere. Es ist hier nicht der Ort, die Soziobiologie insgesamt zu behandeln, zen-

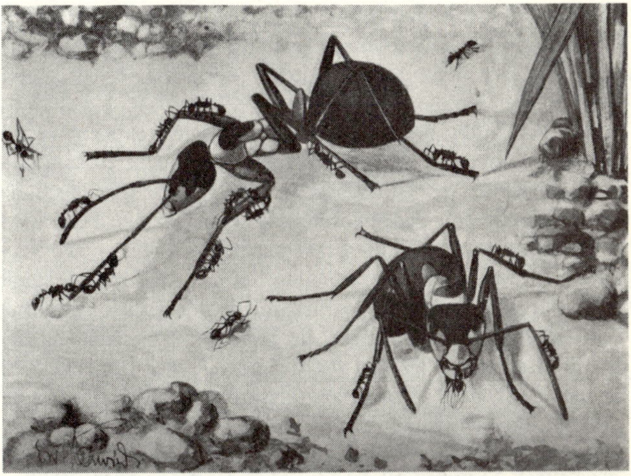

Abb. 1: Kampf zwischen Ameisen verschiedener Artzugehörigkeit. *Formica pratensis* und *Tetramorium caespitum* nach Forel 1948.

Abb. 2: Eine *Formica sanguinea*-Arbeiterin quält eine *pratensis* zu Tode nach Forel 1948.

tral wären hier vor allem die Vorwürfe des Reduktionismus und Determinismus, sondern im folgenden geht es um die Frage, inwieweit die »Ameisen« ein Modell für das Sozialverhalten von Menschen bilden.

Ameisen sind innerhalb der Soziobiologie nicht nur wegen ihrer aggressiven Auseinandersetzungen oder ihres solidarischen Verhaltens von Interesse, sondern vor allem, weil sie die Lösung eines zentralen theoretischen Problems der Soziobiologie anbieten, nämlich die Frage nach dem altruistischen Verhalten: »how can altruism, which by definiton reduces personal fitness, possibly evolve by natural selection?« (Wilson 1976, 3) Der Begriff »Fitness« bezieht sich auf den Beitrag, den ein Individuum zum Genbestand der folgenden Generationen leistet, das heißt, ein hoher Fortpflanzungserfolg bedeutet hohe Fitneß. Das Problem altruistischen Verhaltens besteht nun darin, daß uneigennütziges Verhalten den Fortpflanzungserfolg vermindert. Zum Beispiel kommt es bei bestimmten Vogelarten vor, daß Jungvögel vorübergehend auf ihre Fortpflanzung verzichten, um sich an der Aufzucht ihrer Geschwister zu beteiligen. Insektenstaaten bilden eine extreme Variante solchen Verhaltens, da hier die Arbeiterinnen steril sind und nur die Königin sich fortpflanzt. Für die Lösung des theoretischen Problems *Altruismus* konnte die Soziobiologie auf die Genetik und die Spieltheorie zurückgreifen.

Der Genetiker William D. Hamilton (1936-2000) begann in den 1960er Jahren mit Arbeiten zu Beziehungen zwischen verwandten Tieren und den Folgen für deren Fitneß. Hamilton ging es hierbei vor allem um eine *mathematische* Theorie zur Klärung der Evolution von Verhaltensweisen, die für das Tier, das sich so verhält, von Nachteil sind. Denn nach der klassischen Selektionstheorie würden Tiere kein Verhalten zeigen, das sozialer wäre als die Paarung der Geschlechter und die elterliche Sorge um die Nachkommen, was bekanntlich den Beobachtungen widerspricht. Hamilton kam nun ausgehend von dem von ihm formulierten mathematischen Modell zum Begriff der inklusiven Fitneß:

> Inclusive Fitness may be imagined as the personal fitness which an individual actually expresses in its production of adult offspring as it becomes after it has been first stripped and then augmented in a certain way [...]. This quantity is then augmented by certain fractions of the quantities of harm and benefit which the individual himself causes to the fitness of his neighbours. (Hamilton 1964, 8)

Das heißt, Tiere erhöhen ihre Fitneß nicht nur durch die Produktion von Nachkommen, sondern auch dadurch, daß sie verwandten Tieren helfen, mit denen sie ebenfalls Gene gemeinsam haben. Worauf es hierbei ankommt, ist der Verwandtschaftsgrad: Dieser beträgt zu den Kindern 0,5, zu Enkeln 0,25 und zu Cousins 0,125. Mit diesem »Kernstück der Soziobiologie« (Wehner/Gehring 1990, 488) wurde es nun erstmals möglich, auf der Grundlage eines mathematischen Modells das Verhalten sozialer Insekten zu erklären, was im Rahmen der Ausbildung der Biologie als exakter, auf mathematischen Grundlagen beruhender Wissenschaft von größter Bedeutung war. Denn der Verzicht auf Nachkommenschaft, dieser äußerste Altruismus, läßt sich anhand der Verwandtschaftsbeziehungen klären: Bei Hymenopteren (das sind Hautflüger: Ameisen, Wespen, Bienen) gehen die Männchen aus nicht besamten Eiern hervor, sie sind haploid (mit nur einem Chromosomensatz) und erzeugen genetisch identische Spermien. Dagegen gehen aus besamten Eiern die Weibchen hervor, diese sind diploid (mit zwei Chromosomensätzen, von Mutter und Vater). Der Verwandtschaftsgrad zwischen Töchtern und Mutter beträgt 0,5, mit dem Vater 1. Daraus ergibt sich als Verwandtschaftsgrad zwischen den Arbeiterinnen (sie erhalten eine Hälfte ihres Genbestandes von der Mutter (0,5 × 0,5) und eine Hälfte vom Vater (0,5 × 1)) von 0,75, das heißt, die Schwestern sind näher miteinander verwandt als mit potentiellen Nachkommen.

Hamilton widmete sich ausführlich diesen Verwandtschaftsbeziehungen, da nur diese die Berechnung der Gesamtfitneß ermöglichen. Doch zur Erklärung altruistischen Verhaltens bei höheren Tieren mußte das Modell erweitert werden. So verwies John Maynard Smith (1920-2004) in dem Aufsatz *The Evolution of Behavior* (1978, vgl. auch: 1982) auf Schimpansengruppen, bei denen kooperatives Verhalten auch zwischen nichtverwandten Tieren stattfinde. Ein mögliches Erklärungsmodell wäre der reziproke Altruismus, wonach ein Tier, das einem anderen zu seinem eigenen Nachteil hilft, diese Hilfeleistung in näherer Zukunft zurückerhält. Doch dieses Modell beantwortet nach Maynard-Smith nicht die Frage, weshalb sich die Tiere nicht gegenseitig betrügen. Maynard-Smith interessierte sich insbesondere für sogenannte Kommentkämpfe, bei denen sich die Frage stellt, weshalb sich die Gegner nicht töten, sondern zu einem bestimmten Zeitpunkt den Kampf abbrechen. Wenn zum Beispiel Winker-Krabben um den Besitz einer Höhle kämpfen, verwenden sie ihre Scheren als Waffe: Obwohl sie mit diesen ohne weiteres das Abdomen des Gegners zerquetschen könnten, ist bisher noch nie einer der Kämpfer verletzt worden.

Maynard-Smith rekurrierte zur Klärung dieser Fragen auf die Spieltheorie, die von John von Neumann und Oskar Morgenstern in den 1940er Jahren ausgebildet worden war. Denn wie die Biologie beschäftigt sich auch die Spieltheorie mit den optimalen Strategien in Konfliktsituationen. Das bekannteste Beispiel hierfür ist das sogenannte Gefangenendilemma. In diesem Beispiel werden zwei Häftlinge verdächtigt, eine Straftat begangen zu haben, die mit fünf Jahren Haft bestraft wird. Beide werden getrennt verhört und können sich nicht absprechen. Wenn nun ein Häftling gesteht und seinen Partner belastet, wird er freigelassen, der andere muß für fünf Jahre ins Gefängnis. Wenn beide schweigen, blieben genügend Beweise, um sie für zwei Jahre einzusperren. Wenn beide gestehen und ihren Komplizen belasten, müßten beide für vier Jahre ins Gefängnis. Jeder Gefangene bzw. Spieler hat zwei Möglichkeiten: gestehen oder schweigen. Geht man alle Möglichkeiten durch, ergibt sich für beide Gefangene, daß Gestehen die beste Strategie ist, womit gleichwohl für beide die schlechteste Lösung vorliegt. Da im Falle des einfachen Gefangenendilemmas keine Kooperation stattfinden kann, beschäftigen sich die Spieltheoretiker mit der ohnehin wahrscheinlicheren Version des iterierten Gefangenendilemmas, das heißt Vergangenheit und Zukunft werden nun einbezogen: Die Spieler kennen sich und werden sich wiederbegegnen, wesentlich für das iterierte Gefangenendilemma ist die Dauerhaftigkeit der Beziehung.

Um die Frage zu klären, wie die optimale Strategie in diesem Fall beschrieben werden kann, lud der Spieltheoretiker Robert Axelrod 1978 seine Fachkollegen ein, ihm Computerprogramme mit entsprechenden Strategien einzusenden. Das siegreiche Programm stammte von dem russischen Pianisten, Mathematiker, Spieltheoretiker und Philosophen Anatol Rapoport (*1911). Sein Programm beruhte auf der Strategie *tit for tat*, »wie du mir, so ich dir«. Der Grundsatz besteht darin, daß Gleiches mit Gleichem beantwortet wird, was dazu führt, daß die beste Strategie für alle Egoisten diejenige ist, zu kooperieren. (Rapoport, 1989, 283-87, Axelrod 1997)

Für Maynard-Smith wurde die Spieltheorie zum Ausgangspunkt für eine mathematische Theorie bestimmter Verhaltensweisen von Tieren, insbesondere für die Frage, weshalb sich Tiere bei Wettkämpfen nicht gegenseitig umbringen, sondern nur Scheinkämpfe austragen. In seinem Falken-Tauben-Modell ging es jedoch nicht einfach um die optimale Strategie, sondern darum, welche Strategie evolutionär stabil ist, das heißt eine Strategie,

> with the property that if most members of a large population adopt it, then no mutant strategy can invade the population. In other words, a strategy is evolutionarily stable if there is no mutant strategy that gives higher Darwinian fitness to the individuals adopting it. (Maynard-Smith 1978, 142)

In Maynard-Smiths Modell stehen sich zwei Strategien gegenüber: Die Falken kämpfen, bis der Gegner schwer verletzt oder tot ist, die Tauben dagegen fliehen, bevor sie verletzt werden. Dabei stellt sich heraus, daß weder die Strategie der Falken noch die der Tauben evolutionär stabil wären: In einer Population von Falken könnte sich eine Taube (als »mutant strategy«) einschleichen, und da sie vor den Kämpfen flieht, wäre sie erfolgreicher als die Falken. Umgekehrt gilt aber dasselbe für eine Population von Tauben, denn der Falke wäre erfolgreicher als die Tauben. Die evolutionär stabile Strategie wäre demnach eine »gemischte« Strategie, in der die Falken-Strategie mit einer Wahrscheinlichkeit von $^{8}/_{13}$ und die Tauben-Strategie mit $^{5}/_{13}$ auftritt. Eine solche Population wäre auch gegen z. B. eine »mutant hawk strategy« stabil. Gemäß der Komplexität biologischer Sachverhalte war das Modell weiter zu differenzieren, doch läßt sich hier als Ergebnis der Spieltheoretiker und Biologen festhalten, daß Kooperation, worunter auch das Nicht-Töten in Kommentkämpfen zu zählen ist, eine lohnende Strategie für Egoisten ist.

Während noch der russische Zoologe, Soziologe, Historiker und Anarchist Peter Kropotkin (1842-1921) das Prinzip der gegenseitigen Hilfe dem Kampf ums Dasein entgegenstellte (Kropotkin 1904), führt die Soziobiologie altruistisches Verhalten stets auf den Nutzen für ein bestimmtes Individuum zurück – und da Verhalten genetisch programmiert ist, heißt das genauer, für dessen Gene. Entsprechend schreiben die Biologen Wolfgang Wickler und Uta Seibt Kropotkins Prinzip um: »Freilich ist mit heutigem Wissen nicht schwer zu zeigen, daß auch hinter diesen Verhaltensweisen nicht eine Tendenz zu gegenseitiger Hilfe steckt, sondern wieder der Eigennutz der Gene.« (Wickler/Seibt 1991, 66)

Populär wurden diese Überlegungen vor allem mit Richard Dawkins Buch *Das egoistische Gen*, wonach die Individuen nichts anderes als Träger der Gene sind. Dawkins Überlegungen sind inzwischen auch bei der Kulturtheorie angekommen: Der kulturelle Analogiebegriff zum Gen ist nun das Mem, wofür Dawkins als Beispiele anführt: Melodien, Gedanken, Schlagworte, Kleidermoden, die Art, Töpfe zu machen oder Bögen zu bauen. (Dawkins 1976, 227) Für Dawkins vermehren sich Meme analog zu Genen: »So wie Gene sich im Genpool vermehren, indem sie sich mit Hilfe von Spermien und Eizellen von Körper zu Körper fortbewegen, verbreiten sich Meme im Mempool, indem sie von Gehirn zu Gehirn überspringen, vermittelt durch einen Prozeß, den man im weitesten Sinne als Imitation bezeichnen kann.« (Dawkins, 1976, 227) Es muß dieser Theorie, ihren Anwendungen und ihrer kontroversen Diskussion (Becker, u. a. 2003) hier nicht weiter nachgegangen werden. Worauf es ankommt, ist nicht nur, daß das Verhalten sozialer Insekten von Darwin über Hamilton, Maynard-Smith bis Dawkins Fragen aufwirft, die nur über die Kopplung verschiedener Wissensformen (Selektionstheorie, Genetik, Mathematik, Spieltheorie u. a.) bearbeitet werden können, sondern daß sich diese immer schon im Schnittfeld von Tier und Mensch befinden. So führte etwa Darwin das Gedankenexperiment aus, daß, wenn Menschen unter genau denselben Bedingungen erzogen würden wie Stockbienen, es keinen Zweifel geben könne, »daß unsere unverheirateten Weibchen es ebenso wie die Arbeiterbienen für eine heilige Pflicht halten würden, ihre Brüder zu tödten, und die Mütter würden suchen, ihre fruchtbaren Töchter zu vertilgen und Niemand würde daran denken, dies zu verhindern.« (Darwin 1899, 109) Darwins Gedankenexperiment, das nach den Grundlagen des Gefühls für Recht und Unrecht fragt, markiert das entscheidende Problem der Soziobiologie: der metaphorische Kurzschluß von Natur und Kultur, Natur und Moral, oder anders gesagt, der schon 1741 von David Hume formulierte naturalistische Fehlschluß, den jeder normative Biologismus begeht, wenn von den Ist-Zuständen der Natur auf die Soll-Werte menschlichen Handelns geschlossen wird. (Vogel 1992, 215) Zugleich eröffnet ein solcher Ansatz, für den gerade Wilsons wirkungsmächtige Version der Soziobiologie repräsentativ ist, ein weites Feld der Anwendungen. Das macht Wilson in dem Buch *Biologie als Schicksal*, dem ein Motto von David Hume vorangestellt ist, deutlich:

> Zum ersten Mal wurde die Biologie in einer Weise formuliert, welche die menschliche Natur und die Grundlagen der menschlichen Sozialorganisation zu erklären beabsichtigt. Sie kann mehr als nur Vergleiche und Analogien zwischen den menschlichen und tierischen Verhalten herstellen, worin die Stärke der Ethologie bestand. Mit ihren Methoden – den Theorie und Techniken der Genetik, der Ökologie und der Populationsbiologie – kann der Inhalt der Sozialwissenschaften neu gedeutet, können neuartige und oft tiefergreifende Erklärungen von Territorialverhalten, Polygamie, Nepotismus, sexueller Bindung und Kindesmord, ja sogar von Altruismus und Religion geliefert werden. Dadurch hat die Biologie Grundfragen der Ethik einer materialistischen Untersuchung erschlossen und somit die Forderung erhoben, die Grenzen der wissenschaftlichen Forschung neu zu überdenken. (Wilson 1980, 8)

Die soziale Ordnung des Ameisenstaates, die auf einem spezifischen Erbgang beruht, ist damit nicht nur ein Modell für totalitäre Regimes. Sie konstituiert vielmehr ein interdisziplinäres Feld, in dem Selektionstheorie, Genetik und Spieltheorie ein

Wissen produzieren, das die Vorstellung vom Menschen als altruistischem Wesen im Angesicht der Ameise ad absurdum führt. Damit schließt sich denn auch der rhetorische Zirkel von der anthropomorphen Betrachtung der Ameise zur theriomorphen Betrachtung des Menschen.

B. B.

Auster

> Vom Menschen auf die Tiere zu schließen ist philosophisch, denn der Mensch ist keine Ursache in der Art Gottes, wie Monsieur Cousin sagt, denn dann wären Orang-Utan, Auster & Zoophyt [...] nur ein »Grenzfall«, denn es kann gezeigt werden, daß das Leben und der Wille einer Conferva [eine Grünalge, Anm. B. B.] keine zum Leben & Bewußtsein des Menschen entgegengesetzte Qualität ist, & wir nehmen nicht an, daß eine Finne eine Ursache ihrer selbst sein kann. Nach meiner Theorie kann kein Tier, das heute existiert, Ursache seiner selbst sein, & deshalb spricht eine starke Wahrscheinlichkeit gegen die Freiheit des Handelns. Nach meiner Auffassung des freien Willens konnte niemand herausfinden, daß er diese Freiheit nicht besaß.
>
> *Darwin 1998, 108f.*

Im Jahr 1877 veröffentlichte der Meeresbiologe und Biogeograph Karl August Möbius (1825-1908) die Schrift *Die Auster und die Austernwirtschaft*, in der erstmals der Begriff der »Biocönose«, der Lebensgemeinschaft, eingeführt wurde. Möbius prägte damit einen der zentralen Begriffe der Ökologie. Dabei handelte es sich bei dieser Schrift um eine Auftragsarbeit – Möbius sollte überprüfen, inwieweit es möglich wäre, an der deutschen Küste künstliche Austernzucht zu betreiben. Im Laufe seiner Untersuchung sollte er dabei zu dem Ergebnis kommen, daß aufgrund der ungünstigen Flut- und Temperaturverhältnisse eine künstliche Austernzucht, wie sie seit den 1850er Jahren an der französischen Westküste betrieben wurde, nicht möglich sei. Auch die Vergrößerung vorhandener natürlicher Austernbänke bzw. das Anlegen neuer Bänke erwies sich als unmöglich: In der Nordsee befinden sich zwar natürliche Austernbänke, doch aufgrund des Sandgrundes und des schlikkigen Bodens lassen sich diese nicht vergrößern, in der Ostsee findet sich zwar fester, schlickfreier Meeresgrund, jedoch ist der Salzgehalt des Wassers für die Fortpflanzung der Austern zu niedrig, die niedrige Wintertemperatur dauert zu lange an, und es fehlen die Gezeitenströmungen, die den festsitzenden Tieren Sauerstoff und Nahrung zuführen. Es ist dieser Blick auf die Austernbänke und ihre Umwelt, auf Salzgehalt und Temperatur des Wassers sowie auf die unterschiedlichen Tier- und Pflanzenarten, die die Austernbänke bewohnen, der Möbius zur Formulierung des Begriffs Biocönose führte:

> Die Wissenschaft besitzt noch kein Wort für eine solche Gemeinschaft von lebenden Wesen, für eine den durchschnittlichen äußeren Lebensverhältnissen entsprechende Auswahl und Zahl von Arten und Individuen, welche sich gegenseitig bedingen und durch Fortpflanzung in einem abgemessenen Gebiete dauernd erhalten. Ich nenne eine solche Gemeinschaft Biocoenosis oder Lebensgemeinde. (Möbius 1877, 76)

Möbius betrachtete nicht eine Tierart für sich alleine, sondern er begann damit, die Beziehungen zwischen Tieren, Pflanzen und Umweltfaktoren zu untersuchen. Aus dieser Perspektive ergab sich die zentrale Einsicht, daß »jede Veränderung irgend eines mitbedingenden Faktors einer Biocönose [...] Veränderungen anderer Faktoren derselben« (Möbius 1877, 76) bewirke, womit auch deutlich wird, daß die Ökologie bereits in ihren Anfängen Einsichten der Systemtheorie vorwegnimmt. So führt etwa die Überfischung der Austern zur Vermehrung von Herzmuscheln und Miesmuscheln, denen nun mehr Wohnplätze zur Verfügung stehen. Die Lebensgemeinschaft verändert sich aufgrund des Eingriffs des Menschen, was nur durch weitere Eingriffe ausgeglichen werden kann, nämlich durch das Wegfischen der Muscheln. Die Austernbänke erweisen sich als eine Lebensgemeinde im labilen Gleichgewichtszustand: Unter natürlichen Bedingungen erhalten, d. h. regulieren sie sich selbst, wenn jedoch der Mensch eingreift, kommt es zu Veränderungen, die bis zum Aussterben von Arten führen können. So ist, wie Möbius ausführt, die Vogelart Dodo auf Mauritius im 17. Jahrhundert ausgestorben, nachdem die Portugiesen »die Biocönose dieser Insel durch Einführung von Schweinen und anderen Thieren gestört und später die Holländer viele dieser Vögel schonungslos getödtet hatten«. (Möbius 1877, 83) Insofern führt bereits Möbius' Gründungsschrift einen zentralen Wesenszug der Ökologie vor, daß sie nämlich immer schon einen moralischen und politischen Anspruch enthält, daß aus historischer Sicht die, wie Thomas Potthast ausgeführt hat, analytische Trennung von naturwissenschaftlicher Ökologie auf der einen und politischer Ökologie, Naturschutz und Weltanschauung auf der anderen Seite nicht aufrechtzuerhalten ist. Potthast spricht deshalb hinsichtlich bestimmter Strömungen der deutschen Ökologie von »epistemisch-moralischen Hybriden«. (Potthast 2003, 228)

Möbius' Abhandlung über die Auster ist denn auch mehr als der Beginn der Beschäftigung mit den Wechselwirkungen zwischen den Organismen und ihrer Umwelt. Sein Begriff der Lebensgemeinde, der durch die nachfolgenden Ökologen um den Begriff des Lebensraums ergänzt werden sollte, zeigt die Ökologie als eine Disziplin, die sich nicht mehr mit dem einzelnen Organismus, seiner Anatomie, Morphologie oder Physiologie, sondern mit *Lebensgemeinschaften*, das heißt mit der Vergesellschaftung von Organismen in bestimmten Lebensräumen beschäftigt. Insofern es den Ökologen nicht mehr um die Manifestation des Lebens im individuellen Körper ging, sondern darum, daß »das Leben sich nur in Gemeinschaften verschiedenartiger Organismen verwirklicht« (Thienemann 1935, 338), das heißt in Populationen, vollzogen sie die Wende, die Michel Foucault mit dem Begriff der Biopolitik beschrieben hat: Nach Foucault tritt seit dem 18. Jahrhundert ein Machtssystem auf, das als »Hauptzielscheibe die Bevölkerung, als wichtigste Wissensform die politische Ökonomie und als wesentliches Instrument die Sicherheitsdispositive hat.« (Foucault 2004, 162) Was Foucault hier als zentrale Station in seiner Geschichte der Gouvernementalität beschreibt, tritt im 19. Jahrhundert in Gestalt der Biopolitik auf. Dieser geht es nicht mehr um die Disziplinierung des individuellen Körpers, sondern um die Regulierung der Bevölkerung, sie bringt eine neue Machttechnologie hervor, die sich an die Vielfalt der Menschen richtet, insofern diese »eine globale Masse bilden, die von dem Leben eigenen Gesamtprozessen geprägt sind wie Prozessen der Geburt, des Todes, der Produktion, Krankheit usw.« (Foucault 1999, 280) Mit der Bevölkerung tritt somit ein neues Konzept auf, das als wissenschaftliches und politisches Problem den genuinen Gegenstand der Biopolitik bildet. Ins Spiel kommen nicht nur neue Machtmechanismen wie statistische Bewertungen und globale Messungen, sondern auch die Einführung von Regulationsmechanismen, die »in dieser globalen Bevölkerung mit ihrem Zufallsfaktor ein Gleichgewicht herstellen, ein Mittelmaß wahren, eine Art Homöostase etablieren und einen Ausgleich garantieren können«. (Foucault 1999, 284) Die Ökologie folgt genau dieser Transformation, dem Übergang vom individuellen Körper zur Bevölkerung, indem sie die lebenswissenschaftliche Fassung des Körpers durch die Frage nach der Funktionsweise von Lebensgemeinschaften erweitert. Dabei fungiert die Ökologie zu Beginn des 20. Jahrhunderts geradezu als eine Transformationsmaschinerie: Denn das Wissen von der Bevölkerung wird hier zum Wissen von den Lebensgemeinschaften von Pflanze, Tier und Mensch, um schließlich, zumindest in den Köpfen der ersten deutschen Ökologen, als lebenswissenschaftlich fundierte Regulierungstechnologie zu enden.

So ist denn schon der Ausgangspunkt von Möbius weniger ein biologisches als ein wirtschaftliches Problem. Nach Möbius hatte aufgrund von Überfischung der Ertrag der einst reichen Austernbänke seit den 1850er Jahren weltweit abgenommen, woran auch die künstlich angelegten Austernbänke nichts änderten. Der Grund hierfür liegt nach Möbius vor allem in den neuen Verkehrs- und Vertriebsmöglichkeiten. Dampfschiffe und Eisenbahnen ermöglichten die Verbreitung von Austern im Binnenland, so daß die Nachfrage nach Austern zunahm – der Bedarf an Austern stieg mit der Ausdehnung der Eisenbahnnetze in Frankreich, Deutschland und England. (Möbius 1877, 91) Mit den steigenden Preisen wiederum begannen die Fischer die Austernbänke »schonungslos« zu befischen, was diese »entvölkert« habe. (Möbius 1877, 89) Möbius' biologische Untersuchung geht somit von einem ökonomischen Befund aus: »Während vor der Zeit der Eisenbahnen die fallenden Marktpreise die Austernfischerei zu Gunsten eines guten Bestandes der Bänke regulirten, reizten in dem Zeitalter der Eisenbahnen die immer höher gehenden Austernpreise die Fischer dazu, ihre Bänke zu erschöpfen.« (Möbius 1877, 91f.) Eine »gute« Austernwirtschaft dagegen habe ihr Ziel darin, »in ihrem Gebiete einen möglichst hohen Ertrag auf die Dauer zu gewinnen.« (Möbius 1877, 107) Hier hat der Biologe einzusetzen, denn die amtlichen Berichte über die Austernwirtschaft enthalten keine oder nur zerstreute Angaben über die Eigenschaften und Lebensbedingungen der Auster – ohne dieses Wissen über die Population aber kann es auch keine ökonomische Erschließung geben, anders gesagt: Nur wenn die Austernbänke in einem Gleichgewichtszustand erhalten werden, kann der maximale ökonomische Nutzen gewonnen werden.

In Möbius' Analyse erhalten die Austernbänke den Status eines Exempels: »Ich glaube, deutlich gemacht zu haben, daß eine gesunde Austernwirtschaft dieselbe Regeln zu befolgen hat, wie jede andere Massenkultur lebendiger Wesen.« (Möbius 1877, IV) Gegenstand ist demnach nicht allein die Austernbank, sondern Gegenstand ist die Lebensgemeinschaft bzw. die Bevölkerung, die der Regulierung bedarf – so ist denn die künstliche Vermehrung von Kulturpflanzen und Haustieren die Grundlage für die Steigerung der Fortpflanzungsrate des Menschen, für die »Ausdehnung des biocönotischen Gebiets der Species Homo sapiens.« (Möbius 1877, 84)

Austernbänke erscheinen insofern nicht als ein peripherer Gegenstand der ökonomischen Nutzung des Menschen, sondern vielmehr als Vorbild für die ökonomische Organisation menschlicher Populationen. Möbius' Beschäftigung mit den global verbreiteten Austernbänken – er widmet sich der deutschen, französischen, englischen und nordamerikanischen Austernwirtschaft – begründet die Ökologie nicht einfach deshalb, weil er einen neuen Begriff einführt, sondern weil er am Beispiel der Austernbänke die Notwendigkeit der Regulierung einer »Massenkultur lebendiger Wesen« vorführt. Zuständig dafür, daß die Staatsbevölkerung einen allgemeinen Nutzen aus den Austernbänken zieht, ist denn auch niemand anderer als der Staat selbst: »Die Erhaltung der Austernbänke gehört ebenso zu den Aufgaben des Staates, wie die Erhaltung der Waldungen.« (Möbius 1877, 125) Mit anderen Worten: Der Staat hat die »Massenkultur lebendiger Wesen«, die Austernbänke, so zu regulieren, daß die Bevölkerung, ebenfalls eine »Massenkultur lebendiger Wesen«, den größten Nutzen daraus zieht. So dürfe das jährliche Maß der Befischung weder an der Nachfrage der Konsumenten noch der Höhe der Austernpreise bestimmt werden, sondern allein nach der Menge des Zuwachses: Ökologisch geleitete Regierung scheint von vornherein nur durch restriktive Maßnahmen möglich zu sein.

Blieben die Konsequenzen der am Beispiel der Austernbänke formulierten Theorie der Regulierung von Massenkulturen bei Möbius noch implizit verborgen, sollte genau dies zum Zentrum der neuen Disziplin Ökologie werden. Entscheidend hierfür war die Ergänzung des Begriffs der Lebens*gemeinschaft* durch den des Lebens*raums*. Programmatisch lautet denn der Titel eines Vortrages von August Thienemann (1882-1960), der die moderne Limnologie (Seenkunde) in Deutschland begründete und entscheidende Beiträge zur Etablierung der allgemeinen Ökologie leistete, *Lebensgemeinschaft und Lebensraum* (1918). Thienemann liefert eine über die Schrift von Möbius weit hinausgehende systematische Klärung dieser Begriffe. Die Biocönose bestimmt er als eine »Vergesellschaftung von Organismen an einer bestimmten Stelle im Lebensraum« (Thienemann 1918, 281), wobei es Thienemann nicht mehr um eine einzelne Biocönose ging, sondern um das »System der Biocönosen.« (Thienemann 1918, 297) Er unterschied zwischen verschiedenen Stufenfolgen von Lebensgemeinschaften, dabei verknüpfen sich niedere Biocönosen zu höheren Einheiten, zu »Biosynöcien«, und diese wiederum zu noch höheren Einheiten usw. Entsprechend schließen sich Biocönose und jeweiliges Biotop, d. i. die Lebensstätte, aufgrund der gegenseitigen Wechselwirkungen zu einer Einheit zusammen. Thienemann erkennt in dieser Einheit, Biocönose plus Lebensraum, nichts anderes als einen »höheren Organismus«, für den gilt, daß das Ganze mehr ist als die Summe seiner Teile: »Die Erde mit ihrem Leben ist etwas anderes, ist ›mehr‹ als nur eine Summe von Organismen und ein Nebeneinander von Räumen.« (Thienemann 1918, 302f.) In der Frage nach den Beziehungen zwischen Lebensraum und Organismus, nach der »Erkenntnis von der Einheit des Lebens auf der Erde und seiner geographischen Bedingtheit« sieht Thienemann eines der Zentralprobleme der Biologie. (Thienemann 1918, 303)

Dieser Universalitätsanspruch auf der Gegenstandsebene – es geht um nichts anderes als die Erde – sollte sich denn bald wieder im Anspruch der Disziplin Ökologie finden. Exemplarisch hierfür ist die Schrift *Ökologie als Wissenschaft von der Natur oder Biologische Raumforschung* (1937) des Entomologen Karl Friederichs (1878-1969), auf den sich Thienemann auch immer wieder bezog. Friederichs versteht unter Ökologie mehr als nur ein Fach der Biologie: Schon ihrem Wesen nach, »die Totalität des Seins erfassend«, sei ihr Wesen synthetisch, ihr Wirkungsbereich schließe alle speziellen Naturwissenschaften ohne Ausnahme ein: »Gegenstand der Ökologie ist die Naturwissenschaft überhaupt, aber nicht ihr gestriger, abstrakter summativer Begriff, sondern die Naturwissenschaft als *Gestalt*, als Einheit.« (Friederichs 1937, 71) Für Friederichs erschöpft sich die Ökologie nicht in bloßer Erkenntnis, sondern sie biete Erkenntnis, die »zur Tat führt oder die Art des Handelns bestimmt« – mit dieser Ausrichtung auf das »Gemeinwohl« ist die Ökologie schließlich nichts anderes als das naturwissenschaftliche Analogon der »politischen Raumforschung«. (Friederichs 1937, VII) Friederichs fundiert diesen Entwurf der Ökologie als Einheitswissenschaft mit Rekurs auf die romantische Geschichtsphilosophie: So mußte Menschengeist und Natur in Gegensatz zueinander geraten, »damit sich das eigentliche Menschentum erfüllte, das Sittengesetz in ihm entstand, das die eigentliche Menschwerdung bedeutete«. (Friederichs 1937, 84) Die Ökologie hat nun genau die Aufgabe, die Entwurzelung des Menschen zu überwinden, was nur geschehen könne, wenn sie sich in Übereinstimmung mit der politischen Zeitströmung befinde, wofür Friederichs gerade in Adolf Hitler einen Gewährsmann findet. (Friederichs 1937, 86) Um den Menschen wieder die »Naturweisheit« nahezubringen, ist konsequente Erziehung zu organischem Denken nötig, denn keineswegs sei jeder, der in bezug auf seinen Körper (Erbgesundheit und Rasse) organisch zu denken erzogen wurde, bereit, die entsprechenden Folgerungen auf die ganze Natur zu beziehen. Nicht mehr nur um ökologisch und ökonomisch sinnvollen Umgang mit der Natur geht es hier, sondern um die Denkerziehung des »Volkes«.

Friederichs wie auch Thienemanns Bestimmung der Ökologie als »Lehre von Blut und Boden« (Friederichs 1937, 91) sollte in ihrer praktischen Umsetzung weitgehend folgenlos bleiben. Ideologisch dagegen wurden ihre Arbeiten wegweisend – sie prägten die deutsche Ökologie sowie das Naturbild in Deutschland bis weit nach 1945. (Potthast 2003, 240) Ihre Phantasmen machen dabei genau das explizit, was bereits Möbius' Thema war: die Bevölkerung als genuiner Gegenstand der Biopolitik. Mit der Wende vom individuellen Körper zur Lebensgemeinschaft und ihren Räumen transformierten die ersten deutschen Ökologen die politisch-ökonomische Erfassung der Bevölkerung in die Ökologie, welche als neue Einheitswissenschaft die politische Herstellung der sozialen Homöostase anleiten sollte: »Eine allgemeine, auch den Menschen umfassende Gemeinschaftslehre muß auf den allgemeinen ökologischen Grundtatsachen und -gesetzlichkeiten aufbauen.« (Thienemann 1941, 116f.)

B. B.

Bär

> Mir schien die Zeit deswegen wohl geeignet, ein zentrales Thema für die Nervenärzte aller Richtungen zu sein. Theoretische Physiker, ich nenne unter ihnen nur De Broglie, Niels Bohr, Erwin Schrödinger, von Weizsäcker, und Heisenberg, haben schon seit Jahrzehnten auf die revolutionäre Umgestaltung des physikalischen Zeitbegriffs hingewiesen und versucht, die Brücke zur Biologie und auch zur Medizin zu schlagen. Bisher fanden diese Bemühungen von Seiten der Neurologie und Psychiatrie kein Echo.
>
> *Schaltenbrand 1963, Vorwort*

Der Bär unterliegt nicht dem normalen Regime der Zeit, sondern er ist dieser immer schon voraus. Damit wird er zur Verkörperung der Prolepsis – diese bezeichnet die Fähigkeit, etwas vorweg wahrzunehmen und entsprechend dieser Wahrnehmung darauf zu reagieren. Die eindringlichste Beschreibung dafür liefert die Literatur. Heinrich von Kleist fügt sie seinem Text *Über das Marionettentheater* bei, in jener Episode, die von der Konfrontation zwischen einem menschlichen Fechter und seinem tierischen Gegenüber handelt. Nicht nur, daß der dort beschriebene Bär in der Lage ist, die jeweils gegen ihn ausgeführten Angriffe gewandt zu parieren, vielmehr gelingt es ihm auch noch, vorgetäuschte Angriffe als solche wahrzunehmen und, sehr zur Irritation des menschlichen Fechters, auf dessen Finten gar nicht erst einzugehen. Seinem Angreifer nimmt das Tier jede Chance, weil es ihn im Wortsinn ins Leere laufen läßt. *Aug in Aug* mit dem Menschen liest der Bär in dessen Seele wie in einem offenen Buch. Weil ihm kein Zug verborgen bleibt, weil er sowohl gegen Simulation als auch gegen Dissimulation gewappnet ist, entläßt die Geschichte das Tier als eindeutigen Sieger.

Ich fiel wieder, mit einer augenblicklichen Gewandtheit, auf ihn aus, eines Menschen Brust würde ich ohnfehlbar getroffen haben: der Bär machte eine kurze Bewegung mit der Tatze und parierte den Stoß. Jetzt war ich fast in dem Fall des jungen Hr. von G... Der Ernst des Bären kam hinzu, mir die Fassung zu rauben, Stöße und Finten wechselten sich, mir triefte der Schweiß: umsonst! Nicht bloß, daß der Bär, wie der beste Fechter der Welt, alle meine Stöße parierte; auf Finten (was ihm kein Fechter der Welt nachmacht) ging er gar nicht einmal ein: Aug in Aug, als ob er meine Seele darin lesen könnte, stand er, die Tatze schlagfertig erhoben, und wenn meine Stöße nicht ernsthaft gemeint waren, so rührte er sich nicht. (von Kleist 1986, 480)

Da aber Parieren und Schlagfertigkeit nicht nur Fähigkeiten einer unmittelbar, weil körperlich angelegten Auseinandersetzung bezeichnen, weil sie, wie Kleist es in anderen Texten ausführt, Fähigkeiten des Denkens wie eben auch des verbalen Schlagabtausches betreffen, konnte die Geschichte und mit ihr der Bär zum Inbegriff eines Handelns werden, das von keiner Reflexion begleitet oder durch diese gebremst, ein Höchstmaß situativen Geschicks verkörpert. Diese Fähigkeit des Tieres beschreibt der niederländische Psychologe und Tierforscher Frederik J. J. Buytendijk (1887-1974) als ein instantanes Verstehen – zwischen Ästhetik und Effizienz. »Der Bär ›versteht‹ die Situation in einem ›Augenblick‹. Von Kleist spricht in seiner Nachbetrachtung nicht von tierischer oder senso-motorischer Intelligenz, sondern von ›Grazie‹.« (Buytendijk 1956, 153f.)

Der Tierkampf, der, zusammen mit den anderen Episoden des *Marionettentheaters*, vermeintliche Paradoxien in der Steuerung zum Gegenstand hat, ist Gegenstand zahlloser Interpretationen geworden, an denen nicht zuletzt das Methodenspektrum der Literaturwissenschaft Kontur gewinnen sollte. Im Tier, das aus der Latenz seines Unbewußten heraus operiert, wird der Mensch mit dem Phantasma optimierter Steuerung konfrontiert – ein Vorgang, den die klassische Moderne in Abkehr von der Wirkmacht bloßer Rationalität regelrecht zu beschwören suchte. Ob prominent bei Robert Musil oder Walter Benjamin, ob weniger prominent bei Fritz Giese oder Willy Hellpach, ob im Zeichen moderner Verkehrs- und Bewegungsformen, ob in Sport, Tanz oder Arbeit, der Tierkampf macht eine Effizienz sichtbar, die der rationalen Analyse entzogen bleibt. Jenseits dieser wird ein Reich des Unbewußten und seiner Erschließung sichtbar. Ob es in den Händen avancierter

Medientechniker oder in den Tatzen irgendwelcher Bären liegt, in jedem Fall ist es der Zeitordnung des *bürgerlichen Lebens* entzogen: »Wenn der Mensch am Steuer eines sehr schnell fahrenden Kraftwagens sitzt, wenn er scharfe Flugbälle placiert oder ein Florett führt, hat er in einem kleinsten Zeitraum u. mit einer Schnelligkeit, wie sie im bürgerlichen Leben sonst nirgends vorkommt, so viele genau aufeinander abgestimmte Akte der Bewegung u. Aufmerksamkeit auszuführen, daß es ganz unmöglich wird, sie mit dem Bewußtsein zu beaufsichtigen.« (Musil 1978, 793) Was Musil als Option auf den *anderen Zustand* und den Durchbruch von Persönlichkeitsstrukturen feiert, ist als natürliche Fähigkeit im Tier verkörpert. Dieses vermag aus der Latenz eines Unbewußten heraus zu handeln und dokumentiert so seine Überlegenheit.

Doch Kleists unglaublicher Bärengeschichte wird neben den Fingerübungen der Literaturwissenschaft noch eine ganz andere Karriere zu Teil. Diese führt ins Zentrum jener Wissenschaften, die sich den Phänomenen von Steuerung und Regelung als ihrem genuinen Gegenstand verschrieben haben, allen voran der Kybernetik und von ihr beeinflußter Disziplinen, von der Physiologie bis zur Verhaltensbiologie, von der Neurologie bis zu den Ingenieurswissenschaften: Immer wieder wird Kleists *Marionettentheater* von einschlägigen Sachbearbeitern herangezogen, um stellvertretend grundlegende Fragen dieser Wissenschaften zu veranschaulichen, in erster Linie die nach dem Verhältnis von Regel und Regellosigkeit, von Vorgabe und Freiheit. Die kleine Abhandlung aus dem beginnenden 19. Jahrhundert wird zum Gründungstext einer Kybernetik *avant la lettre*. Dabei geraten dem Bestiarium der Kybernetik neben erzählten Bären zunehmend auch andere Tiere und andere Konstellationen in den Blick – so etwa der im Film festgehaltene Kampf zwischen Mungo und Kobra, wie er vom Kybernetiker Norbert Wiener und wie er von Buytendijk für die Mitte des 20. Jahrhunderts beschrieben wird.

Das Resultat sind zwei unterschiedliche Lesarten dieser Auseinandersetzung, die auf je ihre Weise deutlich machen, in welche Wissensregister der Tierkampf jeweils einzutragen ist: Die Lesart aus der Kybernetik betont einen Formalismus, bei

Abb. 1: Kampf zwischen Mungo und Klapperschlange nach Buytendijk o. J.

dem der Mungo als das überlegene Tier schlußendlich mit einer lernfähigen Maschine mit einem entsprechenden Gedächtnis für Vergangenes analogisiert wird. Wiener geht vom Resultat des Kampfes aus, bei dem in der Regel der Mungo die Kobra tötet. Doch es liegt kein Grund für die Annahme vor, »daß die individuellen Bewegungen des Mungos schneller oder genauer als jene der Kobra sind.« (Wiener 1968, 210) Um dessen Überlegenheit zu beschreiben, nimmt Wiener unterschiedliche Komplexitätsstufen im Handlungsschema beider Tiere in den Blick.

Dieser Tanz ist jedoch nicht statisch, sondern entwickelt sich progressiv. Wenn er weitergeht, kommen die Scheinangriffe des Mungos früher und früher in Phase im Hinblick auf die Vorstöße der Kobra, bis schließlich der Mungo angreift, wenn die Kobra ausgestreckt und nicht in einer Stellung ist, in der sie sich schnell bewegen kann. Diesmal ist des Mungos Angriff keine Finte, sondern ein tödlich genauer Biß durch das Gehirn der Kobra. Mit anderen Worten: das Handlungsschema der Schlange ist auf plötzliche Sprünge beschränkt, auf jeden einzelnen für sich, während das Handlungsbild des Mungo einen angemessenen, wenn nicht sogar sehr langen Teil der gesamten Vergangenheit des Kampfes einschließt. Hier handelt der Mungo wie eine lernende Maschine, und die wirkliche Tödlichkeit seines Angriffes beruht auf dem viel höher organisierten Nervensystem. (Wiener 1968, 210)

Wiener, im Zweiten Weltkrieg am Bau von intelligenten, weil ihrerseits auf Vorgaben reagierenden Feuerleitgeräten beteiligt, löst mit der progressiven Entwicklung der Handlungsschemata diese aus einer Welt der Statik und entzieht sie dem Zugriff einfacher Prognosen. (→ FLEDERMAUS) In weiteren Schritten überträgt er die Befundlage von Mungo und Kobra zunächst auf den Kampf zwischen Mensch und Tier, wie er im Stierkampf vorliegt, und dann auf den zwischen Mensch und Mensch. Vor dem Hintergrund zweier Weltkriege und mit Blick auf die Atombombe scheint das von Wiener aufgerufene Beispiel des Degenfechtens ob seiner Altertümlichkeit und seiner geringfügigen Schlagkraft ein wenig blaß, dennoch bleibt die strukturelle Äquivalenz gewahrt – ob Degenfechten, Tennisspiel oder militärische Strategie, sie alle haben Teil an einem Kalkül, das spieltheoretisch behandelbar und entsprechend auch technisch umsetzbar ist. (→ AMEISE) Wieners Interesse ist am Kalkül, an der Zeit, am Lernen und an einem Formalismus ausgerichtet, der berechenbar und auf andere Kontexte übertragbar ist. Sichtbar wird dabei ein Zug der Moderne und dessen, was optische Medien zum Wissen dieser Moderne beitragen: der Wahrnehmung entzogene Bewegungsabläufe in ihren einzelnen Phasen sichtbar und der Analyse zugänglich zu machen. Die Folge ist ein neues Reich des Sehens, das ohne Medien im Zustand seiner optischen Latenz verbliebe. (→ PFERD, MICKEY MOUSE)

Scheinbar ganz anders erfolgt die Beschreibung bei Buytendijk. Mit der eher spröden Notation eines Diagramms versucht der Biologe, die komplexe Choreographie von aufeinander abgestimmten Bewegungen aufs Papier zu bannen. Dabei erweist sich die Vorstellung eines unmittelbaren Reagierens als unzutreffend. »Das Interessante bei diesen und allen weiteren Stadien im Kampf ist, daß *eine eigentliche Reaktionszeit überhaupt nicht zu finden ist*. Nie kann man feststellen, daß z. B. die Kobra mit einem Angriff anfängt und im nächsten Bilde erst

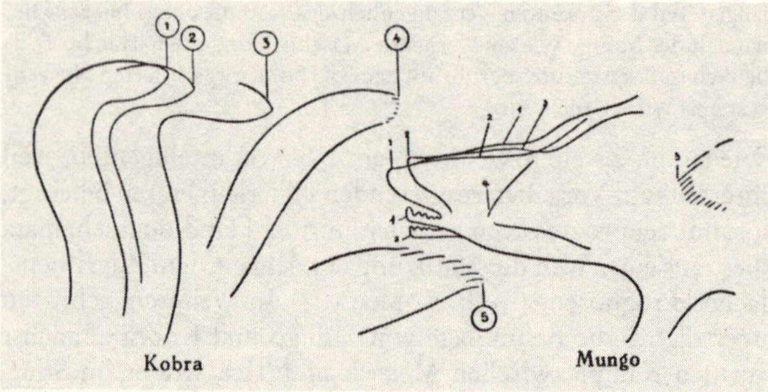

Abb. 2: Bewegungsschema nach Buytendijk o. J.

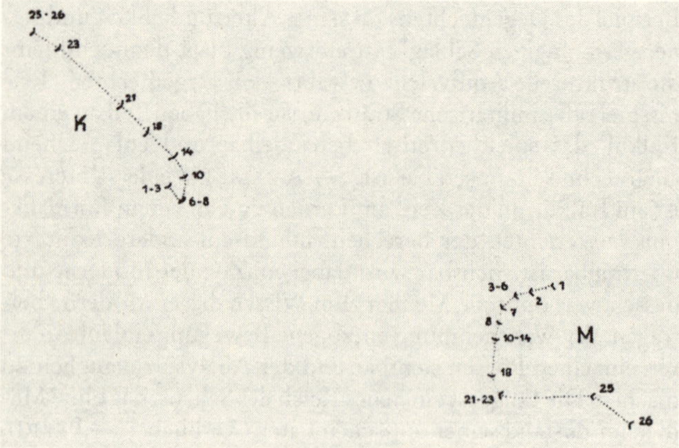

Abb. 3: Stellung der Tiere nach Buytendijk o. J.

der Mungo reagiert.« (Buytendijk o. J., 191) Doch im Gegensatz zu Wiener, dessen Beschreibung den strategischen Vorteil des Mungos in seiner Lernfähigkeit, mithin in einem Vergangenheitsbezug und in seiner komplexeren Bewegungsbildverarbeitung, begründet sein läßt, betont Buytendijk in seiner Rekonstruktion des Parierens gerade nicht das Trennende der beiden Tiere im Strategiespiel als Leistung ihres jeweiligen Intellekts. Vielmehr beginnt er, einen regelrechten Formalismus der Kinematik anzuführen, den er in einer neuen Form der Einheit enden läßt.

Der Kampf zwischen Mungo und Kobra ist für einen Vergleich mit dem Tennisspiel (oder dem Fechten) gut geeignet, weil auch hier Angriff und Abwehr miteinander abwechseln. [...] Auch hier ist jede Handlung von Anfang an auf die mögliche Entwicklung der Situation eingestellt. Die Bewegungen beider Tiere werden also nicht durch latente Perioden und Latenzzeiten voneinander getrennt, sondern sie bilden eine organische Einheit, zusammengeschlossen wie die Bewegungen der Teile eines einzigen Leibes. (Buytendijk 1956, 153)

Mit diesem Befund verabschiedet er die Mechanik der Reflexlehren und das Monopol ihrer Deutungsansprüche. (→ HUND, RATTE, SCHILDKRÖTE) An ihre Stelle tritt bei Buytendijk ein Organismus, der auf eigenwillige Weise geschlossen scheint und in dieser Geschlossenheit bei aller Agonalität, weil Aug in Aug mit dem Tod, zugleich sonderbar befriedet. Was für den Physiologen in der Zeitlupe des Kulturfilms sichtbar wird, ist also nicht das strategische Kalkül eines überlegenen Tieres in der vorhersehbaren Abfolge von Aktion und Reaktion, sondern eine neue, eine fast schon naturmystische Form der Vereinigung. »Im Ergebnis zeigt die Filmanalyse den erstaunlichen Zusammenhang der Bewegungen der beiden kämpfenden Tiere, deren gegenseitige Durchführung nicht in Reaktion auf die Bewegung des Partners, durch Latenzzeiten verzögert, einander folgt, sondern in deren Zusammenhang die Tiere wie zu einer neuen organischen Einheit vereinigt sind.« (Buytendijk o. J., 193) Aus den Agenten einer letalen Agonalität werden Partner in einem organischen Bewegungszusammenhang. Diese verschmelzen zu einer neuen Einheit – unter Preis- und Aufgabe ihrer je eigenen Identität.

Denn überall, wo dynamische Vorgänge in räumlich-zeitlicher Begrenzung auftreten, die eine wechselnde Beziehung untereinander aufweisen und deren Gesamtheit eine faßbare Einheit bildet, in welche 1. in jedem Moment das Frühere und Spätere eingeht, und welche 2. entweder einen Sinn ausdrückt oder zu einem gewissen sinnvollen Ende führt, sind wir gehalten, diese sämtlichen Vorgänge als seelisch verbundene anzusehen. [...] Kämpfende Tiere bilden in der Vollendung, welche das rein tierische

Leben in vitalen Funktionen über das Menschliche hinaushebt, eine Einheit, so geschlossen wie die Glieder eines einzigen Individuums. Sehr schön zeigte das die Analyse eines Tierfilms der Ufa-Gesellschaft: ›Mungo und Kobra‹. Diese Analyse des Tierkampfs verdeutlicht besonders das Bild, das ich von der Schlagfertigkeit zu entwerfen versucht habe. (Buytendijk o. J., 188)

Ein anderer Kontext bringt neben den animalischen Aktanten den Menschen, dessen Hände und sogar noch die Rede von der Seele ins Spiel, um mit der Einheit eines *einzigen Individuums* und damit sonderbar tautologisch zu enden. »So versteht es sich, daß wir, nach dem Gesagten, sowohl die Verbundenheit der beiden Hände, wie auch diejenige kämpfender Tiere oder spielender Menschen als durch *ein* dynamisches Zentrum, *eine* Seele geformt erfassen. Kämpfende Tiere bilden in der Vollendung, welche das rein tierische Leben in vitalen Funktionen über das Menschliche heraushebt, eine Einheit, so geschlossen, wie die Glieder eines einzigen Individuums.« (Buytendijk 1932, 23 f.) Der Biologe ist reich an Formulierungen, die das semantische Register der Geisteswissenschaften bemühen, die immer wieder Kategorien wie den Sinn, die Ganzheit und die Seele anführen. Es wirkt, als ob er in nostalgischer Rückwendung zugleich auch den Rückzug aus dem Terrain ausdifferenzierter Wissensfelder antritt – stellvertretend für die Mitte des 20. Jahrhunderts und eine ganze Gruppe von Autoren wie Viktor von Weizsäcker, Alfred Prinz Auersperg, Paul Christian, Erwin Straus und tutti quanti.

Doch dieser Schein des Rückgewandten ist, bei allen semantischen Vorlagen, erfreulich trügerisch. Die Einschätzung des Philosophen Jürgen Habermas, es ginge in den Denkveranstaltungen der Philosophischen Anthropologie material ausgesprochen ungesättigt zu, geht ihrerseits nicht auf. (Habermas 1973) Wie sehr für die Philosophische Anthropologie und ihre Gewährsleute nicht die Abkehr von den Sachständen des modernen Wissens, sondern deren gezielte Kenntnisnahme zählt, zeigt ein Unternehmen, das ganz programmatisch Kleist und seinem Marionettentheater verschrieben ist. Zusammen mit Paul Christian und Herbert Plügge, den *dramatis personae* der Gestaltkreislehre um ihren Begründer Viktor von Weizsäcker und die neurologische Station der Heidelberger Universitätsklinik, wollen die Forscher das Marionettentheater noch einmal neu lesen – im Jahre 1963 und unter den Bedingungen einer Moderne sowie ihrer erkenntnistheoretischen Sachzwänge. Der Titel der Abhandlung, den die drei Autoren Buytendijk, Christian und Plügge in einer Reihe *Beiträge zur Lehre und Forschung der Leibeserziehung* veröffentlichen, kann rückgewandter kaum wirken: *Über die menschliche Bewegung als Einheit von Natur und Geist*. Die Titel der Einzelstudien scheinen den Verläufen wissenschaftlicher Kulturgrenzen schon weniger vorbehaltlos zu folgen. So schreibt Buytendijk über *Die Anmut*, Plügge fügt seinem Titel über *Grazie und Anmut* den Zusatz *Ein biologischer Exkurs über das Marionettentheater von Heinrich von Kleist* hinzu und der Neurologe Paul Christian handelt *Vom Wertbewußtsein im Tun*, was nicht weniger als *Ein Beitrag zur Psychophysik der Willkürbewegung* zu sein verspricht, also unmittelbar ins Zentrum von Medizin und Neurologie, von Arbeitswissenschaft und Physiologie vorstößt.

Christian versucht in Experimenten mit unterschiedlich betriebenen Pendeln, bei denen also etwas Bewegtes bewegt wird, die Grundanordnungen der Kleistschen Marionette nachzustellen. Mit hohem technischen Aufwand, bei dem die Oszillographie ebenso zum Einsatz gelangt wie das Rüstzeug der Mathematik, fördert er zwei Bewegungsverläufe zutage, die er auf die jeweiligen Betreiber hochrechnet. Die *Betriebsart* des Menschen, also wenn dessen Hände das Pendel in Bewegung halten, weicht vom idealen Schwingungsverlauf des physikalischen Pendels geringfügig ab – Grund für Christian, in diese geringfügige Differenz den Unterschied zwischen Physik und Biologie einzubringen. Beide sind nicht ineinander überführbar, können also nebeneinanderstehen und so jeweils ihr eigenes Recht geltend machen. An den Experimenten wird deutlich und nachstellbar, was Buytendijk als Einheit und Verschmelzung kämpfender Tiere beschrieben hat – daß dort die Grenzen zwischen Organismus und Umwelt zu gleiten beginnen, daß es unmöglich ist, »eine räumliche, zeitliche oder energetische Grenze anzugeben, an welcher die motorische Tätigkeit des Organs aufhört und die physikalische anfängt.« (Christian 1948, 92 f.)

Die Beobachtung, so arbeitet es Christian immer wieder heraus, schwankt und hängt von einer Entscheidung ab: ob man die eine oder eben die andere Ordnung behaupten will, ob der Blick auf die Idealität der Mechanik oder die anders gelagerte Zweckmäßigkeit der Biologie gerichtet sein soll. Beides ist möglich, nur eben nicht gleichzeitig. »Das Tun kann nicht in derselben logischen Reihe bestimmt werden wie das Resultat des Tuns.« (Christian 1963, 22f.) Was anläßlich des Textes von 1963 und im Rückgriff auf Untersuchungen von 1948 sichtbar wird, ist nicht weniger als die Positionierung der Wissenschaften selbst: Diese verbleiben nicht im Selbstzweck obskur wirkender Anordnungen, sondern wissen, ausgesprochen selbstbewußt, durch Entscheidung dem Schisma der beiden Kulturen, von Natur und Geist, zu entgehen – ohne dabei die eigenen Sachstände und deren Methodik preiszugeben. Jene Ordnung zwischen Natur und Geist wird so als Episode in der Geschichte des Wissens lesbar – allen Reifikationen, allen Vorwürfen, Machtansprüchen und Ignoranzen zum Trotz. Vor dem Hintergrund dichotomischer Wissensordnungen und eines scheinbar fest verteilten Terrains disziplinärer Zuständigkeiten wird die Option auf ein neues, ein drittes, ein chimärenhaftes Wissen deutlich. (→ MOLCH) So wird es Arnold Gehlen sein, der die Befundlage von Christians Pendelexperimenten dem Kanon der Philosophischen Anthropologie einschreibt. In *Der Mensch. Seine Natur und seine Stellung in der Welt* zeichnet Gehlen den Variationsrahmen für die Vielfalt menschlicher Bewegung nach und gelangt dort zur Formel von der *variablen Führungsordnung*, mittels deren die scheinbaren Paradoxalitäten zwischen Kontingenz und Steuerung im Handstreich zu lösen sind. (Gehlen 1997, 165) Von jener Formel heißt es bei Gehlen emphatisch, sie sei den Untersuchungen des Neurologen Christian geschuldet, dem sich der Philosophische Anthropologe auch entsprechend verpflichtet weiß.

Die ausgezeichnete Studie von P. Christian, Die Willkürbewegung im Umgang mit beweglichen Mechanismen (Sitzungsber. Heidelb. Akademie d. Wiss. 1948), untersucht die innere Bewegungsintelligenz experimentell am Antreiben und Inganghalten schwingender Systeme und gelangt zu Formulierungen, die sich z. T. wörtlich mit unseren treffen. Von der ungeheueren Kompliziertheit und Vollkommenheit gerade der höheren Bewegungsleistungen, wird gesagt, haben wir wesentlich keine Vorstellung, und Nietzsche habe hier richtig gesehen, daß alles Vollkommene gerade unbewußt und nicht gewollt ist. (Gehlen 1997, 192)

Dennoch bleibt bei aller scheinbar auch disziplinären Befriedung das Agonale im Raum und in seinem Recht. Parieren und Schlagfertigkeit, wie sie Kleists Bären seine spektakuläre Karriere als Figur des Wissens eröffnen sollten, sind eben nicht bloße *asides* zur modernen Lebenswelt, zu Tennis und Boxkampf, zu Schach, Stierkampf und Kriegsführung. Was bei all dem sichtbar wird, sind die Möglichkeiten, Systeme und ihre Umwelten auf veränderte Weise zu beobachten (und zu theoretisieren). Dabei sind es Tiere und technische Medien, denen es vorbehalten bleibt, die Jeweiligkeit von Zeiten und Räumen zu verhandeln. (→ HUND, SCHNECKE, ZECKE)

In der Prolepsis kommt es über die bloße Beschreibung solcher Jeweiligkeiten hinaus zu ihrer Konfrontation. Die unterschiedlichen Konkurrenzen rechnen Wissenschaftler zu einem evolutionären Befund hoch, der auf seine Weise auch den Menschen einer Entwicklungslogik des Parierens unterstellt. Jene Zeitmanipulation, die an Schnecken und Kampffischen in beide Richtungen, also in der Verlangsamung und in der hochgradigen Beschleunigung, so wunderbar hat nachgezeichnet werden können, wird zu einem Element im Kampf ums Überleben erklärt. Veränderungen des Zeitsinns, wie sie, stellvertretend für seine Zunft, der Psychiater Otto Pötzl als psychopathologisches Phänomen bei seinen Patienten beobachtet und als *persönliches Tempo* in den 30er Jahren des letzten Jahrhunderts theoretisiert hat, werden mit der Zeit der Tiere enggeführt. (Pötzl 1939) »*Uexküll* hat auf Zeitraffer-, bzw. Zeitlupenmechanismen hingewiesen, die bei der Gestaltung der Umwelt und der Innenwelt der Tiere mitwirken.« (Pötzl/Hoff 1934, 617f.) Die Übertragung auf den Menschen bleibt nicht aus. Vor dem Hintergrund persönlicher Zeitordnungen, ihrer technischen Dar- und Nachstellung, aber auch nach dem Befund der Streubreite innerhalb einer Spezies, wie sie der Psychiater Pötzl in den Symptombildungen seiner Patienten, wie sie die Biologen im Zeitauflösungsverhalten ihrer Tiere und wie sie Medientechniker in ihren Dispositiven verkörpert sehen, darf noch einmal das altertümliche Parieren des Kleistschen Bären seine Rolle spielen – in einem Szenario ganz vielfältiger Bilder und anläßlich eines Textes mit dem Titel *Das Zeitparadoxon der Lebensbilderschau in Katastrophensituationen*. Sein Schreiber Max Mikorey formuliert die Veränderung der Zeitwahrnehmung zu einer Geschichte des gelingenden oder nicht gelingenden Parierens lebensbedrohlicher Situationen um.

Die 1951 von *Pötzl* und *Frankl* entwickelte Theorie des Vorgangs läßt sich in folgender Richtung weiterentwickeln. Primär tritt bei allen einschlägigen Fällen durch Verfeinerung des Zeitrasters ein Zeitlupeneffekt auf, welcher dem Verunglückenden erlaubt, die akute Katastrophensituation überscharf zu erkennen und womöglich zu parieren. Erst dann, wenn der Betroffene die Aussichtslosigkeit der Situation erkennt und sich in sein Schicksal ergibt, vergehen ihm Hören und Sehen, so daß der Kontakt mit der Außenwelt völlig abreißt. Diese Wendung nach innen gibt das Stichwort für das Auftreten der Lebensbilderschau, wenn die Verfeinerung des Zeitrasters im Leerlauf bestehen bleibt, harmlose Erinnerungsbilder der Vergangenheit emporreißt und im Idealfall zu einer Lebensbilderschau komponiert. (Mikorey 1960, 4)

Ganz egal, ob das Parieren gelingt, Menschen und Tiere folgen als Lebewesen fortan einem Geheiß von Bildern – Bilder, die mit Ästhetik wenig, dafür aber mit Bewegungssteuerung um so mehr zu tun haben. Es ist diese Biologie der Bilder, die das Sein von Menschen und Tieren den Geschicken der Virtualität unterstellt. (Dazu Rieger 2003) In ihrem Zeichen können Führung und Führungslosigkeit variabel aufeinander abgestimmt heißen, in ihrem Zeichen kann die Kybernetik den Anschluß an die Anthropologie und das Tier seine neue Bestimmung als *phantasierender Automat* gefunden haben.

Die virtuelle Bewegung konstituiert also das Wahrnehmungsbild, das den Grund des Verhaltens bildet. Stimmt es, daß ohne Motilität keine Sensibilität möglich ist (und damit der unbeweglichen Pflanze ein Empfinden abgesprochen werden muß), so läßt sich das Wesen des Tieres als ein ›phantasierender Automat‹ kennzeichnen. (Buytendijk o. J., 135)

S. R.

Barsch

Das Europäische Publicum ist nicht *Thier*, wie das Africanische; es ist nicht mer *Kind*, wie im Mittelalter. Immer noch betet es seine Fürer, seine Vormünder, an: aber es will, es soll, im *Geist* und in der *Warheit* anbeten. Und um das zu können, muß es nicht blos fülen, *daß* es regirt wird, sondern wissen, *wie* es regirt wird.

Schlözer nach Achenwall 1790, ohne Pag.

Wie viele Augen haben nicht Insekten, Fische, Vierfüßer in ihrer Bewegung beobachtet: warum sah man nichts als starre Gangarten?

von Holst 1948, 381

Der Eintrag der Tiere in die Register des Politischen ist ihrem Plural geschuldet. Wenn Tiere als soziale Wesen auftreten, wenn sie in Gruppen leben oder Schwärme bilden, wenn sie Kommunikations- oder Sozialformen aufbauen, läßt auch die Beschreibungssprache der Politik nicht lange auf sich warten. In der Rede von den Tierstaaten ist diese fest etabliert und wird entlang der Ausgestaltung menschlicher Regierungsformen diversifiziert. So ist die politische Theorie *der Tiere* ein Allgemeinplatz, eine politische Theorie *des Tieres* ist es aber nicht. (→ AMEISE) Und ausgerechnet von einer solchen handelt, wenngleich wenig explizit, der Verhaltenswissenschaftler Erich von Holst (1908-1962). Was er an Meeresfischen wie *Labrus*, *Sargus* und *Serranus* zeigt, ist nicht der Organisation und Kommunikation im Schwarm geschuldet, sondern der Regierungsform und den Machtverhältnissen innerhalb eines einzelnen Exemplars. Wenn von Holst die Koordination des Barsches in Kategorien von Zentralismus und Separatismus verhandelt, wird das Tier unter der Hand zum Attraktor politischer Theorie.

Dabei ist das Anliegen zunächst fernab aller Politik, weil auf ein ausgesprochenes Detailanliegen gerichtet. Die Frage, die von Holst interessiert, ist die nach der Organisation und Steue-

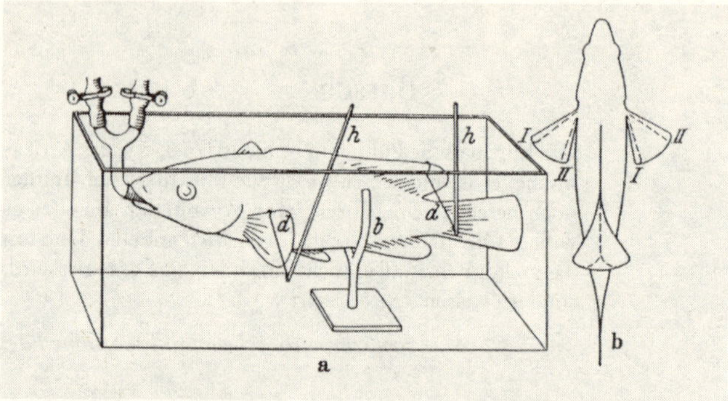

Abb. 1: Versuchsanordnung mit Labrus nach von Holst 1935.

rung der verschiedenen Flossenbewegungen oder, noch allgemeiner, nach dem Prozeß der zentralnervösen Koordination. Die bisherigen Erklärungsansätze bewegen sich im Rahmen der üblichen Reflexschemata, haben sich aber, »wo man sie experimentell überprüfte, als unhaltbar erwiesen.« (von Holst 1935, 149) Für seine Versuche, die dem Abhilfe schaffen sollen, gerät von Holst an *Labrus*, *Serranus* oder *Sargus* als besonders beobachtungstaugliche Untersuchungsgegenstände. Diese erlauben, was seiner Analyse der Regierung am Schauplatz des Körpers vorauszugehen hat: die Aufzeichnung der Flossenbewegungen und damit das Festhalten dessen, was er als unterschiedliche *Gangarten* auch an anderen Tieren in den Blick nimmt, an Tieren wie den zum Teil eigenhändig teilbeinamputierten Hundertfüßern (Chilopoden), bei denen die Rede von der Gangart weniger katachretisch ist als bei den Fischen, deren Gehen vollständig ohne Füße auskommen muß. (→ Pferd)

> Als über Erwarten günstiges Objekt zur genauen graphischen Registrierung der Gliederbewegungen erwiesen sich Meeresfische (Labrus, Serranus, Sargus u. a.), die durch schwingendes Pendeln ihrer verschiedenen Flossen bei meist unbewegtem Leib durch das Wasser gleiten. Der aufmerksame Beobachter nimmt wahr, daß die einzelnen Flossen oft nicht in bestimmter ›Gangart‹, sondern in verschiedenem Takt unter Ausbildung mannigfacher Bewegungsperioden arbeiten. (von Holst 1948, 377)

Diese Verschiedenheit der Takte wird zum Auslöser eben jener Frage, für deren Beantwortung von Holst Register und Theorie des Politischen bemühen wird. Mit der Gangart gerät dem Verhaltensphysiologen etwas in den Blick, das sperriger ist als die Untersuchungsgegenstände, die genuin mit der modernen Verhaltensforschung und dort vor allem mit dem Namen Konrad Lorenz verbunden sind. Zwar ist von Holst auch institutionell immer wieder in der Nähe von Lorenz zu finden, so war er von 1955 an als Gründungsdirektor am MPI für Verhaltensphysiologie in Seewiesen bei Starnberg Vorgesetzter von Lorenz. Auch berichtet Lorenz gerne in einer Urszenen-Anekdote sehr eindrücklich, wie ihn von Holst von der Unrichtigkeit des Reflexkettenmodells zu überzeugen wußte. Aber den folgenreichen Forschungen am Barsch wird jene Form der populären Rezeption versagt bleiben, die gerade den Untersuchungen über die Graugänse so sehr zuteil wurde. Nicht das Sozialverhalten intakter Tiere, deren Geselligkeit oder deren moralanaloges Verhalten bilden für von Holst den Ansatzpunkt, sondern kleinstteilige Bewegungsformen bei ausgesprochen wenig intakten Tieren.

Eine Arbeit, die im Jahr 1938 unter dem Titel *Neue Versuche zur Deutung der relativen Koordination bei Fischen* in *Pflügers Archiv für die gesamte Physiologie des Menschen und der Tiere* erschienen ist, faßt in Form eines Abschlußberichts mehrjährige Untersuchungen zusammen, die von Holst 1935/36 in Deutschland an den Gattungen *Labrus*, *Sargus* und *Serranus* unternommen hat. Diese wurden ergänzt durch Studien, die er mit Förderung der Deutschen Forschungsgemeinschaft in den Jahren 1936 und 1937 an der zoologischen Forschungsstation in Neapel auf andere Fischarten ausgedehnt hat (*Crenilabrus pavo*, *Corvina nigra* und *Smaris alcedo*). In dem Beitrag von 1938 resümiert von Holst die bis dahin erzielten Ergebnisse, um sie dann in einem unmittelbar folgenden Beitrag *Über relative Koordination bei Säugern und beim Menschen* auf die Sachlage bei anderen Lebewesen zu übertragen. (von Holst 1938)

Für seine Untersuchung verwendet von Holst Fische von 15-25 cm Länge, bei denen vor der Untersuchung die Medulla durchtrennt wird. Das geschieht in einer Operation unter

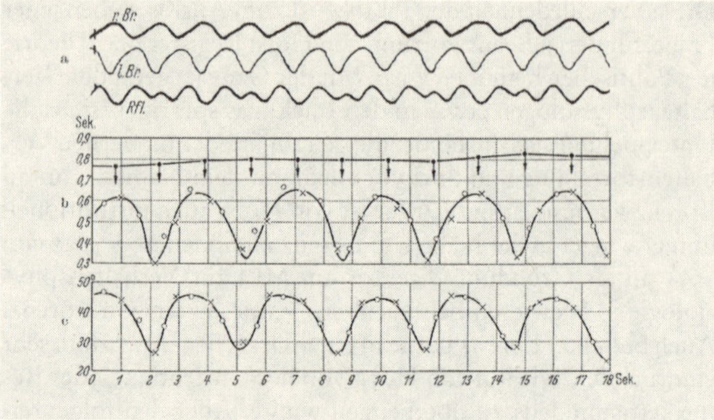

Abb. 2: Kurven nach von Holst 1938.

Urethannarkose, die bei schonender Ausführung nur einen geringen Blutverlust zur Folge hat und die der Fisch teilweise bis zu sechs Tage zu überleben vermag. Mit der gewählten Schnittführung, so heißt es an anderer Stelle, geht der Einfluß des Gehirns auf das Rückenmark verloren. Darüber hinaus werden überflüssige, weil der Aufzeichnung im Wege stehende Flossen kurzerhand entfernt. Nach dem Eingriff wird der Fisch in ein Seewasserbecken verbracht und dort auf eine Weise fixiert, die es erlaubt, nach seinem Erwachen aus der Narkose das zeitlich verschobene Einsetzen der einzelnen Flossenbewegungen zu registrieren. Registriert werden die Schlagfrequenzen der Brust-, der Rücken- und der Schwanzflossen mittels sehr leichter Hebel, die an den einzelnen Flossen angebracht werden. Die Hebelschreibung zeichnet in den späteren Untersuchungen direkt mit Tinte auf weißes Papier auf, während zu Beginn der Untersuchungen die Registrierung auf Rußpapier erfolgte. »Die Schreibspitze schreibt fließend, ohne zu klexen und auszusetzen. Dieses einfache Verfahren ermöglicht fortlaufende Registrierung über beliebige, längere Zeiträume.« (von Holst 1938, 6)

Auf diese Weise, folgt man der Darstellung von Holsts, ist Kurvenmaterial in einer Länge von über drei Kilometern generiert worden. Dieses bildet die Grundlage für die ihn interessierende Fragestellung, und zwar dergestalt, daß hinter den Kurven der Fisch zu verschwinden scheint. Während die Bildgebung anderer Veröffentlichungen zumindest noch die Skizze des Fisches auf seiner Bleibgabel im Becken mitlieferte, sind die Abbildungen der Arbeit von 1938 ausschließlich den Kurven gewidmet.

Es handelte sich dabei um rhythmische Lokomotionsbewegungen der verschiedenen Flossen (Brust-, Rücken- und Schwanzflossen), die, wie Beobachtung und Filme zeigten, in gleicher Weise auch der intakte schwimmende Fisch zeigt. Die Flossen schwingen voneinander unabhängig in verschiedenem Takt, wobei aber die einzelnen – wie Versuche ergaben, im Rückenmark automatisch entstehenden – Rhythmen aufeinander zentral in verschiedenartigster Richtung einwirken können. (von Holst 1938, 1)

Die graphische Aufzeichnung der so beobachteten Bewegungen der Fische, die eben auch für den intakten Fisch Geltung haben sollen, fördert Periodenformen von *bunter Mannigfaltigkeit* zu Tage, die, so die Einschätzung durch von Holst, vom bisherigen physiologischen Sachverstand theoretisch nicht hinreichend erklärt werden können. Um diese in ihrer Genese unverständlichen Erscheinungen zu bezeichnen, schlägt er den titelgebenden Terminus *relative Koordination* vor. Dieser Vorschlag erfolgt in Absetzung von einem bereits bekannten Phänomen, nämlich dem der *absoluten Koordination*.

Der grundsätzliche Unterschied zwischen beiden Organisationsformen ist, daß bei der relativen Koordination zwischen verschiedenen gleichzeitig in einem Zentralnervensystem ablaufenden rhythmischen Vorgängen eine gewisse quantitativ faßbare Beziehung besteht, die aber offenbar nicht intensiv genug ist, um gegen das Bestreben eines jeden einzelnen Rhythmus, selbstständig in einer vom anderen abweichenden Frequenz zu arbeiten, aufkommen zu können; während bei der absoluten Koordination zweier oder mehrerer rhythmischer Vorgänge die gegenseitige zentrale Bindung oder Verkettung über etwaige Selbständigkeitstendenzen der einzelnen rhythmenbildenden Orte im Nervensystem obsiegt, so daß alle im gleichen Takt und in bestimmter gegenseitiger Phasenbeziehung arbeiten. (von Holst 1938, 1 f.)

Vereinfacht gesagt, bezeichnen *absolute* und *relative* Koordination Extrempunkte in der Abhängigkeit oder Kopplung unterschiedlicher Rhythmen im Organismus: Die absolute Koordination steht dabei für eine extreme Festigkeit der Bindung, während die relative eine entsprechend lose Bindung bezeichnet. Mit Begriffen wie Separatismus und Zentralismus, Autonomie und Fremdherrschaft schlägt die Terminologie politischer Ordnung zu Buche. Von Holsts Arbeitshypothese ist, die relative Koordination »sei nicht ein neues Ding besonderer Art, sondern nichts anderes als ein gleichsam unendlich lang hinausgezogenes Übergangsstadium zwischen den zwei Extremen«. Diese Hypothese sieht er durch bestimmte Versuchsreihen bestätigt, bei denen die relative Koordination »in der Tat zunächst spontan, später (bei näherer Kenntnis der Medullenpräparate), nach dem Belieben des Untersuchers, sowohl in Koordinationslosigkeit einerseits wie in absolute Ordnung auf der anderen Seite überführt werden.« (von Holst 1938, 2)

Der Organismus wird bei diesen Versuchen zum Ort, an dem Steuerungs- und Kontrollmechanismen gezielt manipuliert und variiert werden können – ein Ort, an dem unter der Hand Ordnung und mit dieser zugleich Macht nachgestellt wird. Dabei geraten Paradoxien zwischen Freiheit und Vorgabe, zwischen Regel und Regellosigkeit in den Blick, Paradoxien, die in der Goethezeit eingespielt werden und entsprechend als semantische Tradition schier allgegenwärtig sind. (→ Bär) Möglich werden im Experiment Variationen dieses Verhältnisses nach Maßgabe eines Mehr/Weniger und nicht nach Maßgabe eines Entweder/Oder. Die Periodenform, die als Kurve angeschrieben werden kann, gibt also Auskunft über die Form dieses Gemeinwesens und seine Organisation, mithin darüber, ob ein solches System nach dem Verhältnis eines politischen Zentralismus oder eines Separatismus organisiert ist. An den Periodenformen werden diese Verhältnisse evident, sie entscheiden über die Verfassung des Fisches und vielleicht sogar über seine phänomenale Identität. Dieses Verhältnis unterliegt zu großen Anteilen der willentlichen Einflußnahme durch den Versuchsleiter.

Sie waren als der sichtbare Ausdruck jener zentralen Kräfte aufzufassen, welche die Ursache der Koordination zwischen den Lokomotionsrhythmen darstellen; Kräfte, die nur in der rel. Koord. sichtbar werden können, weil sie nur hier im unentschiedenen Kampf mit den separatistischen Bestrebungen der verschiedenen zentralen Rhythmen zu fortlaufenden Kompromißbildungen gezwungen werden. Die Form der Perioden verriet dann jeweils das erzielte Kompromißergebnis. (von Holst 1938, 2)

Andere und weniger befriedete Formulierungen handeln nicht vom Kompromiß, sondern von Beherrschung und Zwang, von Sieg und Niederlage, von Individualität und Kollektivität, von Kampf und Waffe. »Die ›Kämpfer‹ sind offenbar die automatisch tätigen Elemente (›Zellgruppen‹) der erwähnten tieferen Schicht, mit ihren verschiedenen Eigenfrequenzen, ihre ›Waffe‹ aber ist der gesuchte Koppelungsfaktor.« (von Holst 1948, 378) Zutage treten diese Formen mit einem hohen Grad an Regelmäßigkeit, der so bisher in der physiologischen Forschung noch nicht registriert wurde und der, wie es weiter heißt, »die exakte Analyse der graphisch aufgezeichneten Bewegungen möglich machte.« Zur Auswertung des Kurvenmaterials, die der Politisierung des Barsches vorhergeht, verwendet von Holst eine eigens ausgearbeitete Methode, mit der es ihm gelingt, die Vielfalt der Formen auf zwei Grundphänomene zurückzuführen. Das eine Phänomen besteht in einer Überlagerung unterschiedlicher Rhythmen, wobei sich diese gegenseitig nicht direkt beeinflussen, also automatisch ihre je eigene Frequenz beibehalten, sich aber in ihrer Reizwirkung auf die motorischen Elemente überlagern oder superponieren, »so daß also eine Muskelgruppe nicht einem oder dem anderen zentralen Rhythmus folgt, sondern *beiden zugleich*.« (von Holst 1938, 2f.) Solche Überlagerungen sind in der physikalischen Schwingungslehre als harmonische oder Fourier-Analyse ausgearbeitet, und zuständig ist nicht zuletzt die akustische Klanganalyse, an die von Holst die weitere Beschreibung auch adressiert: »So entstehen Kurvenformen, die als Abbild eines zentralen ›Zweiklanges‹ oder ›Mehrklanges‹ angesehen werden können (*Superpositionstheorie*).« (von Holst 1938, 3) Das zweite Grundphänomen, das seine Auswertungsmethode zutage fördert, erklärt er durch Erscheinungen, die nach Abzug

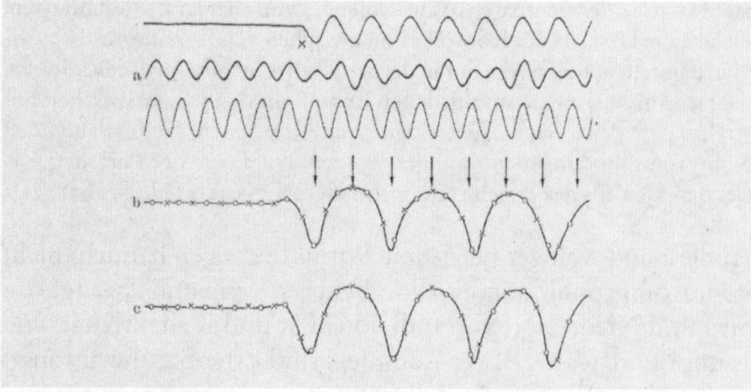

Abb. 3: Kurven mechanischer Pendel nach von Holst 1938.

der Superposition übrigbleiben. Das ist der ordnende Faktor, »d. h. jener Prozeß, der dazu führt oder führen kann, daß ein ursprünglicher unabhängiger Rhythmus sich dem Takt eines anderen anschließt.« Eine andere Formulierung für diesen Befund ist, daß ein Rhythmus über den anderen die Führung übernimmt. Der innere Mechanismus ist dabei unbekannt, die Wirkweise wird lediglich aus der Analyse der Kurven erschlossen. Da diese Wirkweise überhaupt nicht vergleichbar ist mit den bekannten Prozessen in der Nerven- und Herzphysiologie, schlägt von Holst zu ihrer Bezeichnung den Terminus *Magnet-Effekt* vor – und zwar, »da er gewisse Analogien zur je nachdem anziehenden oder abstoßenden Wirkung elektromagnetischer Kräfte zu zeigen schien.« (von Holst 1938, 3)

Mit dieser Auffassung steht er gegen die Lehrmeinung innerhalb der Physiologie. Er gibt daher im weiteren Verlauf seiner Arbeit Beispiele, bei denen seiner Auffassung nach die Periodenbildung durch Superposition oder durch den Magnet-Effekt entstanden ist. »Abb. [2] zeigt ein typisches Beispiel für eine Periodenbildung, die (nach meiner Auffassung) durch Superposition entstanden ist. Die beiden Brustrhythmen laufen gleichmäßig und in übereinstimmender Frequenz, aber der

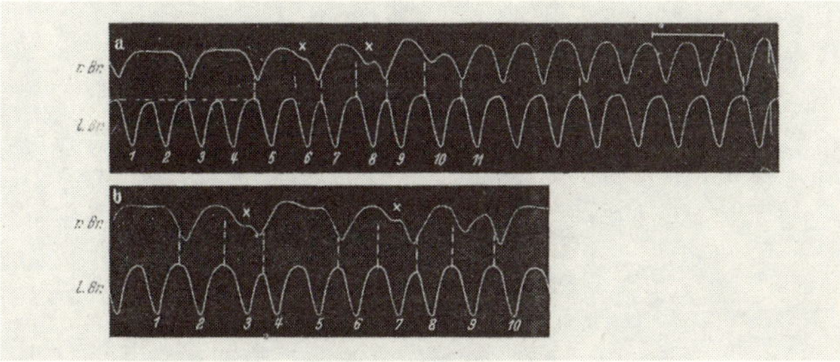

Abb. 4: Kurven nach von Holst 1938.

schnellere Rückenflossenrhythmus zeigt deutliche Schwankungen sowohl der Amplitude als auch der Frequenz.« Für die Superposition soll ein einfacher Modellversuch die Lage veranschaulichen.

Zur leichteren Veranschaulichung dieser Verhältnisse sei kurz ein einfacher Modellversuch, der an sich schon alt sein mag, beschrieben. An einer gemeinsamen Achse seien in gewissem Abstand zwei Pendel von veränderlicher Länge aufgehängt. In der Mitte zwischen beiden sitzt, um die gleiche Achse drehbar, ein leichter Hebel, dessen nach unten zeigendes Ende durch zwei wagerecht verlaufende Gummifäden mit beiden Pendeln zugleich verbunden ist. Wird nun ein Pendel durch Anstoßen in Schwingung versetzt, dann schwingt auch der Hebel, und zwar mit halber Amplitude, mit. Stößt man auch den zweiten Pendel an, dann schwingt der Hebel gleichzeitig mit beiden Pendeln mit; (von Holst 1938, 11)

Wie im Fall des Beispiels mit den Brustflossen und der Rückenflosse werden die so gewonnenen Kurven ausgemessen, und die Resultate dieser Ausmessung werden selbst als Kurve dargestellt – mit dem Resultat, daß zwischen der Auswertung der Flossenkurve und der Auswertung des Modellversuchs Übereinstimmungen bestehen, die seine Annahme der Superposition bestätigen. Über diese Bestätigung hinaus generalisiert er die Befundlage, indem er eine universale Gültigkeit seines Modells für sämtliche Bewegungen behauptet, die nach Maßgabe der Superposition erfolgen. »Mit Hilfe des beschriebenen mechanischen Modells ist es leicht möglich, einer jeden nach der Superpositionstheorie auf zentraler Rhythmenüberlagerung

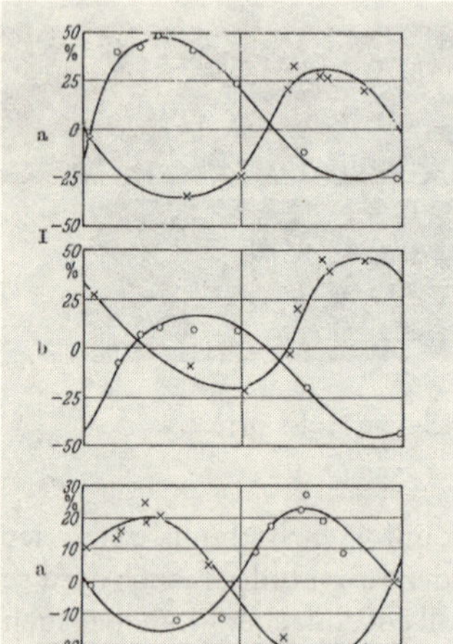

Abb. 5: Kurven nach von Holst 1938.

beruhenden Periodenform der Flossenschwingungen, so verschieden diese äußerlich erscheinen mögen, eine entsprechende künstliche mechanische Superpositionskurve an die Seite zu stellen«. (von Holst 1938, 12)

Was an seinem Kurvenmaterial von der Theorie der Superposition unerfaßt bleibt, führt ihn zur Theorie vom Magnet-Effekt, einer Theorie, die, wie er schreibt, von der erstgenannten grundsätzlich verschieden ist und diejenigen Periodenformen erklären soll, die von der anderen nicht abgedeckt werden konnten. Auch hier sind Regelmäßigkeiten festzuhalten, die erst eine Auswertung seiner Kurven deutlich macht. Die Wirkung des Magnet-Effekts ist ihrerseits vielfältig, kann in positiver oder negativer Attraktion bestehen, sie kann gegenseitig erfolgen und vieles mehr. Sichtbar werden solche Verhältnisse in Kurven über Kurven, in Zeit- und Geschwindigkeitstafeln, die den aufgezeichneten Bewegungen der Fischflossen gelten. Der Fisch gelangt in von Holsts Rekonstruktion als ein Wesen zur Darstellung, das seine Koordination nach Maßgabe einer wie auch immer implementierten Theorie vollzieht. Die Fourier-Analyse scheint im Fisch ebenso Fleisch geworden wie die Theorie vom Magnet-Effekt. Der Barsch wird zu einem Wesen, das auf merkwürdige Weise organisiert ist: nach Maßgabe unterschiedlicher politischer Systeme, deren gleichzeitiger Geltungsanspruch im Chaos enden würde. Damit wird der Barsch zur Universal-Anschauungsvorrichtung für mögliche Verfassungen und willkürliche Interventionen. Der Fisch wird zum Ort, der mühelos Ordnungen nachzustellen erlaubt, relative und absolute Ordnung werden damit variierbar. In stetigen Folgen gelingt es dem Experimentator, nachzustellen, was der Willfährigkeit des Politischen zwangsläufig entzogen bleibt. Erich von Holst, der Flugapparatebauer und Meeresbiologe, verlagert die Koordination in das Innere der von ihm beobachteten Fische – bevor er sie dann auf andere Organismen ausdehnt und auch für menschliche Bewegungsformen geltend macht. Seine Erklärungsangebote für die Koordination lassen *überraschend einfach* einen Reduktionismus zu Tage treten, der die Angebote über die Regierung des Tieres so lange beherrscht hatte:

Während man bisher annahm, daß die Fortbewegung auf Kettenreflexe zurückgeführt werden müsse, derart, daß eine Bewegungsphase reflektorisch die nachfolgende motorische Teilhandlung auslöst, und diese selbst wieder den Reiz für die nächste Phase bildet, zeigte nun v. Holst in überraschend einfachen, doch überzeugenden Versuchen an Fischen und Aalen, daß die herrschende Lehre von der Reflexkettennatur der Erregungsfortleitung im Falle der Lokomotion abzulehnen ist. (Buytendijk/Christian/Plügge 1963, 57)

Derlei Denkansätze, die den kontrollierten Übergang von Koordinationslosigkeit bis zur totalen Ordnung vorführen, gehen in ihrer Beschreibung mit einem semantischen Hof der Flexibilisierung und *Verschieblichkeit* von Führung einher. Die so ermöglichten Konzepte stehen ihrerseits anderen Aussagesystemen zur Verfügung, wie etwa der Philosophischen Anthropologie. Wenn Arnold Gehlen einer Arbeit über *Die Willkürbewegung im Umgang mit beweglichen Mechanismen* des Neurologen Paul Christian von 1948 die Formel von der *variablen Führungsordnung* entnimmt, sind die Gangarten des Fisches auch beim Menschen angekommen. Damit schließt sich dann der Kreis, der bei den Fischen beginnt, um später auf Säugetiere und vor allem auf den Menschen übertragen zu werden. Von Holst schließt seine Ausführungen über relative Koordination mit der Beschreibung von Versuchsanordnungen, bei denen nicht Medullenpräparate oder Strychninfische, sondern unversehrte Menschen beobachtet werden. Diese sind aufgefordert, mit ihren Armen zu schwingen, und das nach Möglichkeit in unterschiedlicher Geschwindigkeit. Die Koordination mißlingt in der Regel und auch hier bleibt es der Form der Kurve vorbehalten, Auskunft darüber zu geben, wie wenig der Körper in der Regierungsgewalt seiner Benutzer steht. Eine Souveränität in der Regierung des eigenen Körpers scheint es nie gegeben zu haben, ein Befund, der den Probanden mit Staunen zur Kenntnis gebracht wird. »Alle beschriebenen Periodenbildungen entstehen gegen die Absicht der Versuchsperson und mehr oder weniger ohne deren Wissen. In manchen Fällen starker gegenseitiger Beeinflussung der Rhythmen glaubte die Versuchsperson sogar, ihre Armbewegungen ganz gleichmäßig ausgeführt zu haben und war nachher erstaunt über das Aussehen der Kurven.« (von Holst 1938, 57)

Was aus den Kurven spricht, ist ein Verlust an Souveränität, der nicht nur für die Politik des Regierens, sondern auch für die des Forschens typisch ist. Für beide scheint nicht zu gelten, was der eingangs angeführte Statistik- und Regierungsexperte August Ludwig Schlözer im Vorbericht zur sechsten Ausgabe von Achenwalls *Statsverfassung der heutigen vornehmsten europäischen Reiche und Völker im Grundrisse* dem Europäischen

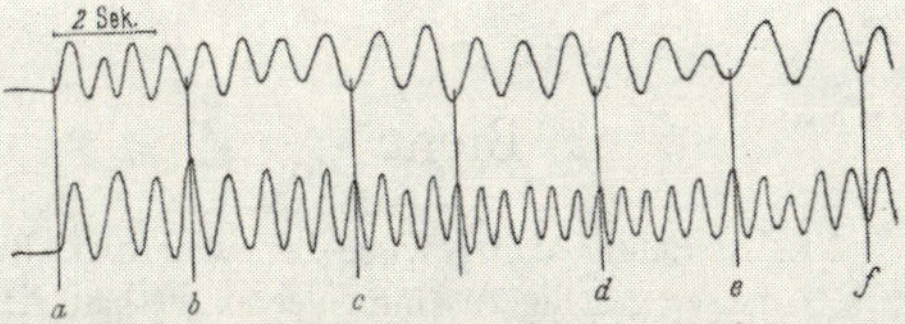

Abb. 6a–f. Willkürliche menschliche Armbewegungen bei geschlossenen Augen; die Versuchsperson soll beide Arme voneinander unabhängig in verschiedenem Takt schwingen. Oben rechter, unten linker Arm (Kurvenanstieg = Aufwärtsbewegung der Hand).

Abb. 6: Menschenarmbewegungskurven nach von Holst 1938.

Publikum in Absetzung vom Tier und vom Kind in Aussicht gestellt hat – daß zu dem Gefühl, *daß es regirt wird*, ein Wissen hinzugekommen ist, *wie es regirt wird*. Für Viktor von Weizsäcker jedenfalls scheint die Wahl der Beschreibungssprache und ihr Rückgriff auf *Vergleiche kirchlicher, staatlicher oder verwandter Art* selbst ein Indiz zu sein, ein Indiz dafür, daß in den jeweiligen Konzeptbildungen Grenzen erreicht sind.

Innerhalb des Nervensystems hat man sich eine weitere Gliederung der Instanzen vorzustellen: die periphere, spinale und zerebrale Organisation. Diese Gliederung ist auch als eine der Beherrschung gedacht, und es ist nun freilich bezeichnend, daß es Vergleiche kirchlicher, staatlicher oder verwandter Art sind, welche zur Erläuterung des Zusammenwirkens herangezogen werden: Hierarchie, Autonomie, Sympathie sind Worte, die offenbar dort auftauchen, wo die Anatomie und Physiologie eine Grenze finden. (von Weizsäcker 1997, 248)

S. R.

Biene

Es ist richtig, daß gewisse Lebewesen wie Bienen und Ameisen gesellig zusammenleben, weshalb sie von Aristoteles zu den politischen Lebewesen gerechnet werden, und daß sie doch keine andere Führung haben als ihre eigenen Urteile und Neigungen, auch keine Sprache, wodurch der eine dem anderen zu erkennen geben könnte, was seiner Meinung nach dem Gemeinwohl zuträglich ist.

Hobbes 1966, 133

Die Umstände, die der Biene ihren Instinkt verliehen haben, sind kein geringeres Wunder als die, wodurch der menschliche Intellekt zustande kam.

Darwin 1998, 134

Bienen bilden in vielfacher Hinsicht Modelle für Eigenschaften oder Organisationsformen des Menschen: ob der Bienenschwarm für den Organismus oder der Bienenstaat für die monarchische Staatsform, ob das Verhältnis von Biene und Volk für das Verhältnis von Individuum und Staat oder schwärmende Bienen für Staaten- und Koloniegründungen, ob der Fleiß der Arbeiterinnen für das bürgerliche Individuum oder die Faulheit der Drohnen für Mißstände im Staat. (Peil 1983) Von besonderer Bedeutung sind hierbei zum einen die Sozialordnung der Bienen, zum anderen ihre ökonomischen Leistungen. So zählt Aristoteles die Bienen zu den politischen Wesen, da sie, wie Wespen, Ameisen, Kraniche und Menschen Staaten bilden, das heißt ein gemeinsames Arbeitsziel besitzen. (Aristoteles 1957, 488 a) Plinius weist den Bienen in seiner *Historia naturalis* den ersten Rang unter den Insekten zu, nicht nur weil sie allein um der Menschen willen geschaffen, sondern auch weil sie arbeitsam seien, ihre Werke vollendeten, einen Staat besäßen, in ihren Angelegenheiten Beratungen abhielten und sogar Sitten hätten, da sie weder von zahmer noch von wilder Natur seien. (Plinius, Buch XI, Kap. IV, 11-12) Die Staatsbildung der

Bienen diente aber nicht nur als positives Vorbild für die Monarchie, sondern in John Days *The Parliament of Bees* (1607) und Bernard Mandevilles *The Fable of the Bees* (1724) wurden die Bienen ohne großen zoologischen Sachverstand in die Tradition satirischer Reflexion über politische Verhältnisse und Theorien eingefügt.

Dagegen sahen die Anhänger der Evolutionstheorie im 19. Jahrhundert in den Staaten der Ameisen und Bienen Vorformen menschlicher sozialer Ordnung. Nach Ernst Haeckel, der auch Staatsquallen und Korallenstöcke in diesem Zusammenhang anführte, sind deren soziale Einrichtungen nur mit denen der »höher entwickelten Menschenrassen« vergleichbar. (Haeckel 1903, 934) Die Arbeitsweise der Bienen griff Karl Marx auf, der im *Kapital* die Arbeit des Menschen von der des Tiers am Beispiel der Spinne und der Biene abgrenzt. Denn zwar verrichte die Spinne Operationen, die denen des Webers ähneln, und eine Biene beschäme durch den Bau ihrer Wachszellen manchen menschlichen Baumeister: »Was aber von vornherein den schlechtesten Baumeister vor der besten Biene auszeichnet, ist, daß er die Zelle in seinem Kopf gebaut hat, bevor er sie in Wachs baut.« (Marx 1966, 193) Der Mensch ist Mensch, weil er einen Plan, ein Bild von dem hat, was er tun möchte, während die Biene ihre Wabe nur instinktiv errichte. Gerade der Instinkt der Bienen aber war es, von dem eine große Faszination ausging. So stellte Charles Darwin in *The Origin of the Species* für den Zellenbau der Bienen fest, daß sie instinktiv eine ökonomische Bestleistung erzielen: »Wir hören von Mathematikern, daß die Bienen praktisch ein schwieriges Problem lösten und ihren Zellen die geeignetste Form gaben, um die größtmögliche Menge Honig bei möglichst geringem Verbrauch des kostbaren Wachses bergen zu können, und man hat ferner gesagt, daß es für einen geschickten Arbeiter mit geeignetem Werkzeug und Maßstäben schwer wäre, regelrechte Wachszellen herzustellen, während die emsigen Bienen sie sogar im dunklen Korb zustande bringen.« (Darwin 1963, 360) Im Gegensatz zu Marx verweist Darwin damit auf die Arbeitswissenschaften des 20. Jahrhunderts, denen es gerade nicht darum ging, daß der Arbeiter ein Bild im Kopf habe, sondern daß er möglichst unbewußt ökonomisch effektiv arbeite. (→ Bär)

Mit Karl von Frischs (1886-1982) Arbeiten hat der Blick auf die Biene allerdings eine neue Wendung erhalten – mit seinen Untersuchungen zur Tanzsprache und Orientierung wird die Biene experimentalwissenschaftlich und evolutionistisch fundiert in den Repräsentationsraum der Informationstheorie eingefügt. Anhand der Biene wird damit die Problematik des Verhältnisses von Kommunikationsform und Gesellschaftsstruktur verhandelt. Im folgenden werden zuerst die informationstheoretischen Implikationen der Theorie der Tanzsprache vorgestellt, daran anschließend die Übernahmen dieser Theorie in der Linguistik, Semiotik, Kybernetik und Kulturwissenschaft.

Biene 1

Frisch fragte nicht mehr in erster Linie nach der staatlichen Organisation, sondern interessierte sich dafür, wie die Bienen die aufgenommenen Informationen an ihre Artgenossinnen weitergeben. Anders gesagt: Aus der Jahrzehnte erfordernden Aufklärung der Tanzsprache der Bienen ergab sich, daß die spezielle soziale Organisationsform und die Arbeitsökonomie, maximale Leistung bei möglichst geringem Arbeitsaufwand, gerade durch die spezifische Kommunikationsform bedingt wird. Damit aber klärte Frisch am Exempel der Bienen einen Sachverhalt auf, der das zentrale Theorem von der Kybernetik über die Semiotik bis zur Kulturwissenschaft bilden sollte.

Die Fragen nach der Kommunikation der Tiere konstituierten sich bei Frisch weniger aus der Tradition der Psychologie als der der Physiologie: Während Iwan Pawlow mit dem Hund, Jakob von Uexküll mit wirbellosen Tieren, mit Seeigeln und Schlangensternen, oder Erich von Holst mit Fischen und Vögeln die Schnittstelle von Physiologie und Verhalten besetzten, leistete Karl von Frisch an der Biene den Übergang von der Sinnesphysiologie zur Erforschung des Verhaltens. In seinem Beitrag *Methoden sinnesphysiologischer und psychologischer Un-*

tersuchungen an Bienen (1932) führt er aus, daß die allgemeinen Methoden der Tierpsychologie, vergleichend morphologische Beobachtung und Beobachtung unter natürlichen Verhältnissen, für die Anwendung auf die Biene keine Besonderheiten bietet. Dagegen muß sich beim Experiment die Technik den Eigenheiten des Versuchstieres anpassen, wenn verwertbare Ergebnisse erzielt werden sollen.

Frischs erste Arbeiten waren dem Tanz der Bienen gewidmet. 1919 beobachtete er den Rundtanz und den Schwänzeltanz, doch erst 1944/45 klärte sich deren genaue Funktion. Beim Rundtanz läuft die Kundschafterin, die eine Futterquelle gefunden hat, mit raschen, trippelnden Schritten im Kreis herum. Der Tanz erfolgt im dichten Gedränge, einige Bienen bleiben mit der tanzenden Biene in Berührung wobei sie ihre Fühler an ihren Leib halten. Diese Nachläuferinnen eilen danach zum Flugloch und suchen die Umgebung in allen Richtungen ab – wenn sie den Futterplatz gefunden haben, kommen sie zurück und tanzen nun selbst, was wiederum weitere Artgenossinnen alarmiert. Der Rundtanz erfolgt, wenn die Futterquelle nahe am Stock gelegen ist, wobei die Rentabilität der Futterquelle für die Zahl und Lebhaftigkeit der Tänze maßgeblich ist. Während beim Rundtanz nur angezeigt wird, *daß* eine Futterquelle in der Nähe ist, tritt an die Stelle des Rundtanzes der Schwänzeltanz, wenn die Futterquelle weiter als 100 Meter entfernt ist. Der Schwänzeltanz zeichnet sich durch seinen hohen Informationsgehalt aus: Erstens zeigt er die Existenz einer Futterquelle an, zweitens gibt er Informationen über die Art der Futterquelle (durch den an der Tänzerin haftenden Blütenduft), drittens gibt die Lebhaftigkeit der Tänze die Rentabilität der Quelle an. Weiterhin erhalten die Bienen Informationen über die Entfernung (Tanztempo) und die Himmelsrichtung (Winkelstellung des Schwänzellaufs) des Ziels.

Um die Kommunikation der Bienen zu klären, ergaben sich eine Reihe von Fragen: So stellte sich das Problem, wie die Bienen überhaupt die Entfernung messen konnten. Versuche zeigten, daß dies weder durch absolute Messung noch durch die Zeitdauer des Fluges erfolgte. Frisch stellte fest, daß ein Zusammenhang zwischen Entfernung und Kraftaufwand bestand.

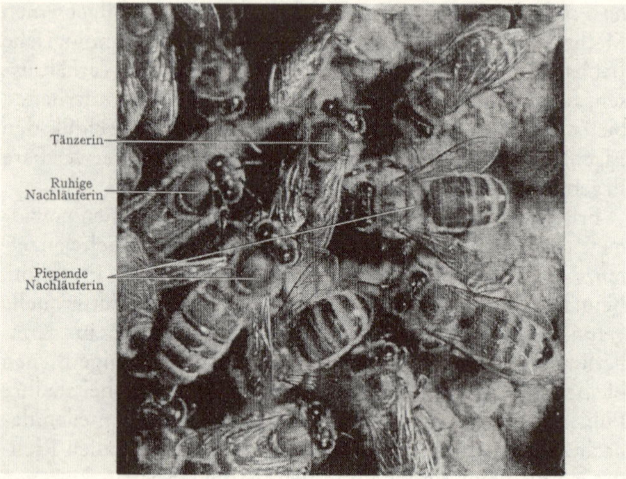

Abb. 1: Tanzszene nach Frisch 1965.

Zur Klärung wurden einem Teil der Bienen die Flügel gestutzt, ein anderer Teil wurde mit 40g belastet. Tatsächlich tanzten die belasteten Bienen langsamer als die mit den gestutzten Flügeln, da ihr Kraftaufwand für dieselbe Strecke höher gewesen war, das heißt sie übersetzten den Kraftaufwand in das Tanztempo. Auch die Art der Information über die Richtung der Quelle blieb solange unklar, bis beobachtet wurde, daß die Richtung des Schwänzellaufs vom Sonnenstand abhing. Da auf einer vertikal stehenden Wabe die Richtungsweisung nach der Sonne im dunklen Stock nicht möglich ist, übersetzt die Biene diese Richtungsweisung auf die Schwerkraft: das heißt, Schwänzellauf nach oben bedeutet Richtung zur Sonne, Schwänzellauf nach unten bedeutet, daß die Quelle entgegen der Sonne liegt. Differenzierungen können erfolgen, indem der Winkel zwischen Quelle und Sonne in einen Winkel zur Lotrechten übersetzt wird. Aus der Analyse des Schwänzeltanzes folgte, daß bestimmte Bewegungen bestimmte Bedeutungen besitzen und somit die Bienensprache einem bestimmten Code folgt.

Die Übersetzungsleistung der Bienen erforderte jedoch

nicht nur einen bestimmten Code, sondern auch eine spezifische Verarbeitung von Information. Dies wurde für die Richtungsweisung deutlich, denn wenn sich die Bienen am Sonnenstand orientieren, muß die Veränderung des Winkels zwischen Sonne und Quelle während des Tagesverlaufs allererst verrechnet werden. Frisch selbst schien es zwar »phantastisch« zu sein, daß die Tiere die Veränderung des Sonnenstandes berücksichtigten, doch bestätigte er diese Vermutung in seinen klassischen Versetzungsexperimenten. Hierfür wurde ein Bienenstock in eine unbekannte Gegend, etwa 5 km entfernt, gebracht. Die Bienen flogen nun trotz der veränderten Gegend, der neue Weg führte über eine glatte Wiese statt zwischen Baumkronen hindurch, in die Richtung, auf der sie am Tag zuvor am anderen Standort dressiert worden waren, was, wie Frisch ausführte, von einem »überraschende[n] Vertrauen auf den Himmelskompaß« zeugte. (Frisch 1965, 337) Die Verrechnungsleistung der Bienen bestand also darin, daß sie den Tagesgang der Sonne kalkulierten, weshalb sie eine gegebene Himmelsrichtung zu beliebiger Zeit nach dem Sonnenstand wiederfinden konnten. (→ FLEDERMAUS)

Nach Frisch handelt es sich bei den Verständigungen der Bienen um eine Sprache, auch wenn diese nicht mit der des Menschen gleichzusetzen sei. (Frisch 1987) Damit stellt sich Frisch gegen zeitgenössische Biologen, gemäß denen nur dann von einer Sprache geredet werden könne, wenn gezeigt werde, daß die Bienen zur Kommunikation ein System von Lauten oder Bewegungen verwenden, bei dem jedem Laut bzw. jeder Bewegung eine bestimmte Bedeutung zukommt. Genau das aber zeigte Frisch: »Mit ihrer prägnanten und differenzierten Zeichensprache erheben sie [die Bienen] sich weit über alles, was im Tierreich von einem Mitteilungsvermögen bekannt ist.« (Frisch 1965, 1)

Dieses Mitteilungsvermögen ist nach Frisch die Voraussetzung für den enormen Erfolg der Bienen. Denn aufgrund ihrer spezifischen Fähigkeit der Informationsaufnahme, -verarbeitung und -weitergabe erzielen sie maximalen Nutzen mit minimalem Arbeitsaufwand – womit die Biene zur Verkörperung einer ökonomischen Maschine wird. Frisch betrachtet die

Kommunikation der Bienen unter ökonomischen Gesichtspunkten. So löse der Bienentanz die Aufgabe, »aus dem reichen Angebot des natürlichen Blütenmarktes das Beste herauszuholen und das Risiko für seine Arbeitskräfte dabei so niedrig wie möglich zu halten.« (Frisch 1965, 250) Die Effizienz der Sammeltätigkeit ergibt sich erst durch das komplexe Kommunikationssystem, das heißt die Vermittlung der entsprechenden Informationen.

Während der Bienentanz eine optimale Kommunikationsform darstellt, bei der keine Bewegung ohne Bedeutung wäre, erfordert die Ökonomie der Bienen doch auch ein gewisses Maß an Risiko. In diesem Zusammenhang kommt den Sonderlingen unter den Bienen besondere Bedeutung zu: Suchbienen gehen neue Wege, »während die große Masse darauf wartet, daß ihr ein Weg gewiesen wird«, oder »outsider« sprechen auf Weisungen falsch an. Gerade die »falsche« Handlungsweise dieser Sonderlinge erweist sich allerdings als nützlich, weil es sich immer lohnt, auch in anderen Richtungen zu suchen, wofür aufgrund des Kommunikationssystems einzelne Bienen ausreichen, können diese ja Alarm schlagen. Es ist die Bewahrung eines gewissen Grades »von individueller Freiheit« (Frisch 1965, 255), der sich als besonders sinnvoll erweist, leistet er doch sowohl die Erschließung neuer Futterquellen als auch die Anpassung an die wechselnden Bedingungen der Umwelt.

Die Bienen werden damit nicht nur zur Verkörperung einer ökonomischen Maschine, die durch ihr komplexes Kommunikationssystem eine Maximalleistung bei geringstem Aufwand erbringt, sondern auch zur Verkörperung des Theorems, daß Freiheit notwendig für ökonomisches und regelgeleitetes Verhalten ist. Denn eine Physiologie, die Verhalten als bloße Reflexleistung beschreibt, vermag gerade *nicht* zu beschreiben, daß und wie Verhalten sich an wechselnde Umweltbedingungen anpaßt. Für Frisch sind es die Sonderlinge unter den Bienen, die »outsider«, die Flexibilität zeigen, die sich den Aufforderungen ihrer Kolleginnen widersetzen und gerade deshalb neue Quellen erschließen – wobei Verluste bei den »outsidern« aufgrund ihrer geringen Anzahl die Bevölkerungsstruktur des Bienenvolkes in keiner Weise berühren. Die Sonderlinge stehen im Dienste der Ökonomie des Bienenstaates, ihr Fehlverhalten kann in letzter Konsequenz nur nützlich für alle sein: »im Geiste des Ganzen sind es nützliche Sonderlinge.« (Frisch 1965, 255)

Auch wenn Frisch die kybernetischen Versuche, den biologischen Zusammenhang von Orientierung und Kommunikation regeltheoretisch zu klären (z. B. Mittelstaedt 1961), noch 1965 als zu verfrüht ansah (Frisch 1965, 191), nimmt seine Erforschung der Bienensprache als ein komplexes Verständigungssystem das vorweg, was Gegenstand der informationstheoretisch fundierten Bio-Kybernetik werden sollte. Frisch zeigte mit seinen Versuchen zum Tanz und zur Orientierung der Bienen, daß diese zur Kommunikation enorme Verrechnungs- und Übersetzungsleistungen vollbrachten. Was Frisch nicht mehr selbst leistete, nämlich die informationstheoretische Begründung der Tierkommunikation, wurde schließlich von seinen Schülern erbracht. So reichte Martin Lindauer für die Betrachtung der Kommunikation zwischen sozialen Bienen die informationstheoretischen Grundlagen ausgehend von Claude E. Shannon und Warren Weaver nach und legte sie, populärwissenschaftlich aufgearbeitet, dem gesamten Feld der Biokommunikation zugrunde. (Lindauer 1990) Die Reformulierung der Überlegungen Frischs in Termini der Informationstheorie wird am Beispiel des Problems der Redundanz deutlich. So stellt Lindauer fest, daß zwar auch in der tierischen Kommunikation Redundanz zu finden ist, etwa als Reservoir potentieller Zeichen, aus denen neue Kommunikationssysteme für neue Arten entwickelt werden könnten (Lindauer 1990, 59), doch gilt das für das komplexe Verständigungssystem des Bienentanzes nicht: Da der Tanzsprache den Bienen, im Vergleich zum Menschen, eine beschränkte Zahl an Zeichen zur Verfügung stehen (nach Lindauer handelt es sich um nicht mehr als 20 Kommunikationssignale), ist die »Ökonomie der Signale« eine Notwendigkeit ihrer Kommunikation. In gemeinsam mit Frisch angestellten Versuchen stellten die beiden etwa fest, daß die Bienen keine spezifischen Meldungen für »oben« und »unten« kennen. Wird ein Bienenstock am Fuß einer Felswand aufgestellt und liegt die Futterquelle am Berggipfel, tanzten die

Abb. 2: Versuch zur Frage, ob die Bienensprache Meldungen für »oben« und »unten« kennt nach Frisch 1965.

Bienen trotzdem »normal«, das heißt die Richtungsweisung zeigt in die Felsenwand hinein. Der Tanz folgt der Körperstellung der Bienen beim Flug, denn bei ihrem Steilflug auf den Gipfel flogen sie mit dem Kopf zur Wand und hievten sich wie ein Hubschrauber nach oben (Lindauer 1990, 60; Frisch 1965, 165-172): Meldungen für »oben« und »unten« wären daher nur überflüssig. Die Bienensprache ist ökonomisch organisiert, anders gesagt: Die Übersetzung von Rentabilität, Entfernung oder Richtung einer Futterquelle steht im Dienste der Arbeitsökonomie. Das biologische Ziel des gesamten Verhaltens und der Kommunikation der Bienen sieht Frisch in der »bestmöglichen Nutzung der Rentabilität bei geringstem Risiko«. (Frisch 1965, 259)

Frisch beschreibt nicht nur die Funktionsweise des Kommunikationssystems, sondern dieses selbst wird zum Kriterium der Unterscheidung unterschiedlicher Bienenarten sowie der Verortung der Bienen innerhalb der Evolution sozialer Insekten. In dem Kapitel »Von primitivem zu erfolgreichem Nachrichtendienst bei den stachellosen Bienen (Meliponinen)« geht Frisch auf den Ursprung und die phylogenetische Entwicklung der »Bienensprache« ein. Die im tropischen Südamerika vorkommenden stachellosen Bienen sind den Honigbienen zwar ähnlich, aber in Nestbau und Lebensweise primitiver organisiert. Die Nachrichtenübermittlung geschieht hierbei nicht durch einen Tanz mit rhythmischen Figuren, es werden auch keine Informationen über Richtung und Entfernung des Ziels weitergegeben. Allein *daß* es eine Futterquelle gibt und wie es dort riecht, zeigen die Tiere durch ungeregelte Zickzackläufe, Anrempeln der Nestgenossinnen und wiederholte Futtergaben an. Höherstehende Arten der stachellosen Bienen können die Kommunikation verbessern, indem »Geleitbienen« die Neulinge durch eine hinter sich herziehende Duftfahne oder durch aufgeregten Flug lotsen und ihre Nestgenossinnen an die Futterquelle heranführen. Im Vergleich des Nachrichtenwesens unterschiedlicher Arten erkannte Frisch eine Stufenleiter von primitiven zu vollkommeneren Verständigungsformen. Denn die Meliponinen zeigten zum einen den Ursprung der Bienensprache, zum anderen erwies sich, daß ökonomische Effektivität auch durch andere Kommunikationsformen geleistet werden kann. Doch selbst auf der Stufenleiter der Evolution hochstehende Meliponinen befinden sich nicht auf gleicher Stufe mit der Honigbiene. Denn diese benötigen keine »Geleitbienen«, da sie Richtung und Entfernung des Ziels in symbolische Bewegungszeichen übersetzen, weshalb sie auch im Erfolg überlegen seien: »Nur die Honigbienen können mit ihrer abgestuften, der Rentabilität der Futterquelle angepaßten Alarmierung, verbunden mit der präzisen Lagebeschreibung der verschiedenen Ziele, die wartenden Horden der Arbeitslosen so einweisen, daß das Aufgebot an Arbeitskräften zum Angebot der einzelnen Arbeitsplätze im richtigen Verhältnis steht.« (Frisch 1965, 316)

Die Stufenleiter der Evolution läßt sich weiterführen. So vergleicht Frisch die Kommunikationsweisen anderer sozialer Insekten. Hierbei erweisen sich die Hummeln schon mit ihren unordentlichen Waben, die eine »sparsame Verwendung des

Baumaterials durch rationelle Gestaltung der Zellen« nicht kennen, als ursprünglich; wie zu erwarten, findet sich bei ihnen auch kein »Nachrichtendienst«. (Frisch 1965, 317) Auch Wespen verfügen über kein Kommunikationssystem, durch das Informationen über Entfernung und Richtung einer Quelle gegeben werden. Ameisen wiederum können sich über Geruchsfährten verständigen, allerdings erfolgt weder eine »persönliche Führung« zum Ziel, noch werden Mitteilungen über die Art und den Ort der Beute gemacht.

Die Komplexität des Nachrichtensystems wird damit zum Indikator der evolutiven Entwicklung, womit Frisch nicht nur die Logik der Evolutionstheorie fortführte, sondern auf die Phantasmen von Wissensformen wie der Kybernetik oder Nanotechnologie verwies. Denn auch für diese sind es die Formen der Kommunikation, die die Struktur menschlicher Gesellschaften bestimmen. Damit aktualisiert Frisch die Tradition der Bienen als Modell für Organisationsformen des Menschen. Allerdings geht es nun nicht mehr um das Verhältnis von Königin und Volk, um den Fleiß der Bienen oder ihre Dienste für den Menschen, sondern um den Komplexitätsgrad ihrer Kommunikation.

Biene 2

Genau deshalb, weil seit Frisch die Bienen als kommunizierende Wesen gesehen werden müssen, wurden sie für Linguisten und Semiotiker zu einem zentralen Modell. Dabei interessierten sich auch diese nicht allein für die Natur der Sprache, sondern vor allem für den Zusammenhang von Kommunikationsform und sozialer Struktur. So ist die Kommunikation der Bienen nach dem Linguisten Emile Benveniste zwar grundsätzlich von der menschlichen Sprache unterschieden, aber ihr Signal-Code ist das Vermögen der Insekten, die in einer Gesellschaft leben – genau so ist die Gesellschaft die Bedingung menschlicher Sprache. (Benveniste 1952, 7) Und auch Karl Bühler führt anknüpfend an Frisch aus, daß es »kein tierisches Gemeinschaftsleben ohne Steuerungsmittel des sozialen Verhaltens der Gemeinschaftsglieder« gebe, und daß »diese Steuerungsmittel die wir exact beobachten können, [...] das vormenschliche Analogon zur Sprache« seien. (Bühler 1982, 35)

Während die tierische Kommunikation für die Linguisten zu einem wichtigen Gegenstandsbereich wurde, erfanden die Semiotiker gleich einen neuen Namen für eine neue Disziplin. Nach Thomas A. Sebeok wurde der Begriff Zoosemiotik 1963 erstmals eingeführt zur Bestimmung einer sich schnell ausdehnenden Disziplin in den Wissenschaften vom Verhalten, die sich am Schnittpunkt von Semiotik und Ethologie befand. Die Zoosemiotik interessierte sich keineswegs nur für die tierische Kommunikation, vielmehr brach sie mit dem Anthropozentrismus der Linguistik, wofür Ethologen wie Konrad Lorenz, Niko Tinbergen oder Karl von Frisch einen wesentlichen Beitrag geleistet hatten. Schon Charles S. Peirce wie auch Charles Morris hatten eine Trennung zwischen tierischen und menschlichen Zeichenprozessen strikt abgelehnt, doch erst mit den Erkenntnissen der Tierkommunikation öffnete sich der Weg für eine Zoosemiotik, für eine Theorie von Zeichenprozessen in Natur und Kultur. (Sebeok 1979, 81 f.)

Am Beispiel der Biene erwies sich denn auch, daß die Rede vom Menschen als *animal symbolicum*, wie sie prominent von Ernst Cassirer vertreten wurde, nicht aufrechtzuerhalten war. Wie Sebeok im Anschluß an Frisch ausführte, teilt die Honigbiene im Schwänzeltanz (auf horizontaler Oberfläche) die Richtung der Nahrungsquelle indexikalisch an – da die Richtung des Schwänzelns direkt auf das Ziel zeigt. Der Rhythmus der tanzenden Biene wiederum beschreibt die Entfernung ikonisch, denn je weiter das Ziel entfernt ist, desto weniger Tanzumdrehungen kommen in einem gegebenen Zeitabschnitt vor. Wenn jedoch der Tanz auf einer vertikalen Oberfläche stattfindet, was in dem dunklen Bienenstock die Regel ist, dann übersetzt die Tänzerin den Sonnenwinkel in einen Gravitationswinkel, das heißt der Winkel mit Bezug zur Schwerkraft dient als Orientierungshinweis. Damit hört das Zeichen auf, ein Index zu sein: »Sein symbolischer Aspekt gewinnt jetzt die Oberhand«. (Sebeok 1979, 85 f., 111) Da somit Tiere genau wie auch der Mensch *arbiträre* Zeichen verwenden, ist die traditionelle

Unterscheidung von Tier und Mensch hinfällig geworden, woraus sich eine komparative Forschungsperspektive ergibt, die den Menschen in gleicher Weise betrifft wie die Tiere.

Darüber hinaus zielte die Zoosemiotik nicht allein auf die Zeichen selbst, sondern darauf, wie spezifische Kommunikationsformen die soziale Struktur bestimmen, was Sebeok in einem eigenen Kapitel, *Zoosemiotic Structures and Social Organization*, ausführlich behandelte. Nicht zufällig verwies Sebeok in diesem Zusammenhang immer wieder auf die Kybernetik, denn Zoosemiotik beschäftigt sich »with coding of information in cybernetic control processes and the consequences that are imposed by this categorization where a living animal is the transcoder in a biological version of the traditional information-theory circuit.« (Sebeok 1972, 180)

Dementsprechend führte Norbert Wiener in *Mensch und Menschmaschine. Kybernetik und Gesellschaft* aus, daß »die Natur sozialer Gemeinschaften in großem Maße von den Mitteln der in ihr innewohnenden Kommunikation abhängt.« (Wiener 1964, 55) Anhand der kommunikativen Beziehungen zwischen verschiedenen Individuen lassen sich unterschiedliche Formen der Vergesellschaftung beobachten. Für die amerikanische Gemeinschaft gelte hierbei zwar das Ideal, daß die Schranken der Kommunikation zwischen verschiedenen Individuen und verschiedenen Klassen gering seien, doch sei dieses längst nicht erreicht. Im Gegenteil, für die »Anbeter der Leistung«, ob Geschäftsleute oder Leiter eines Laboratoriums, sei das Ordnungsideal das eines faschistischen Ameisenstaates. Wiener geht es darum aufzuzeigen, daß die Bildung eines Staatswesens nach dem Vorbild der Ameisen sowohl die Natur der sozialen Insekten als auch die des Menschen mißverstehe. Denn die sozialen Insekten seien dadurch charakterisiert, daß ihre Entwicklung durch die äußere Hülle ihres Körpers, den Chitinpanzer, beschränkt sei, weshalb sie auch kein komplexes Nervensystem aufweisen könnten. Gerade »die körperliche Zwangsjacke, in der ein Insekt aufwächst, ist direkt verantwortlich für die geistige Zwangsjacke, die sein Verhaltensschema regelt.« (Wiener 1964, 62) Nun kommt es Wiener nicht nur darauf an, daß der Mensch im Gegensatz zu den Insekten gerade durch seine Unausgereiftheit, seine neotenische Form, gekennzeichnet ist, sondern daß die menschliche Gesellschaft auf dem Lernen und nicht, wie die Ameisengemeinschaft, auf ererbten Verhaltensschemata aufgebaut sei. Lernen ist in diesem Sinne eine Form von Rückkopplung, »bei der das Verhaltensschema durch die vorhergegangene Erfahrung abgewandelt wird.« (Wiener 1964, 63) Daher ist das soziale Leben des Menschen eine Erscheinungsform, »die von dem scheinbar analogen sozialen Leben der Bienen, Ameisen und andren sozialen Insekten vollkommen verschieden ist« (Wiener 1964, 86) – nicht die Tiere, sondern Maschinen, die lernen können, sind laut Wiener das geeignete Modell für den lernenden Menschen. (Wiener 1964, 70) Ohne in einen blinden Technikoptimismus zu verfallen, postuliert Wiener, daß, da die sozialen Strukturen von den jeweiligen Kommunikationsformen abhängen, nicht das Tier, sondern allein die komplexe Maschine das Modell für das soziale Leben der Menschen sein könne. (→ HOMO-NIX-SAPIENS)

Die heutige Medien- und Kulturwissenschaft knüpft genau hier an, wenn sie nun historisierend fragt, wie Kultur als Effekt technischer Dispositive erscheint. So entlockt Friedrich Kittler in seiner *Kulturgeschichte der Kulturwissenschaft* Heideggers Kehre das Eingeständnis, »daß kein wie auch immer geschichtliches Dasein den Rundfunk hat erfinden können, sondern daß gerade umgekehrt technische Medien wie etwa der Rundfunk über geschichtliche Weisen dazusein bestimmen.« (Kittler 2000, 237) Nicht die Tiere zählen hier zu den Möglichkeitsbedingungen der Seinsgeschichte, sondern die Materialität der Kommunikation. Dementsprechend erfand Wiener die Kybernetik nicht, wie Kittler ausführt (Kittler 1993, 179), zur Analyse menschlicher oder auch nur biologischer Kommunikation, sondern der entscheidende Faktor für den neuen Schritt sei der Krieg gewesen. Und genau für diesen meint Kittler festmachen zu können, daß Tiere schon längst keine Rolle mehr spielen: Schon die Elefanten Pyrrhus' oder Hannibals wurden als riesige »tiermenschliche Maschinen« ins Feld geführt, die Pferde der Kreuzritter wie die der Sarazenen waren gezüchtete schwere Kampfmaschinen, weshalb Tiere und Maschinen funktionell schon lange vor Descartes austauschbar geworden seien. Und spätestens seit der nassauisch-oranischen Heeresreform seien »Soldaten auf dem Exerzierplatz, was vorher nur Tiere in Reitschulen oder Falknereien gewesen waren: Subjekte einer unermüdlichen Dressur, die alles Gehen und Laufen, Agieren und Reagieren ein zweites Mal erfinden mußte.« (Kittler 2002, 157)

Im Krieg, der nach Kittler die Kybernetik hervorbrachte, spielen Tiere keine Rolle mehr, weil die Tiere in kybernetische Maschinen und die Techniken der Dressur auf die Soldaten übergegangen sind. Weder Wiener noch Kittler suchen jedoch die Schnittstelle auf, an der die Evolution aus dem Körper des Tiers die Maschine gebar, an der die Maschine nach dem Bild des Tieres geschaffen wurde. Dagegen hat gerade Ernst Jünger, der, um Kittler nochmals zu zitieren, in den *Marmorklippen* den Krieg noch als höchste oder auch niederste Art der Jagd dargestellt habe, in seiner Erzählung *Die Gläsernen Bienen* diese Schnittstelle in den Blick gerückt. Und während sich Semiotiker und Ethologen um ein Verständnis des Codes tierischer Kommunikation bemühten, hat Jünger die Konsequenzen daraus gezogen, daß die Kommunikation der Bienen höchste Effizienz bei geringstem Energieaufwand ermöglicht: Während die Honigbiene bei Frisch die Spitze des evolutionären Prozesses bildet, stellt Jünger fest, daß die Maschinen die Tiere evolutiv überholt haben.

Jüngers Erzählung inszeniert den Übergang vom Tier zur Maschine. Als der Protagonist mit Bienen konfrontiert wird, muß er feststellen, daß es sich bei den ungewöhnlichen Wesen nicht um eine neue Bienenart handelt, sondern um Mechanismen. Er erkennt verschiedene Modelle, verschiedene Automatenvölker, die Feld und Büsche abweiden. Den Bienen-Automaten gegenübergestellt sind natürliche Bienen, die jedoch mit »ihrer vorsintflutlichen Ökonomie in Verlegenheit« gebracht wurden. (Jünger 1957, 111) Und wieder ist es die Kommunikationsform, die die evolutive Stufe festlegt, erinnerten die Körbe der gläsernen Bienen doch weniger an einen alten Bienenkorb als an ein »automatisches Fernsprechamt«. Die Bienen-Automaten des Großindustriellen Zapparoni zeigten eine »Reihe von Vereinfachungen, Abkürzungen und Normungen des natürlichen Vorgangs« (Jünger 1957, 112), Zapparoni habe die »Unvollkommenheiten« der Natur verbessert, »indem er die Arbeitsgänge abkürzte und beschleunigte.« (Jünger 1957, 110) So verfuhren die künstlichen Bienen denn auch wesentlich ökonomischer als die natürlichen Konkurrenten, saugten sie die Blüten doch weitaus gründlicher aus als diese. Die Vorgänge an den Fluglöchern, an denen die Bienen mit hoher Fluggeschwindigkeit an- und abflogen, vollzogen sich in »vollkommener Exaktheit«, weshalb der beobachtende Protagonist schloß, daß es eine Zentrale oder ein zentrales Prinzip geben müsse, daß die Vorgänge steuerte. (Jünger 1957, 112) Doch die künstlichen Bienen führen nicht nur die ökonomischen Möglichkeiten der Technik vor, sondern auch deren waffentechnisches Potential, weshalb auch mit Jünger die kybernetischen Maschinen als Erzeugnisse des Krieges gelesen werden können. (→ Schildkröte)

Und während in der Antike die Bienen ein Vorbild für den arbeitsamen Menschen bildeten, sind es nach der Zweiten Industriellen Revolution die Maschinen und Automaten, die dem »Menschen ein neues Maß« geben, in den Worten des Protagonisten: »Ich bin überzeugt, daß Botticelli eine neue Rasse geschaffen hat. Die griechische Tragödie erhöhte die menschliche Gestalt. Daß Zapparoni mit seinen Automaten Ähnliches versuchte, verriet, das er sich weit über die technischen Mittel erhob, indem er sie als Künstler und um Kunstwerke zu schaffen anwandte.« (Jünger 1957, 158) Die gläsernen Bienen verkörpern damit nichts anderes als das, was Jünger im *Arbeiter* formuliert hatte, die organische Konstruktion, die er folgendermaßen charakterisiert: »Die Technik wird Organ und tritt als selbständige Macht zurück in demselben Maße, in dem sie an Perfektion und damit an Selbstverständlichkeit gewinnt.« (Jünger 1981, 190) Weil, wie Frisch ausführte, die Komplexität des Nachrichtensystems der Indikator der evolutiven Entwicklung ist, und weil die Steigerung der ökonomischen Leistung nun nicht mehr im Reich der Tiere, sondern in dem der Maschinen stattfindet, haben die Automaten-Bienen die natürlichen Bienen als Maß für den Menschen überholt.

B. B.

Drosophila

> Was aber hat der unscheinbaren Fliege zu dieser erstaunlichen Wertschätzung verholfen? Auch dies ist methodisch ungemein charakteristisch für die ganze Periode seit 1900: geringster Raumbedarf bei denkbar billigster Haltung in bisher unerreichbaren Zahlen, hochentwickelter Organismus mit reicher Merkmalsbildung, extrem kurzer Generationsdauer, nur vier leicht unterscheidbare Chromosomen und – was sich allerdings erst später herausstellte – eine geradezu einzigartige, nur bei Fliegen vorkommende cytologische Besonderheit: die Riesenchromosomen der Speicheldrüse. Es besteht wenig Aussicht, daß jemals ein Objekt gefunden wird, das die *Drosophila* in der Kombination so vieler günstiger Eigenschaften übertrifft. Hier erhebt sich aber die wichtige Frage nach der Zulässigkeit einer Verallgemeinerung. Sind die an *Drosophila* analysierten Verhältnisse »typisch«, oder ist das Objekt ein »Sonderfall« wie *Ascaris* und *Oenothera*? Noch ist kein wirklich entscheidender Grund zu Skepsis gegeben, aber der Ruf nach Sicherung auf breiterer Basis ist immer wieder erhoben worden und hatte sein Gutes: Mit neuen Objekten sind neue Fragestellungen möglich geworden und darunter solche, die auf wichtiges Neuland hingewiesen haben. Gerade an der *Drosophila* tritt das Problem der Signifikanz des Forschungsobjekts mit aller Deutlichkeit in Erscheinung, ein Problem, dessen Gewicht im Bereich wissenschaftlicher Fragestellung nicht übersehen werden darf.
>
> *Barthelmess 1952, 248*

Weil die Fruchtfliege *Drosophila* das Standardobjekt der Genetik ist, läßt sich mit ihrer »Erfolgsgeschichte« auch die der Genetik schreiben. (Brookes 2002) Darüber hinaus wird mit der Fruchtfliege auch eine Geschichte der Techniken und sozialen Konventionen thematisch, die diese als Laborobjekt allererst erzeugt haben. (Kohler 1994) Denn wie bei kaum einem anderen Tier führt die Geschichte dieser Fliege vor, daß Tiere, sobald sie in den Repräsentationsraum der Wissenschaften eingerückt sind, Objekte, Matrizen sind, in die »epistemische Dinge« eingeschrieben werden. (Rheinberger 1992) Wobei sich nicht nur das Bild dieser Fliege wandelt – und damit die Konsequenzen, die aus deren Genetik für den Menschen gezogen wurden –, sondern auch die Fliege selbst.

Ihren ersten für die experimentelle Genetik entscheidenden Auftritt hatte die Fruchtfliege in den Arbeiten von Thomas Hunt Morgan (1866-1945) und seiner Forschergruppe, zu der u. a. Alfred Sturtevant, Calvin Bridges, Herrmann Muller und später Theodosius Dobzhansky gehörten. Morgans Ausgangspunkt waren die Arbeiten Mendels, die um 1900 von Hugo de Vries, Erich von Tschermak und Carl Erich Correns unabhängig voneinander wiederentdeckt worden waren. Forscher wie Theodor Boveri und Walter S. Sutton verknüpften dann erstmals die Zellenlehre, die sich mit der Struktur der Chromosomen und deren Veränderungen während der Zellteilung beschäftigte, mit der Mendelschen Vererbungsforschung und entwickelten die Chromosomentheorie der Vererbung. Wilhelm Johannsen hatte 1909 Mendels Begriff des Partikels durch den Begriff des Gens ersetzt und der neuen Disziplin ihren Namen verliehen.

Für Morgan war zuerst die Mutationstheorie des Botanikers Hugo de Vries (1848-1935) von Bedeutung, gemäß der Mutationen *spontan* auftreten und damit neue Arten erzeugen. Hervorgerufen würden solche in einem bestimmten Zeitraum bei mehreren Individuen auftretende Mutationen durch extreme Umweltbedingungen wie Hitze oder Kälte. Damit befand sich de Vries im Widerspruch zur Annahme Darwins, daß neue Arten durch die natürliche Selektion zufällig auftretender, minimaler Merkmalsunterschiede entstehen, was Morgans Vorbehalte gegenüber der Evolutionstheorie zu bestätigen schien. In dieser Hinsicht erzählt die Geschichte der Fliege auch eine der Konversion: die von Morgan, der mit seinen Experimenten ursprünglich angetreten war, die Chromosomentheorie der Vererbung zu widerlegen, und schließlich für deren experimentellen Nachweis und Synthese mit der Mendelschen Theorie der Vererbung den Nobelpreis erhielt.

Morgan wollte die Mutationstheorie von de Vries, d. h. die

Entstehung neuer Arten durch spontane Mutationen, experimentell nachweisen. Hierfür überredete er einen Studenten, Fernandus Payne, der die lamarckistische Theorie der Vererbung erworbener Eigenschaften anhand der Blindheit bestimmter Höhlenfische experimentell untersuchen wollte, diese Untersuchungen an *Drosophila* durchzuführen. Payne hielt mehrere Generationen von Fliegen in völliger Dunkelheit und setzte die Fliegen äußerster Hitze und Kälte und schließlich sogar Röntgenstrahlen aus. Doch als er nicht Fliegen mit neuen Eigenschaften erhielt, sondern nur Mutanten mit defekten Flügeln, führte er die Arbeit nicht fort. Morgan selbst experimentierte ebenfalls mit den Fliegen, doch auch der Einsatz von Säuren, Basen oder Salzen erbrachte keine neuen Arten. Die Theorie von de Vries, daß unter bestimmten Umweltbedingungen spontan auftretende Mutationen neue Arten hervorbringen, ließ sich nicht experimentell bestätigen.

Im Jahr 1910 aber entdeckte Morgan ganz ohne künstliche Verfahren ein Männchen mit weißen statt, wie gewöhnlich, roten Augen. Er paarte das weißäugige Männchen mit einem rotäugigen Weibchen und erhielt in der ersten Generation ausnahmslos Fliegen mit roten Augen – also genau das Ergebnis, das Mendels erster Regel entsprach: Das Merkmal »weiße Augen« war offensichtlich gegenüber dem Merkmal »rote Augen« rezessiv. Und wie ebenfalls mit Mendel zu erwarten, erhielt er in der zweiten Generation Fliegen mit roten und weißen Augen mit dem Zahlenverhältnis 3:1. Doch das überraschende Ergebnis bestand darin, daß kein weißäugiges Weibchen darunter war – es traten ausschließlich Männchen mit weißen Augen auf.

Die Abweichung, die Morgan damit festgestellt hatte, ließ sich mit der Chromosomentheorie erklären: Den Grund für die geschlechtsspezifische Verteilung der Merkmale fand Morgan darin, daß die Männchen ein X-Chromosom von der Mutter und ein Y-Chromosom vom Vater erhalten, während die Weibchen zwei X-Chromosomen tragen. Das Gen für die Augenfarbe mußte demnach auf dem X-Chromosom liegen. (Morgan/Bridges 1916, 6)

Die Mutante mit weißen Augen war nur eine unter vielen, die Morgan 1910 schlicht entdeckte und züchtete, er fand Fliegen

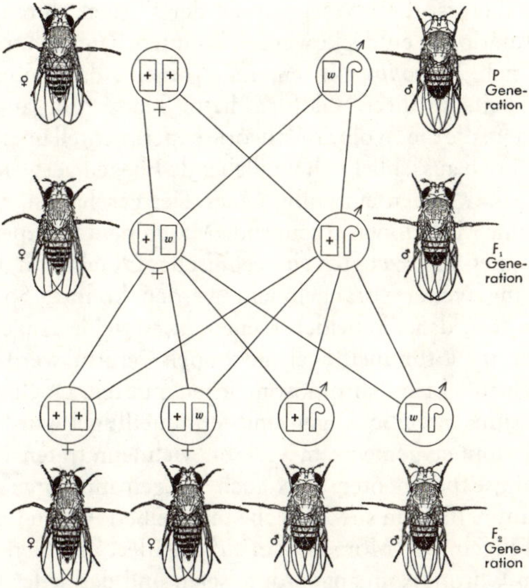

Abb. 1: Ein rotäugiges Weibchen von *Drosophila melanogaster* wird mit einem weißäugigen Männchen sowie die F1-Bastarde untereinander gekreuzt. Die Zeichen w und + kennzeichnen die Gene für weiße bzw. rote Augenfarbe; die X-Chromosome sind als Rechtecke, die Y-Chromosomen als hakenförmige Gebilde dargestellt, nach Dobzhansky 1958.

mit dunklerem Muster, mit oliver Färbung des Körpers, mit rudimentären, gestutzten oder verkleinerten Flügeln sowie weitere Augenmutanten. *Drosophila* verdrängte nun die Mäuse und Ratten – sie übernahm das Labor Morgans, das sich zum sogenannten *Fliegenraum* wandelte.

Vor allem aber veränderten sich, wie Robert Kohler gezeigt hat, die experimentellen Praktiken. Da die Mutationen nicht künstlich hervorgerufen werden konnten, war eine große Masse an Fliegen notwendig, die ständig durchgemustert wurden. Entdeckte Mutanten mußten gekreuzt und über mehrere Generationen beobachtet und gezählt werden. 1915 verfügte Morgan über so viele unterschiedliche *Drosophila*-Mutanten, daß er nicht mehr alle behalten konnte – sie wurden zu Abfall.

Es war allererst die Massenhaltung der Fliegen, durch die so viele Mutationen entdeckt werden konnten. Zugleich transformierte sich *Drosophila* in ein Laborobjekt, das kaum mehr Ähnlichkeit mit ihrer Wildform hatte. Hatte Morgan in den Versuchen, die die Evolutionstheorie experimentell überprüfen sollten, noch ausschließlich wildlebende Fliegen verwendet, so hatte er inzwischen ein völlig neues Tier geschaffen, genauer gesagt eine Mutationen erzeugende Maschine. Die experimentellen Genetiker erzeugten ein technisches Objekt, mit dem die Forschung weiter vorangebracht werden konnte. So stellte Morgan fest, daß die beiden Gene *white* (weiße Augen) und *rudimentary* (Stummelflügel) gekoppelt vererbt werden und demnach auf einem Chromosom liegen mußten. Doch die beiden Merkmale weiße Augen und Stummelflügel wurden keineswegs immer gemeinsam vererbt, vielmehr traten bei den Kreuzungsexperimenten stets auch Fliegen mit roten Augen und Stummelflügeln sowie solche mit weißen Augen und normalen Flügeln auf. Morgan kam auf die Idee, daß Gene linear auf dem Chromosom angeordnet seien und daß jedes Gen in zwei Varianten, den Allelen, und auf die homologen Chromosomen verteilt, auftrete. Gekoppelte, auf einem Chromosom liegende Gene können nun bei der Reifung der Geschlechtszellen (bei welcher der doppelte Chromosomensatz zu einem einfachen Satz reduziert wird: die homologen Chromosomen trennen sich voneinander) entkoppelt werden, da ein Austausch zwischen den jeweils homologen Chromosomen stattfindet, ein sogenanntes *crossing over.* Worauf es nun vor allem ankam, war, daß auf der Grundlage der Anzahl der Fliegen, bei denen gekoppelte Gene getrennt wurden, die Distanz dieser auf einem Chromosom liegenden Gene berechnet werden konnte. (Morgan/Bridges 1916) Morgans Schüler Alfred Sturtevant erstellte auf dieser Grundlage die erste genetische Karte des X-Chromosoms von *Drosophila*. Deren Konsequenzen waren enorm, führten sie doch zu einem völlig neuen Klassifizierungssystem der Gene. (Kohler 1994, 56)

Die Gene wurden mit der Einführung dieser Genkarte nicht mehr gemäß ihrer Effekte auf die Ausbildung bestimmter Organsysteme, also auf die Entwicklung des Keims, klassifiziert,

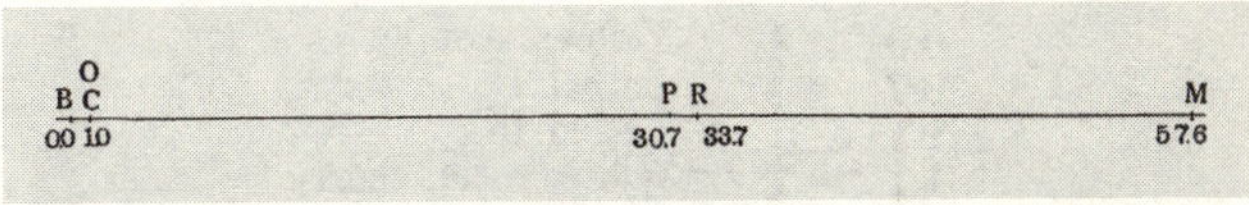

Abb. 2: Gen-Karte des X-Chromosoms von *Drosophila* (1913). Die Zahlen geben die berechneten Distanzen ausgehend von B an. B: yellow; C: white; O: eosin; P: vermilion; R: miniature; M: rudimentary, nach Sturtevant 1913.

sondern gemäß ihrer Lokalisation und ihrer Kopplung auf einem Chromosom. Z. B. wurde nicht nach den Genen, die an der Ausbildung der Augenfarbe beteiligt sind, gefragt, sondern, ob das Gen *white*, dessen Ausfall im Phänotyp weiße Augenfarbe bewirkt, und das Gen *rudimentary*, dessen Ausfall im Phänotyp Stummelflügel bewirkt, miteinander gekoppelt sind. Im Falle solcher Kopplung stellte sich weiterhin die Frage, wie weit diese Gene voneinander entfernt sind, d. h. nach der Distanz, die dann auf der Genkarte eingetragen werden konnte. So zeigte die erste von Sturtevant (Sturtevant 1913) erstellte Karte des X-Chromosoms sechs linear angeordnete und gekoppelte Gene: yellow (gelbe Körperfarbe), white (weiße Augen), eosin (eosinfarbene Augen), vermilion (zinnoberrote Augen), miniature (miniaturflügelig), rudimentary (rudimentäre Flügel).

Morgan und seine Forschergruppe nehmen insofern nicht nur deshalb eine wichtige Position in der Geschichte der Genetik ein, weil sie bestimmte Techniken und Theorien ausbildeten, sondern gerade deshalb, weil sie das Repräsentationssystem der Genetik völlig veränderten, anders gesagt: Mit und vor allem durch die Wahl des Forschungsobjektes *Drosophila* änderte sich das Repräsentationssystem der Genetik. Die Millionen von Mutanten mit unterschiedlichen Formen, mit gebogenen oder rudimentären Flügeln, mit weißen oder pfirsichfarbenen, gläsernen oder haarigen Augen, mit winzigen oder gegabelten Borsten, machten es schlicht unmöglich, das Mendelsche Schema anzuwenden. Mendel hatte mit Merkmalen wie runde/runzlige Samen oder gelbe/grüne Hülsenfarbe der Erbse operiert und die Ergebnisse der Kreuzungsexperimente tabel-

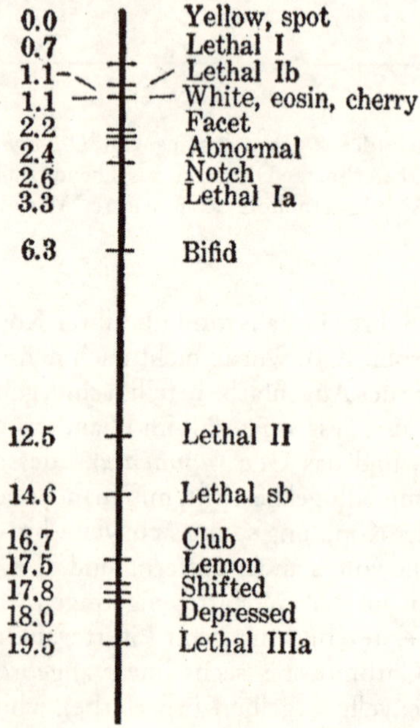

Abb. 3: Gen-Karte des X-Chromosoms von *Drosophila* nach Morgan/Bridges 1916.

larisch dargestellt, was damals noch ein Novum war. Wie Kohler aufzeigt, sprengten die Arbeiten mit *Drosophila* jedoch dieses Darstellungssystem. Die Kreuzungen mit den *Drosophila*-Mutanten produzierten eine nicht mehr zu überschauende Masse an unterschiedlichen Formen, das heißt an Daten, durch die ein neues System der Datenverarbeitung und -aufzeichnung notwendig wurde – nämlich die Genkarte. Dabei erweist sich die Karte als ein Konstrukt wie die Fliege selbst. Denn angegeben wurde zwar eine sogenannte Distanz zwischen den Genen, doch diese war keine Längenangabe. Die Distanz zwischen zwei gekoppelten Genen wurde nicht beobachtet, sondern berechnet: Sie resultierte aus der Rate der *crossing over*, die zwischen gekoppelten Genen stattfand.

Die Genkarte war zuerst nichts anderes als eine Technik, die Datenmengen zu verarbeiten. Doch es war gerade dieses neue »Aufschreibesystem« (Kittler 1995), das die Art und Weise der Klassifikation änderte und der experimentellen Genetik den Weg wies. Zugleich rückte die Genkarte die Genetik weiter von der Entwicklungsphysiologie ab, zu der sie ohnehin in scharfer Konkurrenz stand. Denn, wie Morgan ausführte, lag zwischen den unterschiedlichen Fliegenmutanten und ihren Nachkommen, die die Daten für die Theorie des Gens lieferten, und den postulierten Genen das gesamte Feld der embryonalen Entwicklung. (Morgan 1964, 26) Während Hans Spemann und seine Forschergruppe weitgehend zeitgleich danach fragten, welche Faktoren den Gang der Entwicklung bestimmten, und dafür aufwendige Transplantations-Experimente durchführten (→ MOLCH), meinten die *neuen* Genetiker diese Fragen durch die Aktivität der Gene beantworten zu können. So könne zwar das Wissen darüber, wie Gene auf die individuelle Entwicklung einwirken, zur Klärung des Vererbungsvorganges beitragen, doch: »the fact remains that the sorting out of the characters in successive generations can be explained at present without reference to the way in which the gene affects the developmental process.« (Morgan 1964, 26) Damit blieb die Entwicklungsphysiologie außen vor: Da der Entwicklungsprozeß strikt kausalen Gesetzen folge, bewirke eine Veränderung in den Genen auch Effekte für diesen. Weil die Gene am Anfang der kausalen Kette stehen, reiche es vorerst aus, sich ausschließlich ihnen zu widmen.

Mit dieser Position war ein Forschungsprogramm formuliert, das weitgehend ohne die Embryologie auskommen und bis in die 1970er Jahre Bestand haben sollte. (Allen 1986) Dabei wehrte Morgan mögliche Kritik an der Tatsache, daß die Annahme unsichtbarer Elemente im Keimmaterial, deren Natur noch unbekannt war, nichts erkläre, dadurch ab, daß er auf die empirische Basis und damit die Evidenz seiner Theorie des Gens verwies. Denn die Genetik unterscheide sich von allen bisherigen Theorien der Vererbung und Entwicklung, ob Herberts Spencers Theorie physiologischer Einheiten, Darwins Theorie der Pangenesis oder Weismanns Theorie des Keimplasmas, alle diese Annahmen unsichtbarer Elemente seien spekulativ. Gegen die älteren Theorien führt Morgan ins Feld, daß gerade seine im Unterschied zu jenen »has arisen step by step from experimentally determined genetics evidence that has been carefully controlled at every point.« (Morgan 1964, 31) Es sind die Millionen von Fliegen und ihre Mutanten, die ausgezählt und sortiert werden können, die Morgan als Evidenz für die Existenz der unsichtbaren Gene und die Möglichkeit ihrer Lokalisation anführt.

Die Unsichtbarkeit der Gene und die Übersetzung nicht mehr abzählbarer Fliegenformen in das Medium einer Karte konstituieren die Genetik von vornherein als Ort menschlicher Allmachtsphantasien. Exemplarisch hierfür ist das berühmt-berüchtigte Ciba-Symposium *Man and His Future*, das 1962 in London stattfand. In der Sektion *Eugenik und Genetik* trugen mit Herrmann J. Muller und Joshua Lederberg gleich zwei Nobelpreisträger vor. Muller war Schüler Morgans gewesen und hatte mit seiner Entdeckung, daß Röntgenstrahlen Mutationen auslösen, der Genetik eine ihrer wichtigsten Methoden geliefert. In seinem Beitrag *Genetischer Fortschritt durch planmäßige Samenwahl* führte Muller aus, daß die »kulturelle Evolution den Prozeß der genetischen Selektion untergraben [hat], diesen Prozeß, dessen aktive Fortsetzung für die bloße Aufrechterhaltung der menschlichen Fähigkeiten auf ihrem augenblicklichen, nicht allzu hohen Stand notwendig« sei. Zu fordern sei daher nichts anderes als eine »*Verstärkung* der genetischen Selektion.« (Muller 1988, 284) Die »Eugeniker der alten Schule« seien schließlich deshalb gescheitert, weil sie noch an die Erziehung der Bevölkerung geglaubt hätten. Wenn Muller festhält, daß »wir Menschen« in der Einschätzung unserer eigenen Person und unserer Ehegatten wirklichkeitsfremd seien, erklärt er ein Projekt, wie es etwa Konrad Lorenz noch 1940 gefordert hatte, nämlich sich das Familienleben der Graugans zum Vorbild zu nehmen (→ GRAUGANS), für gescheitert. Zumal sich eine demokratische Gesellschaft der Durchsetzung eugenisch erwünschter Ehebeziehungen widersetzen und in einer Diktatur bloß eine sklavische Bevölkerung geschaffen würde, durch die »in der Evolution ein sehr viel dringenderer und gefährlicherer Alarmzustand entstehen [würde] als jede durch negative Rückkopplung erzeugte allmähliche Degeneration.« (Muller 1988, 286) Den Ausweg bietet für Muller die Genetik selbst, d. h. insbesondere das Verfahren der künstlichen Befruchtung. Denn mit diesem Verfahren werde es möglich, Samenbanken anzulegen, deren Spender »hervorragende Eigenschaften des Herzens, des Geistes und des Körpers erwiesen haben.« (Muller 1988, 289) Muller stehen dabei keineswegs unfruchtbare Erwachsene mit Kinderwunsch vor Augen, vielmehr geht es ihm um den Einsatz der genetischen Techniken im Dienste der »Verbesserung des Menschen« (Muller 1988, 289) – anders gesagt: An die Stelle der Fruchtfliege ist unversehens der Mensch selbst getreten.

Mullers Überlegungen gingen von der Vorstellung aus, daß Gene *aktiv* sind und als solche die Entwicklung steuern. Wie die Wissenschaftshistorikerin Evelyn Fox Keller aufzeigte, war gerade diese Rede von der »Macht und Wirkungskraft von Genen« – sie spricht vom »Gen-Diskurs« – von ungeheuerer Bedeutung für die Geschichte der Genetik. (Fox Keller 1998, 21) So hätten Morgan und seine Schule, die erste Generation von Genetikern, nicht nur Methoden und Techniken der Genetik ausgebildet, sondern auch eine bestimmte Sprechweise geprägt: Das Gen galt als der grundlegende Baustein des Lebens und zugleich als belebende Kraft. (Fox Keller 1998, 28) Der damit etablierte begriffliche Rahmen ermöglichte es den Genetikern nicht nur, weiterhin über etwas zu forschen, das weitgehend unbekannt war, nämlich die Aktivität der Gene, sondern führte auch zur Verdrängung der Entwicklungsphysiologie.

Erfolgte die Ausbildung dieses Gen-Diskurses weitgehend durch die Forschungen an *Drosophila*, so zeichnete sich Ende der 1930er Jahre das vorläufige Ende von deren Karriere ab. Ihr letztes prominentes Auftreten hatte die Fliege in Theodosius Dobzhanskys für die *Synthetische Theorie der Evolution* maßgeblichem Werk *Genetics and the Origin of Species* (1937). Indem Dobzhansky nicht mehr allein die Laborfliege, sondern wildlebende Populationen beobachtete und seine Feldstudien mit den mathematischen Theorien der Populationsgenetik verband, zeigte er, daß die natürlichen Einheiten der Selektion

Populationen sind. Damit hatte die Evolutionstheorie eine genetische Grundlage erhalten und war in eine experimentelle Wissenschaft verwandelt worden.

Die Fruchtfliege sollte vorerst aus dem Blick der Forscher geraten: Für die Genetik brach die Zeit der Mikroorganismen an, Viren, Bakterien, Protozoen oder der Pilz Neurospora wurden zu den neuen Modellorganismen der molekular ausgerichteten Genetik. In den 1970er Jahren aber sollte die Fruchtfliege zu ihrer zweiten großen Karriere antreten. Zugleich veränderte sich auch der Gen-Diskurs. Denn mit der neuen Kopplung zwischen Genetik und Entwicklungsbiologie veränderte sich die Rede über die Gene. Was Morgan und die ihm folgenden Genetiker aus dem Forschungsprogramm der Genetik ausgeklammert hatten, wurde nun zum vornehmlichen Gegenstand der Entwicklungsgenetik. Gene sind in diesem neuen Gen-Diskurs nicht mehr die einzigen Akteure, vielmehr rückt das komplexe Verhältnis zwischen Genen und Proteinen in den Vordergrund – statt von Gen-Aktivität war nun die Rede von der *Gen-Aktivierung*. (Fox Keller 1998, 45) So führten etwa die Entwicklungsbiologen Christiane Nüsslein-Volhard und Eric Wieschaus Anfang der 70er Jahre Forschungen an *Drosophila* durch, in denen sie die Rolle des mütterlichen Genoms untersuchten. Sie identifizierten Gene im mütterlichen Genom, deren Proteinprodukte im Zytoplasma des unbefruchteten Eis liegen und nach der Befruchtung die Expression zygotischer Gene steuern, welche für die Herstellung der Polaritätsachsen (die Grundlage der bilateral-symmetrischen Organisation) des frühen Embryos zuständig sind. *Drosophila* war damit erneut zu einem Paradigma geworden: »Diese Mechanismen sind ein nützliches Paradigma für die Entwicklung komplexer Formen aus einer einfachen Eizelle.« (Nüsslein-Volhard 1996, 2317) Zugleich führen auch diese Arbeiten die Logik des Tiers als Substitut des Menschen fort:

Deshalb waren Beschreibung und Verständnis der Entwicklung von Tieren bei diesen beiden Stämmen – Arthropoden wie *Drosophila* sowie Wirbeltieren wie Frosch, Huhn, Maus und Mensch – auf so unterschiedlichem Niveau, daß lange Zeit ein Vergleich zwischen ihnen fast sinnlos schien. Die Entwicklung der Methode mit rekombinanter DNA und damit das Klonieren von Genen im großen Stil ermöglichte dann aber den Vergleich von Genen aus unterschiedlichen Organismen auf der Grundlage von DNA- oder Proteinsequenzen. (Nüsslein-Volhard 1996, 2318)

Die Ebene der Gene legitimiert somit den Vergleich von Fliegen und Menschen, insbesondere wenn es um den von Nüsslein-Volhard und Wischauer untersuchten bilateral-symmetrische Aufbau der Organismen geht, der auf einen gemeinsamen Grundbauplan von Fliege und Mensch hindeute, der »von gemeinsamen Vorfahren, dem in der Evolution ersten bilateralsymmetrisch aufgebauten Organismus, stammt.« (Nüsslein-Volhard 1996, 2318) Und wenn die Biologie schließlich doch an die Grenze der Fliege gerät, weil die Wirbeltiere in der Evolution spezifische Strukturen und neue Mechanismen ausgebildet haben und Fliegen nun einmal keine Wirbelsäule besitzen, müssen die Experimentatoren auf den Zebrafisch als neuen Modellorganismus wechseln. Gemäß dieser Logik liegt die weitere Konsequenz dann darin, daß die Daten, die weder durch die Fliege noch den Fisch zu erhalten sind, vom menschlichen Embryo selbst geholt werden müssen: Um dies zu legitimieren, wird dieser dann selbst als noch nicht menschlich gekennzeichnet. So führte der Biologe und damalige Präsident der Max-Planck-Gesellschaft, Hubert Markl, anläßlich des Jahres der Lebenswissenschaften sowie der Debatte um Stammzellenforschung und Präimplantations-Diagnostik aus:

Jede geborene menschliche Person ist etwas einmalig Neues, das sich aus einer befruchteten menschlichen Eizelle entwickelt. Aber deshalb ist diese befruchtete Eizelle noch lange kein Mensch, jedenfalls nicht als eine naturwissenschaftlich begründete Tatsache; allenfalls dann, wenn wir dem Begriff »Mensch« – und zwar durchaus willkürlich – eine ganz neue, andere Bedeutung als bisher zuweisen. Das hat damit zu tun, was wir sinnvollerweise – d. h. lebenswirklichkeitsgerecht – meinen, wenn wir einem Lebewesen den Begriff »Mensch« zuordnen. Dies ist nämlich kein Etikett der Natur, sondern eine selbstbezügliche Redeweise von Menschen, deren Bedeutung nicht die Natur festlegt, sondern die sie selbst bestimmen. Ich muß mich, dies zugleich verdeutlichend, sofort korrigieren: Dies bezieht sich nicht einmal nur auf Lebewesen, denn selbstverständlich betrachten wir ein verstorbenes Mitglied unserer Menschengemeinschaft unverändert als – wenn auch nicht länger lebenden – Menschen, und wir zögern keinen Augenblick, ihm Menschenwürde in der Form der Achtung vor der Würde eines Toten, eines toten Menschen nämlich, zum Unterschied von jedem toten Tier, zuzusprechen. Nichts könnte deutlicher machen, daß »Mensch« ein kulturbezogener Zuschreibungsbegriff von Menschen ist und keine rein biologische Tatsache. (Markl 2001, 181)

Markl, der nicht nur als Biologe und Politiker sprach, sondern auch als »Bürger Markl«, so positionierte er sich gegenüber dem damaligen Bundespräsidenten Johannes Rau (»Bürger Rau«) (Markl 2001, 178), hat damit die aktuellen Positionen der historischen Kulturwissenschaften selbst noch einmal überholt: Denn ihn interessiert nicht mehr die Geschichte der unterschiedlichen Bestimmungen dessen, was und wer ein Mensch ist, sondern daß diese Bestimmung immer schon ein dezisionistischer Akt ist. Die Entscheidungsmacht und Deutungshoheit aber kommt dem zu, der Grenzen überschreitet: »Denn der Mensch ist seit jeher ein Wesen, das seine Grenzen überschreiten muß, um ganz Mensch zu sein, und das sich dabei dennoch immer neue Grenzen setzen muß.« (Markl 2001, 193) Eine solche Lebenswissenschaft, die Grenzen überschreitet und den menschlichen Embryo zum Nicht-Menschen erklärt, wird kaum mehr auf eine Fruchtfliege angewiesen sein. Die Tür zum Fliegenraum der unzählbaren Mutationen steht offen.

B. B.

Fledermaus

Welcher Unterschied z. B. zwischen den geringen Wahrnehmungen eines in Tiefe und Dunkelheit der Erde sich fortwühlenden Maulwurfs, und denen des die eisigen Meereswogen durchziehenden Wallfisches, welcher Gegensatz des klar und frei um sich blickenden Rosses und Hundes, und der durch ein gesteigertes Gefühl in der Nachtluft umfliegenden und sich forttastenden Fledermaus!

Carus 1986, 227

Wenn die Philosophie ihr Grau in Grau malt, dann ist eine Gestalt des Lebens alt geworden, und mit Grau in Grau läßt sie sich nicht verjüngen, sondern nur erkennen; die Eule der Minerva beginnt erst mit der einbrechenden Dämmerung ihren Flug.

Hegel 1970, 28

Weil die Fledermaus das Licht der Wahrheit meidet und sich statt dessen an die Dunkelheit hält, verkörpert sie in der *Iconologia* des Italieners Cesare Ripa (1555-1622) die Unwissenheit (*Ignorantia*). Damit steht das fliegende Säugetier am Ende einer Skala, die von einer ausgesprochen erkenntnisträchtigen Eule angeführt wird, die bei Ripa ebenfalls zur Abbildung gelangt. Dank der Göttin Minerva und des Philosophen Georg Wilhelm Friedrich Hegel durfte diese die Weisheit und ihr Flug in die Abenddämmerung gar die Philosophie selbst stellvertreten. Trotz Ripas Zuschreibung weist aber auch die Fledermaus eine Affinität zur Philosophie auf. Zunehmend gilt sie als Paradetier, wenn die Verhandlung von Wahrnehmungswelten ansteht, die den menschlichen Sinnen verschlossen bleiben. Sie wird zur natürlichen Verkörperung einer Wahrnehmung, die später auch technisch umgesetzt werden wird. Weil diese im Ultraschallbereich (20 kHz bis 1 GHz) spielt und damit dem Menschen lange Zeit entzogen war, ließ auch die Karriere der Fledermaus jenseits zumeist negativer Eigenschaftszuschreibungen entsprechend auf sich warten.

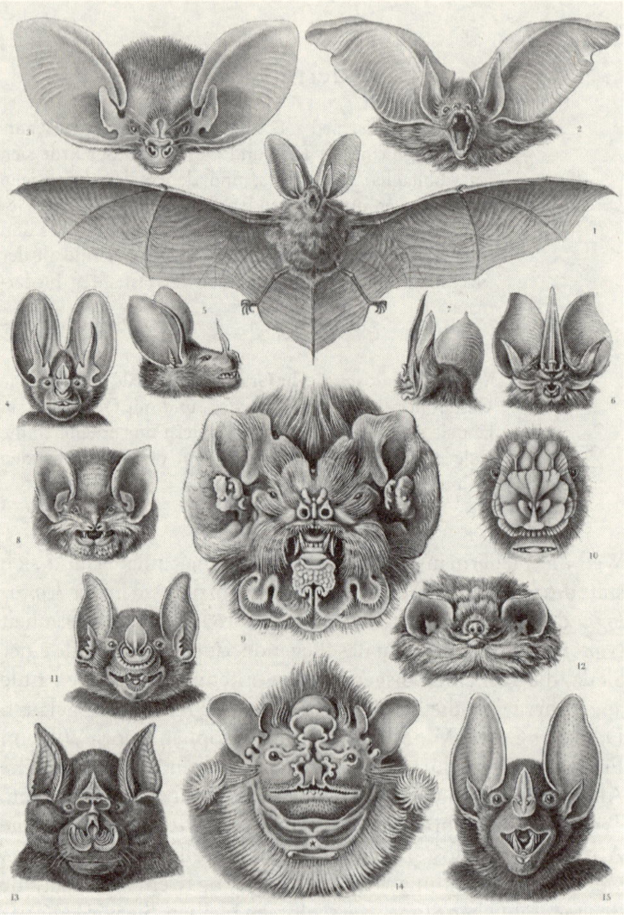

Abb. 1: Chiroptera (Fledertiere) nach Haeckel 2004.

Aus dem Dunkel trat das fliegende Säugetier kraft dessen, was als sein sogenannter sechster Sinn Gegenstand zahlloser Spekulationen wurde. Fledermäuse sind in der Lage, Schallwellen zwischen 9 und 200 kHz auszusenden, deren Reflexion mit ihren trichterförmigen Ohren zu empfangen und aus dem so gewonnenen Datenrücklauf in Echtzeit ein kohärentes Raumbild zu errechnen. Im Gegensatz zu den technischen Varianten der Echopeilung bleiben die Hör-Bilder im Rahmen ihrer Umwelt. Störfälle wie im Bereich der Reflexion elektromagnetischer Wellen scheint es für das Tier nicht zu geben: Was das Tier ›sieht‹, ist ein errechneter Raum der schieren Orientierung – ein Raum, der frei ist von *Geisterbildern* und *Engelechos*, die im prosaischen Alltagsbetrieb der technischen Signalverarbeitung als Störung auftreten. Wie auch bei anderen Tieren ist ihr Frequenzspektrum gegenüber dem des Menschen erweitert, kommen doch technisch ununterstützte Menschenohren bereits bei Frequenzen unter 10 Hz und über 20 kHz an ihre Grenze. Anders als etwa Hunde oder bestimmte Insektenarten, die ebenfalls hochfrequente Töne hören können, gelingt es der Fledermaus, entsprechende Töne nicht nur zu verarbeiten, sondern eben auch hervorzubringen und, wie Sonargramme zeigen, ihre Signale den jeweiligen Anlässen gezielt anzupassen. In einer Rückkopplungsschleife zwischen Produktion und Verarbeitung der Ultraschallwellen orientiert sich die Fledermaus – so perfekt, daß selbst die Bewegung eines die Wellen reflektierenden Gegenstandes aus den empfangenen Frequenzen errechnet und damit der sogenannte Doppler-Effekt einbezogen wird.

Jene Echopeilung, die dem Tier trotz Dunkelheit die Orientierung und damit nicht zuletzt die Jagd auf Beutetiere erlaubt, wird am Beginn des 20. Jahrhunderts zur Vorgabe für eine ganze Reihe technischer Gerätschaften, die es auch dem Menschen ermöglichen sollen, bei widrigen Sichtverhältnissen den Überblick zu bewahren. Gerätschaften wie das Sonar (*Sound Navigation and Ranging*), das vor allem unter Wasser zum Einsatz gelangt, dann aber auch das Radar (*Radio Detecting and Ranging*), bei dem statt Schallwellen elektromagnetische Schwingungen Verwendung finden, externalisieren, was der Fledermaus inhärent ist: alternative Weisen einer Bildwahrnehmung, wie sie im Fledermausfall als ein veritables Bilder-Hören zu Buche schlagen. Diese Befähigung, ein anderes, weil mit der Sinnesausstattung des Menschen Inkommensurables vor Augen zu haben, prädestiniert die Fledermaus zu einer sehr eigenen Karriere in den Gefilden des Wissens. Betroffen davon ist die philosophische Theoriebildung ebenso wie die Praxis möglicher Nutzanwendungen. An der Fledermaus wird prototypisch die Relativität anthropologischer Wahrnehmung verhandelt. Die Frage, die der Philosoph Thomas Nagel an das Tier richtet und von deren Beantwortung auch der Mensch Orientierung erhofft, ist denkbar einfach: *What Is It Like to Be a Bat?* (Perler/Wild 2005) Aber das Sein der Fledermaus steuert auch und an aller philosophischen Grundsätzlichkeit vorbei sehr unmittelbare Weisen technischer Orientierung aus. Doch auch deren Durchsetzung stand zunächst eine sonderbare Trägheit der Sinne im Weg.

Damit die Fledermaus von der Unwissenheit zu deren schierem Gegenteil (und so in den Aussageraum der Philosophie) gelangen konnte, war es nötig, ihren sechsten Sinn und damit die Echopeilung erst einmal nachzuweisen. Zahlreiche Versuche zeichneten nach, daß die Fledermaus nicht in die ihr eigens gestellte Falle gespannter Drähte geht, sondern diesen, auch ohne sie sehen zu können, gekonnt ausweicht. Gespannt wurden solche Drähte bereits im 18. Jahrhundert. Es war der Italiener Lazzaro Spallanzani (1729-1799), der das Flugverhalten von Fledermäusen in seinem verdunkelten und aufwendig verdrahteten Studierzimmer beobachtete. Trotz Handicaps vermochten sich diese zu orientieren, und so fanden sie ihren Weg – ganz im Gegensatz zu einer Kontrollgruppe von Eulen, die sich im Drahtverhau verfing. Auch das Geblendet-Werden störte die Fledermäuse bei ihrer Orientierung nicht weiter. Erst als der Naturforscher auf Anregung des Schweizer Zoologen Charles Jurine auch noch ihre Ohren mit Wachs verschloß, gerieten sie auf Abwege und der Naturforscher Spallanzani zur Erkenntnis. Seine Schlußfolgerung, Fledermäuse würden mit den Ohren sehen, war seinen Zeitgenossen nur Anlaß zur Belustigung, und das ganze galt lange Zeit als Spezialanliegen (um nicht zu sagen: als Marotte) des Italieners, als *Spallanzanis Bat Problem*. Erst im Jahre 1938 – und damit viele Versuchsanordnungen und gespannte Drähte später – gelang es einem Biologiestudenten an der Harvard-University, die Signale im Ultraschallbereich endlich auch technisch nachzuweisen: jenem

Donald R. Griffin (1915-2003), der später zum Begründer der kognitiven Ethologie werden sollte, jener Wissenschaft, die wie nur wenige andere die Frage nach dem Verhältnis von Mensch und Tier zu ihrer Sache machte und dabei die Fledermaus zum philosophisch relevanten Tier erklärte.

Griffin konnte zur Ortung der Fledermaussignale auf das erste Ultraschallmikrophon zurückgreifen, das von seinem Erbauer George Washington Pierce für die Untersuchung von Insektenlauten geplant worden war. Die Zusammenarbeit mit Pierce und seinem Apparat ließ eine Vielzahl anderer Erklärungsweisen hinfällig werden. Nicht zuletzt die Hypothese des amerikanischen Maschinengewehrpioniers, Fluggerätebauers (und Mausefallenkonstrukteurs) Sir Hiram Maxim (1840-1916), Fledermäuse würden sich mittels niederfrequenter Töne orientieren, die durch den Schlag ihrer Flügel verursacht werden, war damit vom Tisch. Der Untergang der *Titanic* 1912 brachte Maxim auf die Idee, die Orientierung der Fledermäuse für die Navigation von Schiffen einzusetzen. Aber schon zuvor war es nicht bei bloßen Gedankenkonstruktionen und Planungsabsichten geblieben. Die Verwertung entsprechender Anwendungen ließ nicht lange auf sich warten. Ein Patent Christian Hülsmeyers (1881-1957) mit der Nummer 165 546 vom 30. April 1904 bringt Verfahren und Zielsetzung auf den Punkt und macht zugleich seine Präferenz der Sinne deutlich. Die Patentschrift beschreibt das Telemobiloskop als

> Verfahren, um entfernte metallische Gegenstände mittels elektrischer Wellen einem Beobachter zu melden. Vorliegende Erfindung hat eine Vorrichtung zum Gegenstand, durch welche die Annäherung beziehungsweise Bewegung entfernter metallischer Gegenstände (Schiffe, Züge oder dergleichen) mittels elektrischer Wellen einem Beobachter durch hör- und sichtbare Signale gemeldet wird (Hülsmeyer 1904, o. Pag.)

Das Telemobiloskop setzt dazu nicht auf Schallwellen, sondern auf elektromagnetische Schwingungen, die, wie Heinrich Hertz gezeigt hat, von metallischen Oberflächen reflektiert werden. Hülsmeyers Nutzanwendung der Hertzschen Physik ist eine *science fiction* mit allem, was dazugehört – inklusive der Option, als solche auch zur Anschrift zu gelangen. »Wahrscheinlich unbeeinflußt von Hülsmeyers Patent wurden 1911 in den USA die Grundprinzipien des Radars vom Science Fiction-Autor und Erfinder Hugo Gernsback in einem seiner Romane skizziert.« (http://de.wikipedia.org/wiki/Radar) Zu berichten ist von einem Tüftler, der unter Preisgabe von Schulausbildung und Festanstellung die Umsetzung seines Fernbewegungssehgeräts mit aller Entschiedenheit betreibt. Hülsmeyers Ziel war es, die militärische Verwendbarkeit seines Gerätes unter Beweis zu stellen und »durch die Marine ein Geheimpatent, ein Versuchsschiff und weitere Geldmittel zu erhalten«. (Vollmar 1960, 33) Der Plan, das Militär für seine Idee zu gewinnen, schlug ebenso fehl wie der Versuch, internationale Reedereien von seiner Erfindung zu überzeugen. Der Weg zum Patentamt fand also nicht im Zeichen gewünschter Geheimhaltung statt. Wie die Zeichnung seiner Patentschrift deutlich macht, ließen die gesendeten und reflektierten elektrischen Wellen in der Empfangsantenne Hochfrequenzströme entstehen, »die mit Hilfe eines Kohärers und eines Stromkreises hörbar oder sichtbar, z. B. über einer Kompaßrose auf der Kommandobrücke, zur Anzeige gebracht werden konnten.« (Vollmar 1960, 34) Was Hülsmeyer am 18. Mai 1904 einem staunenden Publikum an der Hohenzollernbrücke in Köln vorführte, ist als *ein früher Vorläufer des Radargeräts* aus den Technikgeschichten nicht mehr wegzudenken – auch wenn sein Verfahren den Nachweis über die Vorhandenheit metallischer Gegenstände zwar führen, nicht aber deren Entfernung messen konnte. Erst ein späteres Zusatzpatent *Improvement in Hertzian-wave Projecting and Receiving Apparatus for Locating the Position of Distant Metal Objects* wird das nachliefern und damit den vollständigen Wortsinn des Akronyms *Radar* einlösen. Bei der Generalprobe in Köln setzte Hülsmeyer auf die Meldung durch das Hören. »Das auf den Rhein gerichtete Telemobiloskop sprach bei der Annäherung eines Schleppzuges an. Die Klingel schwieg erst wieder, als die Schiffe den Bereich der Strahlung verlassen hatten.« (Vollmar 1960, 34)

Der Rest ist eine Mischung aus Erfinderschicksal und Wahrnehmungsträgheit. Die von Hülsmeyer erhofften Aufträge und Unterstützungen blieben jedenfalls aus. Wie ein Historiograph vermutet, war es der Bruch mit einer Wahrnehmungskonvention, die es potentiellen Geldgebern so schwer machte, das Telemobiloskop finanziell zu unterstützen. »Auch wenn sich die Entfernungsmessung in befriedigender Weise hätte verwirklichen lassen, fehlte die vom Sehen gewohnte Vorstellung, um beobachten und Entschlüsse fassen zu können. Dies mögen die Gründe für die damals noch ablehnende Haltung der Schiffahrt gewesen sein.« (Vollmar 1960, 36) Zwei Weltkriege später waren die Vorbehalte gegen den verstellten Augenschein endgültig behoben. Wie die Geschichte der Funkmeßtechnik und der Sonographie zeigt, waren gerade die Militärs inzwischen gegenüber solchen Wahrnehmungsvorbehalten weniger spröde. Rudolf Kühnhold von der Nachrichtenversuchsabteilung der Reichsmarine setzt für die Ortung zunächst auf den Schall, was 1931 zu einem entsprechenden Patent führt. Dann aber gerät zunehmend die Ortung mittels elektromagnetischer Wellen in den Fokus der Aufmerksamkeit. Das Prinzip der Funkmeßtechnik erobert den Raum – um an dieser Stelle nicht Äther zu schreiben. Eigens gegründete Gesellschaften wie die GEMA (Gesellschaft für Elektroakustische und Mechanische Apparate), aber auch TELEFUNKEN und Lorenz verschreiben sich ganz der neuen Technik, die es zu beachtlichen Resultaten bringt. Entfernung und Genauigkeit werden immer weiter verbessert, die Applikationen ausdifferenziert und die Treffsicherheit erhöht. Das Prinzip indirekter, weil aus Reflexion und Laufzeit von Signalen erschlossener Orientierung, hat nach spektakulären Anwendungen in den Kriegen des letzten Jahrhunderts die Standardnormalorientierung erreicht. In Techniken wie dem GPS (*Global Positioning System*) ist die Transparenz von Räumen gesichert – unter größtmöglicher Umgehung menschlicher Handicaps.

Die Ankunft alternativer Wahrnehmungsweisen in der vielfältigen Anwendungswelt ziviler Orientierung war von einer kurzen Episode unterbrochen, in der die Fledermaus aus anderen als aus Wahrnehmungsgründen zu Kriegsdiensten einbestellt wurde. Nicht als Prinzip technischer Wahrnehmung, sondern fast schon atavistisch wird sie im Zweiten Weltkrieg mit von der Partie sein: als realer Bombenträger, der kleine Spreng-

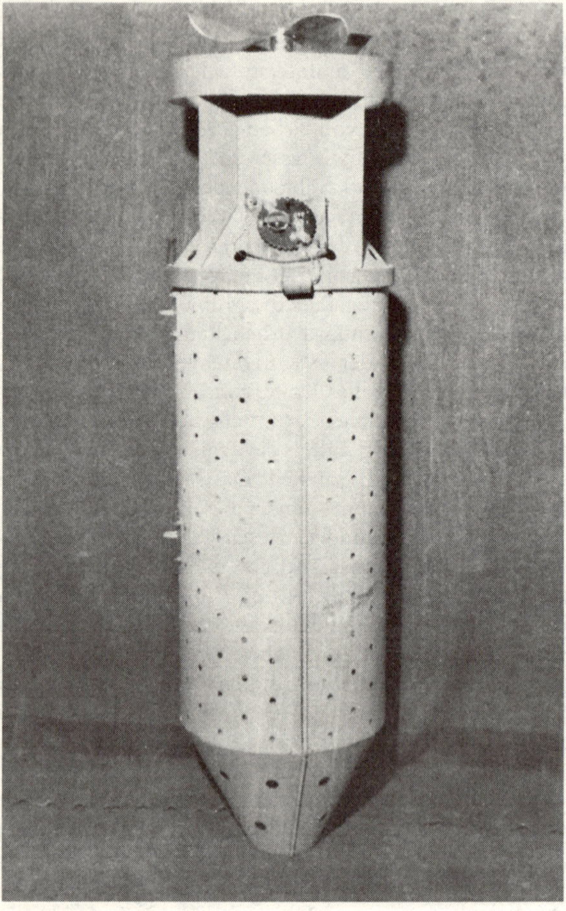

Abb. 2: Fledermausbombenbehälter nach Couffer 1992, ohne Pag.

körper zu transportieren und im fernen Japan ans Ziel zu befördern hatte. (Dazu Couffer 1992)

Mit dem technisch vermittelten bzw. erschlossenen Wahrnehmen findet nicht nur die Fledermaus ihren Weg zum Militär,

Abb. 3: Abgeworfene Fledermausbombe nach Couffer 1992, ohne Pag.

sondern ein Topos der Medienwissenschaft seine Umsetzung. Es ist jener Topos, der Medien auf die titelgebende Erweiterung, auf die Extension der Sinne verpflichtet. Es ist diese Linie, die sich von der frühen Technikphilosophie Ernst Kapps pro-

S. No	Classification	Range	Description	Applications
1	Infra sound	0.1Hz to 25Hz	Short frequency sounds	Infrasound can travel a long distance over 3 km. Therefore, helpful for long distance communication, used by elephants.
2	Audible sound	20Hz to 20kHz	Medium frequency sounds	Human hearing
3	Ultrasound	> 20kHz	High frequency sounds	Ultrasound travels only a short distance. Therefore, helpful for short distance target detection within 10m, used by bats.

Abb. 4: Spektrum von Schallwellen nach Raghuram/Marimuthu 2005.

minent bis zur Medientheorie Marshall McLuhans zieht. Unklar ist nur, ob es sich dabei um eine quantitative oder eine qualitative Erweiterung handelt.

Antwort auf eben diese Frage erfolgt von einer Seite, die scheinbar gar nichts damit zu tun hat: Was bei Spallanzani als *sechster Sinn* die Orientierung im Drahtverhau ermöglicht und als genuin nur der Fledermaus zugänglich ausgewiesen wird, scheint im Gedankenspiel auch wieder an die menschliche Wahrnehmungswelt anschließbar – als synästhetischer Umschlag von Quantität in Qualität. Karl Ernst von Baer verschiebt auf seine Weise die Ordnung der Physik. Bei ihm werden Menschen für die entsprechenden Frequenzbereiche zugänglich – nicht auf dem Wege des Nachweises, wie er mit dem Ultrawellenmikrophon gelang, sondern auf dem Wege unmittelbarer (!) Sinneswahrnehmung. (→ SCHNECKE) Im Gedankenspiel des russischen Naturforschers werden Wahrnehmungsverschränkungen Allgemeingut – so wie es deren technische Umsetzungen werden sollten. »Alle Töne, welche wir hören, würden freilich für solche Menschen unhörbar sein, wenn ihr Ohr ähnlich organisirt bliebe als das unserige, dagegen würden sie vielleicht Töne vernehmen, die wir nicht hören, ja vielleicht würden sie sogar das Licht, welches wir sehen, hören.« (von Baer 1962, 262)

S. R.

Frosch

> Ein Frosch, der nicht nach einer Anzahl von Sprüngen das Wasser oder eine Deckung erreicht hat, läßt sich widerstandslos greifen, und dasselbe gilt auch von den gewandtesten und schnellsten Echsen. Kein Lurch und kein Reptil sind einer dauernden Muskelleistung fähig, wie sie jeder Hai, jeder Knochenfisch und jeder Vogel zu vollbringen vermag.
>
> *Lorenz 1982, 41*

> Die erste Bedingung dieser Versuche ist stets die, den Frosch unbeweglich zu machen.
>
> *du Bois-Reymond 1848, 453*

Hätte neben der binären Klassifikation der Biologie auch eine solche der Epistemologie ihr Recht, so müßte der Frosch dort als *rana ambigua* zu führen sein. Zwar hat diese Formel keine Entsprechung in der Welt eingespielter Taxonomien, dafür ist sie wissenschaftsgeschichtlich an Schlüssigkeit nur schwer zu überbieten. Der Frosch ist das Tier, an dem das Wissen von der Elektrizität Kontur gewinnt – zwischen gewußtem und unterstelltem Wissen, zwischen naturphilosophischer Spekulation und einer experimentellen Praxis, deren Ergebnisse ihrerseits alles andere als eindeutig waren. In der und für die Geschichte der Elektrizität verkörpert er jene Ambiguität, die ihm von der Forschung auch bereitwillig attestiert wird: Aus dem gemeinen Frosch konnte so *La rana ambigua* werden. Ein Titel des italienischen Philosophen Marcello Pera von 1986 nennt das Konzept, seine Aktanten und auch das in Frage stehende Tier beim Namen: *The Ambiguous Frog. The Galvani-Volta Controversy on Animal Electricity* überschreibt jene berühmte Auseinandersetzung, die heute noch die Nomenklatur bestimmt – im Wechselspiel jener beiden Italiener, deren Namen aus der Welt des Stromes und ihrer Meßgeräte nicht wegzudenken sind. (Pera 1992)

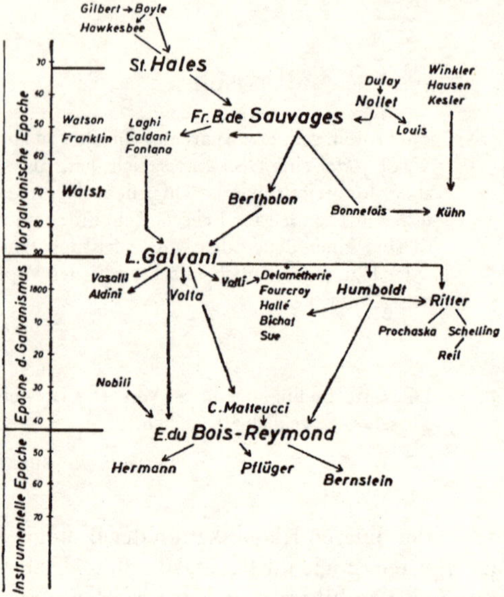

Abb. 1: Personal der Elektrizitätsforschung nach Rothschuh 1960.

Bevor aber der Frosch dem Narrativ der Stromforschung seine vielleicht folgenreichste Anekdote bescheren sollte, war es um das entsprechende Wissen eher kasuistisch bestellt. Das Experimentieren erfolgte in der vorgalvanischen Epoche, wie sie in der Historiographie Karl E. Rothschuhs so schön heißt, nach Maßgabe der Elektrostatik und entlang ihr geschuldeter Phänomene. Es ist die Zeit, in der mittels mechanischer Reibungselektrisiermaschinen statische Elektrizität erzeugt wird und diese zum Teil sehr öffentlichkeitswirksam zum Einsatz gelangt. Diese Anordnungen sollten gerade die Bildgeschichte der Elektrizität nachhaltig bestimmen und das auf eine Weise, die auch einer Kulturgeschichte der Affizierung zur Kenntnis gelangt: Ein Bilderbogen führt vor, wie elektrische Ladungen kunstvoll zugeleitet und erschütternde Effekte erzielt werden.

Die elektrische Dame des Herrn Bose, die mittels eines Kusses ihrem Gegenüber einen Schlag versetzte, aber auch Anordnungen, in denen mittels gerichteter Leitung und unter Zuhilfenahme des Menschen als Konduktor leicht brennbare Flüssigkeiten durch einen elektrischen Funken entzündet wurden, stehen für dieses Interesse und für die gesellige Zurschaustellung. Hinzu kommt mit dem Prinzip der Leydener oder Kleistschen Flasche die Möglichkeit, elektrische Ladungen vom Ort ihrer Erzeugung zu lösen und zu speichern. An diese frühe Form des Kondensators ist jene Rede vom elektrischen Stromkreis (*circuit*) gekoppelt, die heute noch im Schwange ist. Waren es in den frühen Experimenten tatsächlich Menschen, die mit ihren Körpern einen Kreis zwischen den beiden unterschiedlich geladenen Einheiten der Flasche herstellen mußten, so blieb dieser auch ohne die Menschen und die spektakulären Veranstaltungen in Rede – Veranstaltungen, in denen durch eine Kette von Menschenhänden erstmalig kleine Menschenmassen wie von Geisterhand unter Strom gesetzt wurden. Weil aber die Elektrizität von den natürlichen Sinnen des Menschen nur unzureichend erfaßt wird, ist sie für solche Schaustellungen besonders prädestiniert. Sie wird zum Ort unterschiedlicher Spekulationen, deren vielleicht folgenreichste in einer Annäherung von Elektrizität und Lebenskraft besteht.

Mit der Lebenskraft kommt der Frosch und mit ihm unter der Hand die Elektrodynamik ins Spiel. Im Gegensatz zur Elektrostatik bezeichnet diese die Lehre von der fließenden Elektrizität und ihren Effekten. Das kontinuierliche Fließen von Strom setzt Spannungsquellen voraus, die erstmalig von einem Frosch figuriert wurden – unfreiwillig, sowohl was den Frosch als auch was den Experimentator betraf. Mit einer Reihe von Versuchen im letzten Dezennium des 18. Jahrhunderts war jene Kontroverse um die *thierische* oder *animalische Elektrizität* vom Zaun gebrochen, deren Ambiguität der Frosch fortan verkörpern sollte. Aber um welche Befunde geht es? Beim Experimentieren mit Fröschen hält der italienische Naturforscher Luigi Galvani (1737-1798) fest, was für den Anekdotenschatz der Elektrizitätsforschung unverzichtbar sein wird. Den Anlaß der Versuchsreihe, bei dem die Zubereitung und der Verzehr

Abb. 2: Grundanordnung des ersten Zufallsbefundes nach Galvani 1894.

von Froschschenkeln im Haushalt des Anatomen eine oft erzählte und gern gehörte Rolle spielten, schildert Galvani selbst als Zufallsfund und damit sehr viel prosaischer, als es die entsprechenden Anekdoten eines um die Gesundheit seiner Frau besorgten und daher die Froschschenkeldiät ausrichtenden Ehemannes tun.

Die Sache fing so an. Ich secirte einen Frosch und präparirte ihn, [...] und legte ihn, mich alles anderen versehend, auf einen Tisch, auf dem eine Electrisirmaschine stand, [...] weit von deren Conductor getrennt und durch einen nicht gerade kurzen Zwischenraum geschieden. Wie nun der eine von den Leuten, die mir zur Hand gingen, mit der Spitze des Skalpellmessers die inneren Schenkelnerven *DD* des Frosches zufällig ganz leicht berührte, schienen sich alle Muskeln an den Gelenken wiederholt derartig zusammenzuziehen, als wären sie anscheinend von heftigen Krämpfen befallen. (Galvani 1894, 4)

Weil diese Krämpfe am Nerven-Muskel-Präparat mit der Beobachtung eines Funkens an der Elektrisiermaschine einhergingen, begann Galvani die Anordnung systematisch zu variieren – mit dem Resultat, daß die Zuckungen bei Manipulationen des Cruralnervs des Frosches nur dann eintraten, wenn auch Funkenübersprung zu beobachten war. Um zu untersuchen, ob der Effekt auch unter Einfluß der atmosphärischen Elektrizität auftritt, gelangten die Frösche ins Freie und, für die Stromforschung folgenreich, an einen Eisenzaun. Mit einem Messinghaken im Rückenmark versehen, hängte Galvani sie im September des Jahres 1786 dort auf. Wieder waren Kontraktionen zu beobachten, nur diesmal ohne die Nähe einer Elektrisiermaschine. Um auch den Einfluß der atmosphärischen Elektrizität auszuschließen, verlagerte Galvani seine Untersuchungen ins abgeschlossene Innere des Hauses. Legte er den Frosch auf eine Eisenplatte und kam es zum Kontakt zwischen Messinghaken und Eisen, so zappelte der Frosch – als abhängige Variable der gewählten Materialien und in struktureller Homologie zu dem, was im Freien am Gitter stattfand. War die Platte aus einem nicht leitenden Material, so waren keine Kontraktionen zu beobachten. Galvani erweiterte seine Untersuchungen, in dem er Leitungsbögen unterschiedlicher Materialbeschaffenheit zum Einsatz gelangen ließ. Wurde zwischen Nerv und Muskel ein Stromkreis geschlossen und waren die Leitungsbogen aus unterschiedlichen Metallen (und an der Kontaktstelle nicht isoliert), dann kam es zu jenen Zuckungen, die damals nicht nur die wissenschaftliche Welt galvanisieren sollten. Goethe höchstselbst gibt seiner Freude darüber Ausdruck, mit derlei verwirrenden Phänomenen nichts zu tun haben zu müssen. »Galvanismus wird entdeckt. Vorteil, nicht vom Metier zu sein. Man hat nichts Altes festzuhalten, das Neue nicht abzulehnen, noch zu beneiden.« (Goethe 1949, 905)

Galvani faßt seine Befunde zusammen und unterstellt wissenschaftsgeschichtlich folgenreich den Tieren eine ihnen eigene *thierische Elektrizität*, die analog der Kleistschen Flasche in den Muskeln gespeichert ist und bei Bedarf abgegeben werden kann – vorausgesetzt, es sind entsprechende Leitungsbahnen vorhanden. Mit der Verlagerung der Elektrizität ins Innere der Tiere und mit der Annahme, diese Kraft würde im Gehirn produziert, propagiert Galvani eine Lebenskraft, die am Frosch eindrucksvoll zu Tage getreten sein sollte. »In der Beurteilung seiner Experimente war er so sehr von der Möglichkeit des

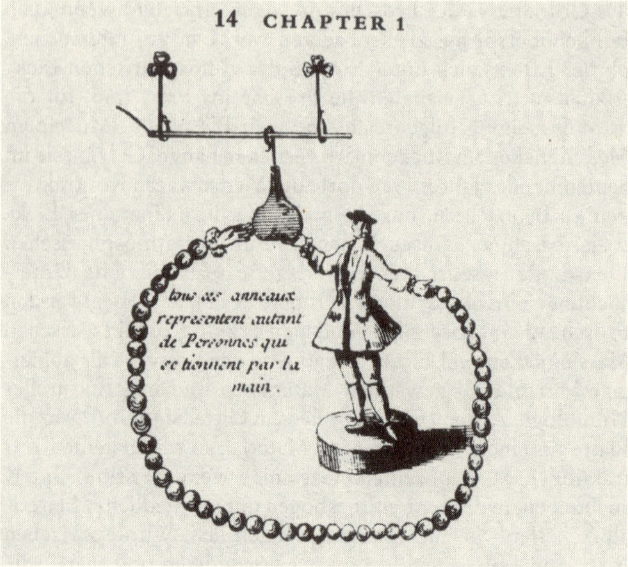

Abb. 3: Stromkreislauf nach Pera 1992.

Nachweises einer Lebenskraft geleitet, daß er die Möglichkeit einer äußeren elektrischen Reizung ausschloß«. (Meya/Sibum 132) Genau eine solche äußere Reizung kommt mit seinem Kontrahenten Alessandro Volta (1745-1827) ins Spiel – damit nimmt jene Kontroverse ihren Lauf, die dem Frosch seine Ambiguität bescheren wird. Voltas Experimente beginnen zunächst in großer Nähe zu denen Galvanis, die er aufgreift, um im weiteren Verlauf die Differenzen um so stärker herauszuarbeiten. Dem nach Art von Galvani zubereiteten Frosch führt er mittels Elektrisiermaschinen und Kleistscher Flaschen Elektrizität zu. Was Volta, der dabei anfänglich die Auffassungen Galvanis durchaus teilt, so sehr ins Auge sticht, ist die geringe Reizschwelle, auf die der Frosch reagiert. Selbst bei der Zuführung von Ladungsmengen, die noch unterhalb der Registrierung bester Spannungsmeßgeräte seiner Zeit liegen, reagiert der

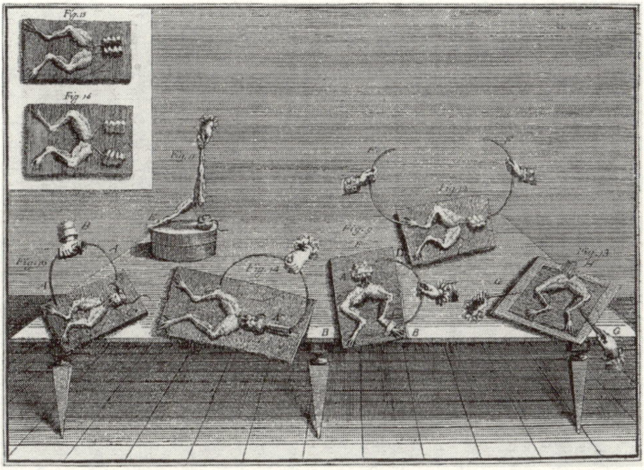

Abb. 4: Versuche mit Leitungsbögen nach Galvani 1894.

Frosch. Als Meßgerät übertrifft er alles, was Volta an technischem Rüstzeug zur Verfügung steht. »Dieser thierische Elektrometer, mit Recht kann man ihn so nennen, übertrifft alle anderen noch so empfindlichen Elektrizitätsmesser, durch das Anzeigen der schwächsten Ladungen.« (Volta 1900, 49) Zwar taugen auch andere Tiere als Elektrometer, aber dennoch attestiert Volta gerade dem Frosch seine ganz besondere Eignung. »Der Frosch unterlässt nie sichtbare Zeichen auf eine Ladung der Leidner Flasche zu geben, die nicht im Stande ist die feinsten Goldblättchen zu trennen. Aber nicht allein Frösche sind dazu geschickt, sondern auch andere gehörigermassen zubereitete Thierchen, taugen ebenfalls dazu als: Eidexchen, Molche, Mäuse u. s. w. Dass es aber besser mit Fröschen gelingt, mag daher kommen, weil sie ein zäheres Leben haben und leichter zuzubereiten sind.« (Volta 1900, 24f.)

Dort, wo Galvani seine *thierische Elektrizität* als den Tieren inhärente Kraftquelle (und damit als eine distinkte Form der Elektrizität) veranschlagt, im Hirn produziert und in den Muskeln wie in Kondensatoren gespeichert, veranschlagt Volta die

Abb. 5: Galvanis Balkonversuch nach Rothschuh 1959.

von ihm so genannte *metallische Elektrizität* – jenes Prinzip, das überall dort zum Einsatz gelangt, wo unterschiedliche Elemente der Spannungsreihe verbunden werden. Das ist in jedem Primär- und Sekundärelement der Fall, also in jeder Batterie und in jedem Akku. Verbindet man Elemente wie Silber und Zink, Nickel und Kadmium, so fließt ein Strom. Der ist zum einen abhängig von der Anordnung, die den Elementen in der Spannungsreihe zukommt, zum anderen von deren schierer Quantität. Dieses Wissen führt Volta zum Bau der nach ihm benannten Säule, bestehend aus Zink- und Silberplatten, zwischen die wiederum angefeuchtete Papp- oder Lederscheiben gelegt werden. Die Säule, selbst Anlaß einer Vielzahl von Abwandlungen, ist der Prototyp einer Spannungsquelle, der Gleichstrom zu entnehmen ist – zwar nicht unendlich, wie es Volta selbst annimmt (und damit gleich noch ein *Perpetuum Mobile* unterstellt), dafür aber mit einer Stetigkeit, die so bis zu diesem Zeitpunkt nicht möglich war.

Voltas Säule läutet mit diesen Möglichkeiten aber nicht nur eine neue Ära in der Stromforschung ein. Sie wird zum material gewordenen Vorwurf an die Adresse Galvanis, dessen An-

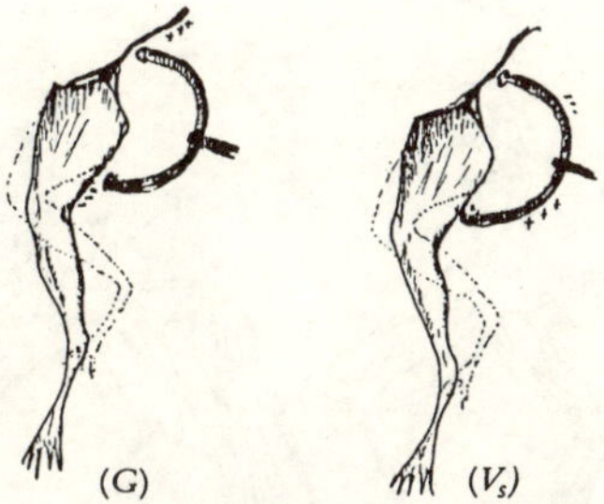

4.4 Galvani's theory (*G*) and Volta's special theory of contact electricity (V_s) compared. According to *G*: (1) nerve and muscle are naturally unbalanced; (2) the arc contact rebalances the fluid, producing contractions; (3) the arc has a passive function as conductor. According to V_s: (1) nerve and muscle are equally endowed with electrical fluid; (2) the arc contact displaces the fluid, whose current generates the contractions; (3) the arc has an active function as electromotor.

Abb. 6: Gegenüberstellung nach Pera 1992.

nahme einer *thierischen Elektrizität* damit als widerlegt gilt. Eine Apparatur, die selbst das natürliche elektrische Organ eines Tieres imitiert, macht der Annahme von der *thierischen Elektrizität* argumentativ den Garaus (→ ZITTERAAL) – mit Folgen, die die Anhänger beider Lager betreffen sollten. »Mit Voltas Säule verlor nicht nur Galvani seine letzte Glaubwürdigkeit, sondern auch Humboldt verstummte von nun ab zu diesem Thema.« (Rothschuh 1959, 210) In den Froschschenkeln Galvanis zuckt also nicht, wie von naturphilosophischen Kreisen gerne behauptet, die Lebenskraft einer animalischen Elektrizität, sondern der Bauplan einer ersten Batterie. Die Reizung erfolgt durch diese, also von außen, und ist nicht als genuines Vermögen dem Froschmuskel eingelagert, der nach Galvanis Vorstellung, einer Kleistschen Flasche gleich, bei Überbrükkung durch entsprechende Leitungsbahnen zur Entladung gelangt. Volta kündigt die Übereinstimmung mit Galvanis Befunden auf, die anfängliche Konzilianz weicht immer mehr einem harschen Widerspruch. Er setzt dabei seine Metallkontakttheorie absolut und gerät so in die Situation, seinerseits bestimmte bioelektrische Phänomene nicht erklären zu können, die wie-

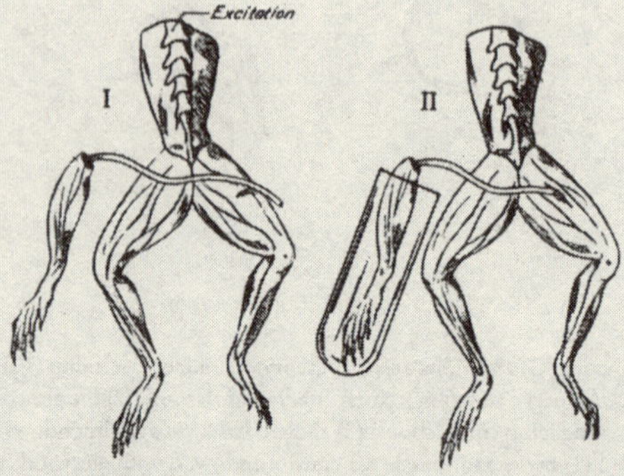

Bild 12. Die Versuche von Carlo Matteucci, die Existenz der tierischen Elektrizität ohne die Mitwirkung von Metallen zu beweisen; links die sog. „induzierte Zuckung", rechts die Zuckung durch den Strom des verletzten Schenkels, in dessen Wunde der Nerv des Testpräparates (physiologisches Rheoskop) hineingelegt wird

Abb. 7: Versuche von Carlo Matteucci nach Rothschuh 1959.

derum von Galvani beobachtet werden. Wie etwa in Versuchen zum sogenannten Verletzungsstrom deutlich wird, kann dieser Froschstrom nicht der metallischen Elektrizität geschuldet sein; vielmehr liegt mit ihm ein Phänomen vor, das auf das Konto der Bioelektrizität zu buchen ist. Beim Nachweis solcher Ströme kommt es, wie in den Versuchen Carlo Matteuccis zu Beginn der 40er Jahre des 19. Jahrhunderts deutlich wird, zu eigenartigen Optionen der Selbstanwendung. Wenn der Froschstrom mit der Empfindlichkeit des Frosches gemessen wird, ist dieser selbst zu einen Nachweisvorrichtung, weil zu einem physiologischen Rheoskop mutiert.

Die Lage ist verwirrend: »Galvani wollte also die Metallelektrizität nicht anerkennen, die er selbst entdeckt hatte, und Volta nicht die Existenz einer tierischen Elektrizität, die doch mit der Zuckung ohne Metalle zum mindesten wahrscheinlich gemacht worden war.« (Rothschuh 1959, 208) Was sich allerdings bei all diesen Anerkennungsabsprüchen durchhält (und was dieser Lage nichts von ihrem Verwirrungspotential nimmt), ist aus-

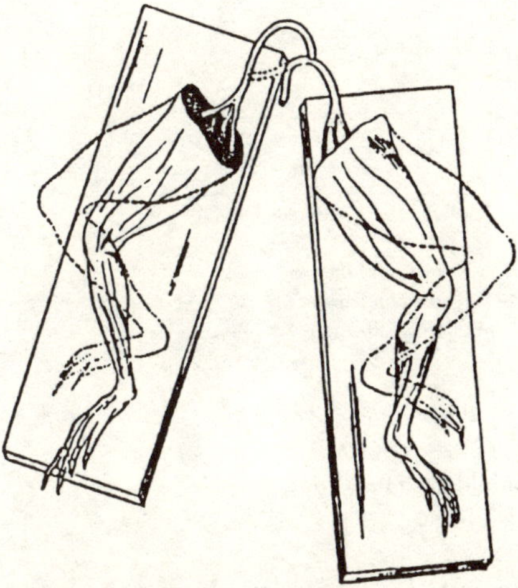

Abb. 8: Galvanis entscheidender Versuch nach Pera 1992.

gerechnet ein terminologischer Vorschlag, den Volta selbst unterbreitet: Weil er seine metallische Elektrizität nach Galvani benennt, verbucht die Elektrotechnik sämtliche Bauarten und Variationen der Voltaischen Säule, also die ganze Welt der Gleichstromspannungsquellen als galvanische Elemente – als jene Elemente mithin, deren Bauplan bei Galvani mit dem präparierten Frosch am Eisengitter hing, ohne in seiner Wirksamkeit erkannt zu werden und »deren Existenz er zeitlebens abgestritten hat«. (Rothschuh 1959, 208) Was über Glaubenssätze und Schulbildungen, über Rivalitäten und die Logik der Forschung hinaus bleibt, ist der Status des Experimentes und die Logik wissenschaftlicher Begründung überhaupt – sie und damit auch die Rhetorik der Darstellung rückt Marcello Pera ins Zentrum seiner Bemühungen. Wie kann es sein, daß ein und dasselbe Experiment zwei sich logisch ausschließenden Theorien Vorschub leistet – wie kann es sein, daß ein Bild zwei so unterschiedliche Erklärungen veranschaulichen soll? Pera nimmt diese Ambiguität zum Anlaß, um sie nach ihrer Rhetorik, nach ihrer Logik und ihrer kommunikativen Strategie zu befragen.

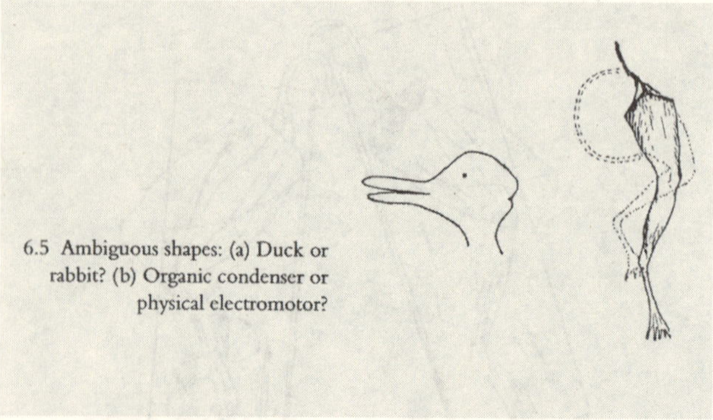

Abb. 9: Kippbild nach Pera 1992.

Die Ambiguität des Befundes als wissenschaftshistorisches Faktum gerät dabei ebenso ins Bild wie die erkenntnistheoretische Situation selbst: zum einen in der Gegenüberstellung unterschiedlicher Annahmen, bei denen die Darstellung eines Experimentes zu unterschiedlichen Kommentierungen Anlaß gibt; zum anderen aber eben auch auf eine Weise, die die Situation der Ambiguität selbst verkörpern soll und die er in Form eines Wechselbilds in Szene setzt – in einem Tierbild, das zwischen einem Kaninchen und einer Ente oszilliert.

Aber wie die Geschichte weiter zeigt, irrten beide Forscher, um dennoch auf je ihre Weise wiederum auch recht zu behalten. Auch das begründet jene Ambiguität, die Pera ins Zentrum seiner Darstellung stellt. Wie der datierungswütige Rothschuh fortfährt, folgt der Epoche des Galvanismus eine der Elektrophysiologie, ihrer Apparate und Meßtechniken sowie ihrer je eigenen Aktanten. Endlich war es mit den entsprechenden Techniken möglich, Bioelektrizität sowohl festzustellen als eben auch zu messen. Saitengalvanometer für kleinste Meßeinheiten gelangen zum Einsatz, Nervenaktionsströme werden festgehalten, es erfolgen die Quantifizierung der Nervenstromgeschwindigkeit durch Hermann von Helmholtz und die Entdeckung des Ruhestroms der Frosch-Nerven durch Emil du

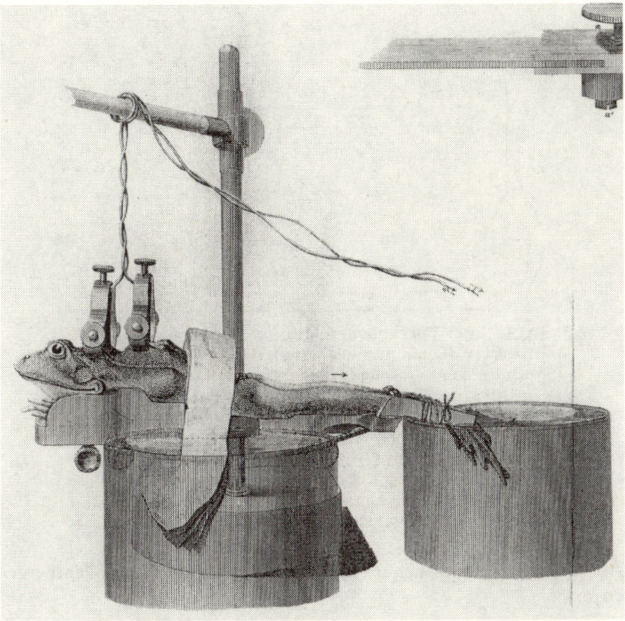

Abb. 10: Froschuntersuchung nach du Bois-Reymond 1848.

Bois-Reymond – all das sind nur einige Schritte auf diesem Weg der galvanischen Ära in die der Elektrophysiologie und ihrer Instrumente.

Einer der Helden der nachgalvanischen Ära ist besagter Emil du Bois-Reymond (1818-1896), dessen *Untersuchungen über thierische Electricität* die Historiographie des Phänomens bestimmen sollten. Bei aller Meßtechnik zollt du Bois-Reymond dem Frosch und seiner Empfindlichkeit ungeahnte Ehren. Er, der *vom stromprüfenden Froschschenkel und dessen Gebrauch* handelt und Fragen der Befestigung, ob an Balkongittern oder auf Leiterplatten, nicht nur als historisches Ereignis rekonstruiert, sondern diese in der ihm eigenen Detailversessenheit auf- und festgeschrieben hat, wird es auch sein, der den Frosch mit einer theoretisch spektakulären Analogie überzieht: In seinem

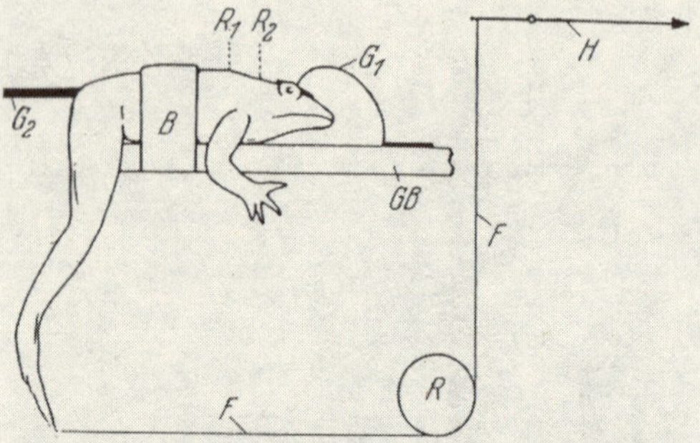

Abb. 1. Versuchsanordnung zur Prüfung der direkten Rückenmarkserregbarkeit während einer galvanischen Längsdurchströmung bei Anordnung in Luft. *B* Band (Gummimieder) zur Befestigung des Tieres auf dem Grundbrett *GB*; *F* Faden zur Verbindung eines Hinterbeines mit dem Schreibhebel *H*; G_1 und G_2 Kopf- bzw. Kloakenelektrode zur galvanischen Längsdurchströmung; *R* Rolle; R_1 und R_2 Reizelektroden (Serres fines) für die Einzelschläge.

Abb. 11: Froschuntersuchung nach Scheminzky/Fuortes/Köllensperger 1940.

Elementarbuch über das Phänomen der *thierischen Elektricität* erweitert du Bois-Reymond den physiologischen Sachstand von *Rana esculenta* und positioniert ihn so gegenüber den Sachständen der Physik. Er tut dies nach Rekonstruktion all der Fortschritte und Mißverständnisse, die den Frosch in den Grundfesten physikalischer und physiologischer Erkenntnisse die unterschiedlichsten Rollen hatten spielen lassen, und natürlich auch nach jenen Umkehrungen der Versuchsanordnung, die nicht mehr nur den Froschstrom registrieren oder messen wollte, sondern die den nach Galvanis Art präparierten Frosch selbst zum Nachweis von Elektrizität heranzieht, die also den Frosch in wunderbarer Form der Selbstanwendung fragte, wo die Elektrometer versagten. Wie bereits von Volta beschrieben, sucht der Froschschenkel im Reich der Tiere seinesgleichen. »Schwerlich wird der Froschschenkel jemals, wie Bailey gewollt hat, den Sprungbeinen der Heuschrecken den Platz räumen.« (du Bois-Reymond 1848, 458) Kurzerhand erklärt du Bois-Reymond *Rana esculenta* zum absoluten Organ der organischen Physik und empfiehlt seine pflegliche Behandlung. Froschvorsorge wird zur vornehmsten Forscherpflicht.

Sämmtliche Versuche, von denen nicht ausdrücklich das Gegentheil bemerkt ist, sind an R. esculenta angestellt. R. temporaria ist durchweg zu klein und ermangelt auch, wie mir hat scheinen wollen, jener Lebenszähigkeit, welche die abgelösten Glieder der ersteren Thierart zeitweise gleichsam zu ächten physikalischen Vorrichtungen, welche sich wie eine Maschine studieren lassen, macht. Die anorganische Physik verschmäht es nicht, sich mit den besten Vorschriften zur Verfertigung ihrer Beobachtungswerkzeuge, Thermometer, Barometer u. s. w. bis ins Einzelne zu befassen; ich halte es daher nicht unter der Würde der organischen Physik, sich über das Verfahren Aufschluss zu verschaffen, wie ihr absolutes Organ, der Frosch [...] am leichtesten und besten, trotz dem Wechsel der Jahreszeiten hindurch in hinreichender Menge und tauglichem Zustande zu erhalten sei. (du Bois-Reymond 1848, 458)

S. R.

Graugans

> Daß der Urmensch ein sozial lebendes Wesen war, darauf deutet allein schon das Vorhandensein der menschlichen Sprache. Alle Spekulationen, daß die Horden des Urmenschen in idyllischer Promiskuität gelebt hätten, finden in dem bisher bekannt Gewordenen keinerlei Stütze. Wenn Promiskuität in dieser oder jener Form aufgetreten ist, so war sie sicherlich immer nur eine accessorische Erscheinung; Trägerin und Erhalterin der Spezies und der Rassen war von jeher (und ist bis auf den heutigen Tag) die festgefügte Ehe und Familie.
>
> *Alverdes 1925, 137*

Populär wurde er vor allem durch Bilder, die ihn als »Vater der Graugänse« zeigen: Voraus marschiert ein stämmiger Mann mit weißem Bart, ihm folgend eine Reihe schnatternder Gänse. Zu sehen ist ein Familienbild, das direkt aus dem Biedermeier stammen könnte, würden nicht statt der Kinder Gänse dem Vater folgen. (→ STEINLAUS) Diese geradezu emblematischen Bilder von Konrad Lorenz (1903-1989) und »seinen« Graugänsen suggerieren eine harmonische familiäre Einheit von menschlichem Beobachter und beobachteten Tieren. Um deren Sozialbeziehungen zu untersuchen, scheint der Beobachter zu einer sozialen Person der Tierfamilie werden zu müssen, ein Ansatz, der von Biologinnen wie Diane Fossey oder Jane Goodall noch sehr viel radikaler umgesetzt werden sollte. Eine solche Forschungsperspektive bewegt sich auf der Grenze von beobachtetem Objekt und Beobachter, was nichts anderes ist als die Grenze von Tier und Mensch: Der Mensch muß zum Tier werden, um als Mensch die Sozialbeziehungen der Tiere zu studieren. Dabei sollten gerade die beliebten domestizierten Graugänse zum Paradigma für die Degeneration des domestizierten Menschen werden.

Der wissenschaftliche Apparat zu den Bildern des »Vaters« der Graugänse findet sich in Lorenz' erster Habilitationsschrift, die unter dem Titel *Der Kumpan in der Umwelt des Vo-*

gels in der *Zeitschrift für Ornithologie* 1935 erschien und die er dem Biologen Jakob von Uexküll widmete. Lorenz untersuchte darin die Rolle des Artgenossen in der Umwelt der Vögel, den er mit Uexküll als »Kumpan« bezeichnete, denn darunter verstehe man ja »einen Mitmenschen, mit dem uns nur die Bande eines einzelnen Funktionskreises verbinden, die mit höheren seelischen Regungen wenig zu tun haben, etwa einen Zech- oder bestenfalls Jagdkumpan.« (Lorenz 1966, 122)

Bevor sich Lorenz dem Erkennen des Kumpans und der Domestikation der Gänse widmete, ging er der Frage nach, was genau eine Verhaltensweise auslöst, das heißt dem Verhältnis von Wahrnehmung und Bewegung. Hierbei sind die Verhältnisse bei »niederen Tieren« relativ klar: Eine bestimmte arterhaltende Reaktion wird durch einen bestimmten von einem Ding ausgehenden Reiz ausgelöst. Ein solches reaktionsauslösendes Ding ist durch diesen Reiz eindeutig charakterisiert, so daß die bestimmte Reaktion nicht durch andere, ähnliche Reize ausgelöst wird. Um genau dies zu gewährleisten, werden Kombinationen von Reizdaten zusammengefaßt, auf die ein »angeborenes Schema« anspricht. Lorenz hat diese Beziehung von auslösendem Schema und ausgelöster Verhaltensweise in der Metapher von Schlüssel und Schloß zusammengefaßt, was einen weiteren Aspekt verdeutlicht: Denn die Form eines Auslöse-Schemas »muß ein gewisses Mindestmaß genereller Unwahrscheinlichkeit besitzen, und zwar aus denselben Gründen, aus denen man dem Barte des Schlüssels eine generell unwahrscheinliche Form gibt.« (Lorenz 1966, 117) Durch die Unwahrscheinlichkeit der Reizdaten können Fehlauslösungen vermieden werden. Dabei sind angeborene und erworbene Schemata zu unterscheiden: Erstere sind in der Regel einfach gefaßt, das auslösende Schema ist angeboren und in einen fertigen, artspezifischen Funktionsplan eingebaut. Zum Beispiel wird die hochspezialisierte und komplexe Flucht- und Abwehrreaktion des Seeigels *Sphaerechinus* durch einen einzigen, spezifischen chemischen Reiz des Seesterns *Asterias*, seines Freßfeindes, ausgelöst. Erworbene Schemata dagegen sind in der Regel komplex gestaltet, so lassen sich bei Dressurversuchen Tiere auf die Gesamtheit aller gebotenen Reize abrichten. Als Beispiel zitiert Lorenz Uexküll: »Nehmen Sie einen Hund, der mit dem Befehl ›auf Stuhl‹ auf einen bestimmten Stuhl dressiert ist, so kann es vorkommen, daß er nicht alle Sitzgelegenheiten als Stuhl anerkennt, sondern *nur diesen einen und nur an dieser Stelle*.« (Lorenz 1966, 118)

Lorenz widmete sich nun der Frage, wie Verhaltensweisen ausgelöst werden, die sich auf einen Artgenossen beziehen, bzw. wie es zu der einheitlichen Behandlung von Artgenossen kommt, obwohl dieser in der Umwelt des Vogels keine Einheit darstellt. Seine Theorie des Auslöse-Schemas kann somit die Kontinuität der Behandlung von Artgenossen erklären, ohne behaupten zu müssen, daß die Vögel ihre Artgenossen ganzheitlich wahrnehmen. Denn die auslösenden Schemata können in diesem Fall zu einer »beliebig hohen generellen Unwahrscheinlichkeit entwickelt werden, die Fehlauslösungen der Handlung praktisch ausschließt.« (Lorenz 1966, 120) Merkmale körperlicher Organe sowie bestimmte Verhaltensweisen erweisen sich als Kompromiß zwischen der Einfachheit der auslösenden Reize und ihrer generellen Unwahrscheinlichkeit; zum Beispiel trägt ein Nestjunges »unbegrenzt komplizierte Merkmale«, für die »unbegrenzt viele Auslöse-Schemata im Elterntier bereitliegen.« (Lorenz 1966, 122) Die Kombinatorik der einzelnen am Verhalten beteiligten (unbegrenzten) Elemente schafft somit ein Kommunikationssystem, das durch einen biologischen Code definiert wird.

Dieses Schema wurde nicht nur zu einem zentralen Prinzip der Verhaltensbiologie, sondern erhielt auch Eingang in die Ästhetik. Arnold Gehlen etwa, der auch an Lorenz' Arbeiten zur Aggression anschloß (Karneth 1991), rekurrierte zur Klärung der Frage, weshalb Menschen etwas als schön empfinden, auf Lorenz' Überlegungen. So führt Gehlen mit Lorenz aus: »was im Tierreich als Auslöser instinktiver *Bewegungen* wirkt, das erweckt in uns jenes handlungslose ästhetische Entzücken, so wie die Farbe und der ebenso unwahrscheinliche Duft der Blüten die Signale für die Instinktketten der Insekten sind, während wir sie in einer Vase als Zimmerschmuck verwenden.« Die Ästhetik gründet gemäß dieser Logik auf einem Wandel der durch bestimmte Reize ausgelösten Reaktionen, die ursprünglich funktionale Verhaltensweisen auslösenden Reize lösen beim Menschen die Empfindung »*schön*« aus. (Gehlen 1963, 67) Und auch die moderne Soziologie kann den inzwischen in der Biologie längst überholten Konzepten Lorenz' noch einiges abgewinnen, wenn der Formalcharakter der Kunst als »die Konstruktion und Erzeugung von unwahrscheinlichen Merkmalen« gefaßt und Kunst hinsichtlich ihres universalen Moments als eine »Struktur des Unwahrscheinlichen« angesehen wird. (Hahn 2000, 408) Einmal mehr liefert damit die Biologie Modelle für die Soziologie, müssen doch nun nur noch die natürlichen Umwelten der Tiere in die künstlich produzierten und historisch wandelbaren Umwelten des Menschen transformiert werden. (→ ZECKE)

Während ästhetische Positionen an der Unwahrscheinlichkeit von verhaltensauslösenden Wahrnehmungsformen interessiert sind, stellte Lorenz die Problematik von angeborenen und erworbenen Auslöse-Schemata in den Vordergrund. Lorenz spricht von einer »Trieb-Dressurverschränkung«, gemäß der in vielen Verhaltensweisen bei Vögeln, aber auch anderen Tieren, triebmäßig angeborene und individuell erworbene Glieder in »gänzlich unvermittelter Weise« aufeinanderfolgen. (Lorenz 1966, 133) Ein folgenreiches Beispiel hierfür sollte das Erkennen von Artgenossen bei Graugänsen bilden, wie der folgende Versuch vorführt. Wenn ein Mensch eine Graugans in Pflege nimmt, die bei ihren Eltern herangewachsen ist, so wird das Jungtier beim Anblick eines Menschen fliehen. Doch wenn eine Graugans sofort nach dem Schlüpfen, bevor es die Eltern wahrnimmt, in Pflege genommen wird, sprechen sämtliche angeborenen Triebhandlungen sofort auf den Menschen an. Lorenz kann hier an die Beobachtungen des berühmten Ornithologen Oskar Heinroth anknüpfen. Der stellte fest, daß ein solches auf den Menschen geprägtes Jungtier die natürlichen Eltern nicht mehr als Artgenossen erkennt und vor diesen flieht. (Lorenz 1966, 140f.) Diese Beobachtungen an jungen Graugänsen sind für Lorenz ein klassisches Beispiel für eine Trieb-Dressurverschränkung: Das zu einer Triebhandlung zugehörige Objekt ist einem Jungvogel nicht instinktiv angeboren, sondern wird »durch einen *einmaligen* Eindruck aufgeprägt [...], für den er *nur in einer ganz bestimmten Periode seines Lebens empfänglich ist.*« (Lorenz 1966, 141 f.) Graugänse stellen darüber hinaus eine extreme Variante dar, denn dem Neugeborenen sind nur wenige Merkmale des »Elternkumpans« angeboren, weshalb man sie auf Menschen sowie bestimmte künstliche Objekte prägen kann. Mit diesem Konzept der Prägung formulierte Lorenz ein zentrales Prinzip der Verhaltensbiologie, das schließlich geradezu ein eigenes Forschungsfeld hervorbrachte und eine heftige Kontroverse über die Dichotomie »angeboren – erlernt« zwischen europäischen Ethologen und amerikanischen Psychologen auslöste. (Bischof 1998, 307)

Daß gerade Vögel, neben Graugänsen vor allem Dohlen und Kolkraben, für Lorenz' Überlegungen zur Trieb-Dressur-Verschränkung im Falle der Prägung von zentraler Bedeutung sind, hat er selbst ausgeführt: So sei es kein Zufall, »daß zu Untersuchungen der arteigenen Erbtriebe die Vögel herangezogen wurden«. (Lorenz 1966, 85) Bei »niederen Tieren« scheitern aufgrund reduzierten Lernvermögens Dressurversuche, bei denen Dinge assoziiert werden müssen, die im gewohnten Lebensraum nicht zueinander in Beziehung stehen, so lassen sich Bienen etwa nicht auf Töne dressieren, allerdings, wie Karl von Frisch zeigte, auf die Unterscheidung ähnlicher Blütenformen. Bei Fischen, Amphibien und Reptilien wiederum ist zwar Lernvermögen vorhanden, aber die komplizierte »Trieb-Dressur- und Trieb-Intellektverschränkung der höchsten Tiere und der Menschen« (Lorenz 1966, 86) läßt sich an ihnen nicht studieren. Bei Vögeln dagegen sind in den Reflexketten ausreichend variable Glieder enthalten, welche wiederum »genügend großen Einfluß auf das ganze Verhalten« dieser Tiere haben. So ist der Vogel kompliziert und zugleich einfach genug, um in das komplexe Verhalten der höchsten Säugetiere und der Menschen Einblick zu gewähren: Am Verhalten des Vogels ist das manifest, was bei dem Verhalten der Säugetiere und Menschen aufgrund ihrer jeweiligen Komplexität latent bleiben muß.

Für die Beobachtungen, die zur Konzeption des Lernens durch Prägung führten, kommt ein weiterer Faktor in der Auswahl des »Beobachtungsmaterials« hinzu. (Lorenz 1966, 128 ff.)

Lorenz stellte seine Beobachtungen und Versuche fast ausschließlich an »*freifliegenden*« Vögeln an, d. h. unter möglichst natürlichen Lebensbedingungen, da unter den künstlichen Bedingungen des Experiments angeborene und erworbene Verhaltensweisen verwechselt werden können (→ HUND) oder bei Labyrinthversuchen (→ RATTE) in der Panik der Tiere eine Fehlerquelle liegen könne. Daher ist es für Lorenz entscheidend, daß domestizierte Tiere für die Beobachtungen nur eine geringe Rolle spielen dürfen. Die Domestikation erzeuge, wie Lorenz schreibt, sowohl im Gebiet der Erbtriebe als auch auf körperlichem Gebiet »*Ausfallmutationen*«. (Lorenz 1966, 129) Daher unterscheiden sich domestizierte Formen von Wildformen grundlegend. Zwar kann man auch die Gesetzmäßigkeiten der Haustiere untersuchen, doch diese sind völlig anderer Art als diejenigen der Wildformen, weisen sie doch zum Teil pathologische Züge auf.

Es sind diese Beobachtungsbedingungen, die die Graugänse überhaupt erst als ›Graugänse‹, d. h. als Wissenschaftsobjekte konstituieren. (→ ZITTERAAL) Mit den Überlegungen zur Domestikation hat Lorenz an wissenschaftlich entscheidender Stelle, nämlich in der Frage, welche Tiere überhaupt beobachtet werden sollen, das Thema gefunden, das vor allem in seinen populärwissenschaftlichen Arbeiten im Vordergrund stehen sollte. In *Die acht Todsünden der zivilisierten Menschheit* führt er etwa in dem Kapitel »Genetischer Verfall« aus, daß das »Haustier eine böse Karikatur seines Herrn« sei – durch die Domestikation sei es beim Menschen zur Vernichtung oder mindestens Gefährdung von instinktmäßig programmierten Verhaltensweisen wie Mutterliebe oder selbstlosem Einsatz für Familie und Sozietät gekommen. (Lorenz 1983, 62) Schließlich läßt sich damit auch der Sozial-Parasitismus verstehen, wird doch ein Mensch, der »durch das Ausbleiben der Reifung sozialer Verhaltensnormen in einem infantilen Zustand verharrt, [...] notwendigerweise zum Parasiten der Gesellschaft.« (Lorenz 1983, 65)

Diese populärwissenschaftlichen Texte sind gleichwohl ohne den wissenschaftlichen Hintergrund nicht ausreichend verstanden. Vor allem der 1940 in der *Zeitschrift für ange-*

wandte Psychologie und Charakterkunde erschienene Artikel *Durch Domestikation verursachte Störungen arteigenen Verhaltens* bildet das Scharnier zwischen Lorenz' wissenschaftlichen und populistischen Arbeiten. Berühmtheit sollte dieser Aufsatz allerdings erst erlangen, als Lorenz 1973, gemeinsam mit Karl von Frisch und Nikolaas Tinbergen, den Nobelpreis für Medizin und Physiologie erhielt. Eine »Studiengruppe für Sozialanthropologie« der Universität Wien hatte, wie Föger und Taschwer in ihrer Studie *Die andere Seite des Spiegels. Konrad Lorenz und der Nationalsozialismus* (2001) schreiben, in- und ausländische Zeitungen mit Kopien eben dieses Artikels beliefert. Daraufhin veröffentlichte *Der Spiegel* eine Auswahl von Zitaten aus diesem Text unter dem Titel *Ausmerzung ethisch Minderwertiger*, und die Wiener *Arbeiter-Zeitung* begann eine umfangreichere Zitatsammlung mit Lorenz' Forderung, »die Augen des zur Auslese berufenen auf ganz bestimmte Werte zu lenken, deren Pflege schon deshalb der Auslese vorbehalten bleiben muss, weil sie durch Erziehung und Erworbenes grundsätzlich unbeeinflussbar sind (Seite 3)«. (Föger/Taschwer 2001, 22) Und auch Sigrid Löffler griff mit dem Artikel *Noch schärfere Ausmerzung ethisch Minderwertiger* in dem Wiener Magazin *profil* in die Debatte ein, wobei sie Textpassagen aus Lorenz' Buch *Die acht Todsünden der zivilisierten Menschheit* Aussagen von Josef Mengele gegenüberstellte.

Den Nobelpreis sollte Lorenz trotz der internationalen Kritik erhalten, selbst ein offener Brief von Simon Wiesenthal an Lorenz, in dem er ihn bat, den Nobelpreis zurückzugeben, änderte nichts. Zwar bedauerte Lorenz zumindest in einer Pressekonferenz kurz vor der Preisvergabe, daß er sich der Terminologie der Zeit bedient und dem Nationalsozialismus positive Seiten abgewonnen habe, doch viele Fragen ließ er unbeantwortet.

Was aber hat die Verwicklung von Lorenz in den Nationalsozialismus mit Graugänsen zu tun? In der Arbeit *Der Vogel als Kumpan* spielte die Frage nach der Auslese ethisch Minderwertiger noch keine Rolle. Dagegen wird in dem Aufsatz *Durch Domestikation verursachte Störungen arteigenen Verhaltens* das Tier zum Modell für die Erkenntnis des Menschen: Die »vorliegende Arbeit soll versuchen, aus dem Verhalten von Tieren gewisse, in den tiefsten Schichten menschlichen Seelenlebens sich abspielende Vorgänge dem Verständnis näher zu bringen.« (Lorenz 1940, 3) Damit sind die Tiere, ob allgemein Vögel oder genauer die ›Graugänse‹, von *Wissenschaftsobjekten* zu *Figuren des Wissens* avanciert. (→ FROSCH) Es geht nicht mehr darum, anhand der ›Graugänse‹ die Prägung zu erforschen, sondern die ›Graugänse‹ bilden eine Wissensfigur, über welche Wissen von der Biologie auf den Menschen übertragen wird, wobei dieser Transfer zugleich neues Wissen, nämlich ein Wissen vom Menschen, erzeugt. Genau diese Übertragung ist konstitutiv für Lorenz' Aufsatz, nachdrücklich schreibt er, daß Rückschlüsse »vom Tiere auf den Menschen keineswegs wertzerstörend und auslesefeindlich« seien, im Gegenteil setzte er sich zur Aufgabe, wie bereits zitiert, »die Augen des zur Auslese berufenen auf ganz bestimmte Werte zu lenken, deren Pflege schon deshalb der Auslese vorbehalten bleiben muss, weil sie durch Erziehung und Erworbenes grundsätzlich unbeeinflussbar sind.« (Lorenz 1940, 3)

Den einzelnen Argumentationsschritten muß hier nicht weiter nachgegangen werden – die Thesen sind bekannt: Der »überzivilisierte Großstadtmensch« weist erbliche Eigenschaften auf, die jedes andere tierische Lebewesen zum Haustier stempeln würden, zum Beispiel einseitige Ernährung, hohe Besiedelungsdichte oder Verminderung der Muskelleistungen. Vor allem aber führe der Ausfall der natürlichen Auslese zu »Verfallserscheinungen«. Lorenz untersucht an verschiedenen Vogelarten die Domestikationserscheinungen, vor allem die Störungsmechanismen des Verhaltens, indem er die Verhaltensweisen von Wildform und Haustier einer vergleichenden Analyse unterzieht. Neben Felsentaube und Haustaube, Bankivahuhn und Haushuhn, Stockente und Hausente widmet sich Lorenz auch den Gänsen. Dabei vergleicht er die wildlebende Graugans mit der Hausgans. Lorenz kommt es darauf an, daß die »besondere Form der Gattenwahl« bei Graugänsen auf eine Zuchtwahl zielt, durch welche der Zusammenhalt des komplexen Paarungsverhaltens und damit der »kämpferische Fami-

Abb. 1: Gleichgerichtete Veränderungen bei der Haustierwerdung (Moschusente, Graugans, Bankivahuhn), links Wildformen, rechts Haustiere nach Lorenz 1940.

Abb. 24 u. 25. Bildarch. Zool. Garten Berlin

Abb. 26. Bildarch. Zool. Garten Berlin Abb. 27. Phot. SCHMIDT-SCHAUMBURG

Abb. 2: Gleichgerichtete Veränderungen durch Domestikation bei Säugern, links Wildformen, rechts Haustiere nach Lorenz 1940.

lienzusammenhalt« in Richtung höchster Ausbildung gesichert werden soll. (Lorenz 1940, 34) Daraus ergibt sich eine erste Analogie zwischen Graugans und Mensch, denn das System arteigener Verhaltensweisen, die zu Auswahl, Zusammenschluß und lebenslänglichem Zusammenhalt zweier Individuen führe, zeige Parallelen zu dem System, auf dem beim Menschen Liebe, Ehe und Familienzusammenhalt aufgebaut seien: Die wildlebende Graugans zeigt ein hochentwickeltes Sozialverhalten. In *Das sogenannte Böse. Zur Naturgeschichte der Aggression* wird Lorenz in diesem Sinne auf die Graugänse rekurrieren. Sie bilden hier das Modell für die Form einer Sozietät, in der das »Band der persönlichen Liebe und Freundschaft verhindert, daß die Mitglieder der Sozietät einander bekämpfen und beschädigen« – nach Lorenz ist die Gesellschaftsordnung der Graugänse »in vielen Punkten derjenigen der Menschen analog gebildet«. (Lorenz 1983, 10)

Genau deshalb aber, weil das Sozialverhalten der Graugänse von höchster Komplexität ist, weil die Wildform das Modell der natürlichen und damit ›normalen‹ Sozialordnung des Menschen abgibt, kann Lorenz anhand der »Zerfallserscheinungen im Paarungsverhalten der Graugans« das Auseinanderfallen funktionell zusammengehöriger Verhaltensweisen untersuchen und als domestikationsbedingte Störung des arteigenen sozialen Verhaltens beschreiben (Lorenz 1940, 27, vgl. auch: Lorenz 1966b, 343): Die Hausgans führt die Folgen der Domestikation, der »Verhaustierung des Menschen«, vor. (Lorenz 1940, 71) So kann die Feststellung, daß die domestikationsbedingten »Störungen im Paarungsverhalten« zum Auseinanderfallen von Begattung und Ehe führen, zur Analogie der Verfallserscheinungen des zivilisierten Menschen werden. (Lorenz 1940, 63) Denn wie bei der Hausgans findet sich auch beim zivilisierten Menschen die Dissoziation von Begattung und Ehe, die der Grund für die Erscheinung der für die »geschlechtliche Auslese so verderbliche[n] ›Vernunftehe‹« sei. (Lorenz 1940, 64) Somit wird die wilde Graugans zum Vorbild für die biologisch zweckmäßige Kopplung von Begattung und Eheleben beim Menschen:

Die Monogamie hat ihren vollen biologischen Wert nur dann, wenn sie mit den Reaktionen des Sich-Verliebens gekoppelt bleibt, bei denen arteigene angeborene Schemata [...] ihre aufartende Funktion entfalten. Nicht darin liegt der Sinn der Monogamie, daß ein bestimmtes Individuum nur mit einem einzigen anderen Nachkommen erzeugt, sondern darin, daß dieser andere auf Grund ganz bestimmter arteigener Merkmale der Hochwertigkeit als ›Bester‹ zum Gatten erwählt wurde. (Lorenz 1940, 64)

Aus der Analogie von Graugans/Hausgans und dem zu entwickelnden Menschen/Großstadtmenschen ergeben sich rassenhygienische Maßnahmen: Denn schließlich, so schreibt Lorenz fünf Jahre nach Verkündung der Nürnberger Gesetze, »legen manche Völker, die heute noch den rassischen Gedanken überhaupt ablehnen, rassenbiologische Bestrebungen nach Ausgeglichenheit körperlicher Merkmale als geradezu menschenunwürdig hinstellen und gegen Vermischung mit fremden Rassen nichts einzuwenden haben, den allergrößten Wert auf Rassenreinheit und ellenlange Stammbäume, wenn es sich nicht um Menschen, sondern um Haustiere handelt!« (Lorenz 1940, 60)

Die ›Graugans‹ ist keineswegs nur ein Wissenschaftsobjekt. Sie wird vielmehr zu einer Wissensfigur, die ein spezifisches Wissen vom Menschen konstituiert. Das Bild vom »Vater der Graugänse« wird in diesem Rahmen zum Emblem, und zwar nicht nur zu dem der Verhaltensforschung, sondern auch und vor allem zum Emblem für den natürlichen Familienzusammenhalt. Das Bild vom weißbärtigen Mann und den schnatternden Gänsen, das die Herzen so vieler Menschen berührte und berührt, kann damit kaum mehr possierlich erscheinen. Vielmehr entfaltet dieses Bild, in dem der Wissenschaftler die Vater*funktion* besetzt, über die so anrührige Heimeligkeit eine unheimliche Macht. Die Inszenierung des natürlichen Familiensinns verkörpert nichts anderes als die Technologie der Rassenhygiene: Das ist die praktische Konsequenz der Analogie zwischen Haustieren und Menschen – die Tierzucht wird zum Modell für die Menschenzucht.

B. B.

Hund

> Nein, ich hasse den Hund gar nicht. Wohl aber eine bestimmte Gattung Mensch, die ihn behandelt wie ein Brigadekommandeur die unterstellte Formation, und die mit ihm herumwirtschaftet, weil auch er aus Deutschland ist.
>
> *Tucholsky 1989, 265*

Allein der Hund Argos war es, der seinem Herrn all die Jahre treu geblieben war, und allein er, inzwischen »von Ungeziefer zerfressen«, erkannte den als Bettler verkleideten Odysseus. Er wedelte mit dem Schwanz und senkte die Ohren, während eine Rotte von Freiern Odysseus' Besitz aufteilte und seine Frau belagerte. Argos steht in einer Reihe von Hunden, die sich durch Treue auszeichnen – von Platons Hund als Wächter des Staates bis Kafkas *Forschungen eines Hundes*, von Cervantes' Berganza bis Thomas Manns Bauschan, aber auch vom gepanzerten Kampfhund bis zum deutschen Schäferhund, vom Schoßhund bis zum Blindenhund. Der Geschichte dieses treuen und fügsamen Tiers soll im folgenden aus zwei Perspektiven nachgegangen werden: Zum einen in Hinsicht auf den Hund als Experimentalobjekt, zum anderen in Hinsicht auf den Hund als ›Gefährten‹ und ›Führer‹ des Menschen.

Hund 1

Wie schon Odysseus erkannte auch der Physiologe Iwan Pawlow (1849-1936) im Hund eine Treue, die im Gegenzug auch vom Menschen einen sorgfältigen Umgang mit dem Tier erfordert:

> Mit Bitterkeit muß man zugeben, daß das beste Haustier des Menschen, der Hund, gerade dank seiner hohen intellektuellen und moralischen Entwicklung am häufigsten ein Opfer des biologischen Experiments wird. Nur im Notfall macht man Versuche an Katzen, ungeduldigen, schreisüchtigen und böswilligen Tieren. Für chronische Versuche, bei

denen das operierte Tier, nachdem es sich von der Operation erholt hat, zu langdauernden Beobachtungen dient, ist der Hund unersetzlich, ja mehr noch – im höchsten Grad rührend. Es hat den Anschein als sei er ein Teilhaber des Versuchs, der an ihm durchgeführt wird, da er durch seine Verständigkeit und Bereitwilligkeit das Gelingen der Untersuchung außerordentlich fördert. Nur ein grausamer Mensch könnte ein solches Tier später für einen anderen Versuch verwenden, der mit Leiden und Tod verbunden ist. Dem Hund folgt als nächsthäufiges Versuchstier das Kaninchen, ein schüchternes, passives, nur selten schreiendes und protestierendes Tier. (Pawlow 1954, 14)

Diese anthropomorphe Betrachtung des Hundes scheint im Widerspruch zu den Versuchen zu stehen, für die Pawlow sprichwörtlich geworden ist. Doch dieser Eindruck täuscht. Denn es ist gerade die Treue des Hundes, die ihn, im Gegensatz zur Individualität der Katze, zum geeigneten Versuchsobjekt macht: Er ist das Tier, das den Experimentator nicht enttäuschen wird, das sich seinen Wünschen fügt, das ihm weder widerspricht noch eigene Wege geht. Zwar lassen sich auch Katzen gefügig machen, wie Edward L. Thorndikes (1874-1949) Lernversuche mit einer Katze im Käfig zeigen, doch es geht hier nicht um einen realen Unterschied zwischen Hund und Katze als Versuchsobjekten, sondern darum, wie der Hund durch die Gegenüberstellung zur eigensinnigen Katze als Versuchsobjekt überhaupt erst erzeugt wird. Pawlows Anthropomorphisierung der gequälten Tiere dient nicht nur der Beruhigung seines Gewissens, sondern der Konstruktion eines bestimmten Bildes vom Hund. Und so ist der ›Pawlowsche Hund‹ nicht nur ein Objekt, in das epistemische Dinge (z. B. der bedingte Reflex) eingeschrieben werden, sondern ein Symbol für eine ganze Forschungsrichtung: Der Hund ist zum Inbegriff der Reflexmaschine geworden.

Während Pawlow in dem angeführten Zitat den Hund anthropomorph betrachtet, konstruiert er in seinen Experimentalanordnungen, die zur Formulierung der Theorie bedingter Reflexe führten, den Hund als einen Apparat. Diese Konstruktion kann dann der Bestimmung der Eigenschaften des Menschen dienen: Der Anthropomorphismus wird zum Theriomorphismus. Notwendig wird hierbei der Zwischenschritt über den Hund, weil der Physiologe in der Regel keine Versuche am lebenden Menschen durchführen kann. In dem Text *Vivisektion* (1893) führt Pawlow diesen Gedanken vor dem Hintergrund der Physiologiegeschichte aus. Das Studium des tierischen Organismus habe mit der Zerlegung der Leichen von Tier und Mensch begonnen, was sich bald als ungenügend erwiesen habe, da auf diese Weise das funktionelle Gefüge des Organismus nicht ersichtlich werde. So habe der griechische Arzt Erasistratos von Keos an Leichen festgestellt, daß die Arterien mit Luft gefüllt sind, weshalb er meinte, es handele sich um Röhren, die der Luftbewegung im Körper dienten. Aufgrund dieser Fehlschlüsse erwies sich für die Physiologie, Pathologie und Pharmakologie die Anwendung der Vivisektion als notwendig. Nur durch das Studium des *lebenden* Organismus sei es möglich, die Funktion der Organe, die Genese pathologischer Prozesse oder die Wirkung chemischer Agenzien zu erklären. Wichtig sind in diesem Zusammenhang Versuche, bei denen Organe entfernt werden, um aus den durch diesen Eingriff hervorgerufenen Störungen auf die Funktion dieser Organe zu schließen. So wird bei einem Vogel etwa die Leber entfernt und festgestellt, daß sich im Harn statt Harnsäure Ammoniak ansammelt, woraus gefolgert werden kann, daß die Funktion der Leber in der Umwandlung von Ammoniak in normale Ausscheidungsstoffe besteht. Doch auch die Vivisektion ist nach Pawlow ungenügend, denn jeder Eingriff am lebenden Tier führt zu nicht beabsichtigten und nicht immer erkannten Veränderungen, vor allem aber kann auf diese Weise nur die Funktion isolierter Organe untersucht werden, nicht aber, »wie sich die Funktionen der einzelnen Teile bei normalem Gang der lebenden Maschine verketten«. (Pawlow 1954, 11) Daher sind nach Pawlow neue Techniken der Untersuchung von lebenden Organismen notwendig – und es sind diese von Pawlow entwickelten Techniken, die überhaupt erst die ›Einschreibung‹ des bedingten Reflexes in den Hund möglich machten.

Um den normalen physiologischen Ablauf untersuchen zu können, führte Pawlow den »chronischen Versuch mit operativem Eingriff« (Pawlow 1954, 12) ein: Hierbei gilt erstens, daß die Versuche mit Tieren erst dann erfolgen, wenn diese sich von den operativen Eingriffen erholt haben, z. B. von der Zerstörung verschiedener Teile des Nervenssystems, dem Durchschneiden peripherer Nerven oder von der Verlagerung des Ausführungsgangs der Speicheldrüse nach außen in die Haut. Zweitens dienen chronische Versuche dazu, die eventuell verzögert einsetzenden Folgen der Eingriffe zu beobachten, und drittens muß bei den Operationen auf sterile Bedingungen geachtet werden, was für Experimente an Tieren ein Novum war und die Einrichtung völlig neuer Laborräume zur Folge hatte. Und nicht zuletzt erfolgt die Wahl des Versuchstieres nie zufällig. So eignen sich Hunde etwa deshalb, weil aufgrund ihrer Größe Kanülen in Gefäße und Drüsen eingeführt werden können.

Nachdem Pawlow mit dem chronischen Versuch mehr als zehn Jahre die Verdauungsprozesse untersucht hatte, wofür er 1904 den Nobelpreis für Medizin erhielt, wandte er sich psychologischen Fragen zu. Nicht mehr allein die physiologischen Organe waren Gegenstand der experimentellen Analyse, sondern die psychischen Vorgänge, die höhere Nerventätigkeit, sollte von nun an ebenfalls durch die experimentelle Physiologie erforscht werden. In der *Antwort eines Physiologen an die Psychologen* brachte er dies folgendermaßen auf den Punkt:

> Ich bin fest davon überzeugt, daß jetzt das rein physiologische Verständnis für vieles, was früher als psychische Tätigkeit bezeichnet wurde, festen Boden bekommen hat, und bei der Analyse des Verhaltens eines höheren Tieres einschließlich des Menschen ist es durchaus gerechtfertigt, sich in jeder Weise zu bemühen, die Erscheinungen rein physiologisch zu verstehen und zwar auf Grund der festgestellten physiologischen Prozesse. (Pawlow 1953a, 427)

Gemäß dieser Logik war es denn nur konsequent, daß Pawlow, als er mit einem Hund konfrontiert wurde, der die Einschränkung seiner Bewegungsfreiheit nicht vertrug, auch einen »Freiheitsreflex« (Pawlow, 1953b) in seine Theorie einführte: Freiheit ist für den Reflexphysiologen nichts anderes als ein angeborener Reflex. Da die Rückführung psychologischer Erscheinungen auf physiologische Tatsachen jedoch nicht mit genuin menschlichen Eigenschaften beginnen konnte, aufgrund ihrer Komplexität, kam den »bedingten Reflexen« die entscheidende Rolle zu. Wie Pawlow ausführte, war eine psychische Erscheinung zu finden, die man »mit vollem Recht gleichzeitig auch für eine physiologische Erscheinung halten dürfte, um von ihr ausgehend durch eine streng objektive Untersuchung [...] von Anfang an ein objektives physiologisches Bild der gesamten höheren Nerventätigkeit der Tiere zu erhalten«. (Pawlow 1953c, 533) Pawlow widmete sich daher der sogenannten »psychischen Speichelabsonderung«, bei der ein Hund durch »Eigenschaften äußerer Gegenstände gereizt [wird], die für die Funktion der Speicheldrüse unwesentlich oder sogar zufällig sind.« (Pawlow 1953d, 13)

Für die Ausbildung »bedingter Reflexe« wurden die Hunde in ein Gestell eingespannt, die Speichelproduktion wurde durch das Anlegen einer Fistel gemessen und der Experimentator hielt sich in einem Nebenraum auf, um das Tier nicht zu beeinflussen. Die Ausbildung bedingter Reflexe verläuft in dieser Anordnung in drei Schritten: Zuerst erhält der Hund einen unbedingten Reiz, z. B. Nahrung, der den unbedingten Reflex Speichelsekretion hervorruft. Im zweiten Schritt wird kurz vor dem unbedingten Reiz ein bedingter Reiz, z. B. Lichtsignale oder Töne, gegeben und der Hund reagiert wieder mit Speichelsekretion. Im dritten Schritt reicht es aus, daß der bedingte Reiz Licht gegeben wird, der Hund reagiert mit dem bedingten Reflex Speichelsekretion. (Pawlow 1953e)

Mit der Methode der Erzeugung bedingter Reflexe setzte nicht nur eine umfangreiche experimentelle Tätigkeit ein, nicht zuletzt beeinflußte Pawlow damit maßgeblich die amerikanischen Behavioristen (→ Ratte), sondern von nun an konnte die Psyche des Menschen in den Termini der Verhaltensphysiologie gefaßt werden: Am Hund wurde der Mensch als Reflexwesen erzeugt.

Die Theorie vom Organismus als einer Reflexmaschine, die das Fundament der objektiven Psychologie werden sollte (Zeier 1977), rief bekanntlich heftige Kritik hervor. In diesem Zusammenhang von Interesse sind die Auseinandersetzungen, die auf den Status des Tieres abzielen, so der Aufsatz von Helmuth Plessner (1892-1985) und Frederik J. J. Buytendijk (1887-

Abb. 1: Blick vom Platz des Experimentators durch die geöffnete Tür auf den Versuchsraum nach Pawlow 1953.

1974) *Die physiologische Erklärung des Verhaltens. Eine Kritik an der Theorie Pawlows* (1935). Plessner und Buytendijk bezweifeln keineswegs den Zusammenhang von Speichelfluß und bedingten Reizen wie überhaupt die experimentellen Daten, sie zeigen jedoch, wie aus solchen Daten wissenschaftliche Tatsachen gemacht werden. So bediene sich die Physiologie schon seit ihren Anfängen bestimmter Modelle, womit sowohl die Analyse der Phänomene als auch die Synthese der daraus resultierenden Elemente möglich sei. Doch die Verhaltensphysiologie Pawlows habe von vornherein das Modell des Reflexes als *wirklichen* Vorgang betrachtet und das Verhalten von Tieren und Menschen auf diesen Grundvorgang reduziert. Damit aber falle die subjektive Motivierung von Handlungen zugunsten des körperlichen Ablaufs weg, komplexe Verhaltensweisen würden über Metaphern wie Kettenreflex oder Reflexmosaik hergestellt und als wirklich ausgewiesen. Schließlich sei das einzige Kriterium für die wirkliche Ausbildung eines bedingten Reflexes, daß der Hund Speichel absondert, wenn ein bedingter Reiz gegeben wird. Das heißt, die beliebig wiederholbare Erscheinung des Speichelflusses auf Klingelzeichen erhalte einen Namen, bedingter Reflex,

> welcher den Anspruch erstrebt, für die beliebige Wiederholbarkeit der Erscheinung unter besagten Umständen, also etwas von dem Benannten selbst Verschiedenes angeben zu können. *Und diesen Anspruch, mehr als ein Name und Benennung zu sein, kann er nicht einlösen*. (Plessner/Buytendijk 2003, 22)

Nach Plessner und Buytendijk ist die Wirklichkeit der wissenschaftlichen Tatsache ›bedingter Reflex‹ nichts anderes als das Resultat der Hypostasierung sprachlicher Benennungen. Pawlows Reflextheorie ist daher nichts anderes als die »*Übersetzung* von wirklichen Beobachtungen in eine imaginäre Bildersprache.« (Plessner/Buytendijk 2003, 24) Daher könnten, solange das Verhalten durch die Brille der Reflexmechanik betrachtet werde, die Verzerrungen, die diese Brille an den beobachteten Phänomenen hervorrufe, nicht als solche erkannt werden. Damit suggerieren Plessner und Buytendijk gleichwohl, daß erst das Abnehmen der Brille, wie sie es vorführen, den Zugang zu den eigentlich wirklichen Vorgängen eröffne. Denn nur mit den natürlichen Augen sei das »Gebaren anzusehen, um es ohne Vorurteile zu beschreiben und zu verstehen.« (Plessner/Buytendijk 2003, 19) Die kausalanalytischen Untersuchungen Pawlows seien zu ergänzen um eine *physiognomische Ansicht des lebendigen Verhaltens*, d. h. phänomenologische und hermeneutische Konzepte sind in die Experimentaluntersuchung zu integrieren. Während Physiologen wie Pawlow Lebewesen nur als Organismen betrachten, versuchen Plessner und Buytendijk, Lebewesen sowohl als Organismen wie auch als Individuen gerecht zu werden – dabei gleichwohl ignorierend, daß auch ihre Beobachtungen und Beschreibungen tierischen Verhaltens durch eine Brille verzerrt sind, daß auch ihr Blick nicht unmittelbar und authentisch ›das Tier‹ erfaßt, daß auch sie ein Wissenschaftsobjekt Tier konstruieren (→ Bär).

Plessner und Buytendijk arbeiten zum einen die poetologischen Grundlagen der Reflextheorie Pawlows auf, zum anderen entwickeln sie ihre eigene Position einer »physiognomischen Ansicht des Verhaltens« aus dieser poetologischen Kritik. Auch der Psychologe Erwin Straus hat in seinem Buch *Vom Sinn der Sinne. Ein Beitrag zur Grundlegung der Psychologie* die experimentellen Befunde Pawlows nicht bestritten, sehr wohl aber deren Deutung. Straus macht Pawlows »Ausmerzung des Phänomenalen« (Straus 1978, 40) fest an dessen Beschreibung der Tiere als »biologische Apparate« (Straus 1978, 41): Zwar rede Pawlow ständig von Hunden, sie werden anschaulich beschrieben, mit Namen genannt, als Individuen dargestellt, sie sind ängstlich und scheu, angriffslustig und zutraulich. Doch wenn Pawlow von einem Hund, der hört, spreche, meine er in Wirklichkeit ein Cortisches Organ, das durch Schallwellen erregt werde. Mit einem Hund, der sieht, sei eine durch Lichtwellen erregte Netzhaut gemeint, das Essen des Hundes sei keine Aktion, sondern eine Summe von Reflexbewegungen, ausgelöst durch chemische und mechanische Berührung der Mundschleimhaut. (Straus 1978, 40)

Wenn Straus experimentelle Befunde und ihre Deutung trennt, wendet er sich gegen die Weise, in der Pawlow aus seinen Ergebnissen Wissenschaftsobjekte konstruiert. Pawlows *biologische Apparate*, die einfache Versuchsanordnung, die angebliche Exaktheit der Versuche und der Theorie haben immer wieder neues Experimentieren, neue Experimentalanordnungen hervorgebracht und konstituieren schließlich das Feld einer objektiven Psychologie, die Phänomene des Verhaltens und des Geistes mit den Termini der Physik und Mathematik zu beschreiben versucht. Straus richtet sich gegen den an praktischen Konsequenzen kaum zu überschätzenden Reduktionismus und stellt dagegen die Dimension des Sinnes biologisch-psychologischer Vorgänge ins Zentrum. Während etwa nach Pawlow das Umgehen eines Hindernisses durch einen Hund als Ablauf einer Serie mechanischer Einzelbewegungen beschrieben wird, die an dem beweglichen Apparat ablaufen, handelt es sich für Straus um ein »Sich-bewegen« des Hundes, er »verfolgt« einen Weg. Das geordnete Verhalten des Hundes in seiner Umwelt läßt sich nach Straus nur verstehen, wenn die phänomenale räumliche Ordnung des Hundes berücksichtigt wird. (Straus 1978, 45) Der Hund muß nach Straus betrachtet werden in Beziehung zur Umwelt, »in der sich mögliche Ziele als Teile in einem Ganzen abzeichnen.« (Straus 1978, 261) Gegen die isolierte Betrachtung der Physiologie setzt Straus eine phänomenologische Betrachtung, in der Bewegungsfreiheit »über die partiellen Verknüpfungen physikalischer Vorgänge hinausreicht.« (Straus 1978, 261)

Wenn der Hund bei Straus damit in seine spezifische Umwelt eingefügt ist, scheint der Mensch von der Seinsweise des Hundes abgetrennt bleiben zu müssen, mit Straus gesagt:

> Wir haben allen Grund anzunehmen, daß die Welt, in der wir als erwachsene Menschen leben, verschieden von der Welt der Tiere ist. Der Mensch hat die Gabe – wie manche meinen, die verhängnisvolle Gabe –, sich über den Bereich des sinnlichen Empfindens erheben zu können; er hat sich daraus entfernt, nicht um ihn ganz zu verlassen, gleichwohl ist ihm die Rückkehr in die Gefilde des reinen Empfindens für immer versagt. (Straus 1978, 1)

Während das Tier eingefügt ist in seine Umwelt, in die »Gefilde des reinen Empfindens«, ist der Mensch charakterisiert durch seine Fähigkeit der Wahrnehmung – und nach Straus verhält sich der Raum der Empfindungswelt zu dem der Wahrnehmungswelt wie die Landschaft zur Geographie (Straus 1978, 334): Tier und Mensch bewegen sich in unterschiedlichen Räumen, während der Raum des Tieres ›abgeschlossen‹ ist, ist der Raum des Menschen ›offen‹, oder mit Max Scheler formuliert: Der Mensch ist ein weltoffenes Wesen. Straus formuliert die zentrale Einsicht der Philosophischen Anthropologie, deren Denkansatz dadurch charakterisiert ist, daß »in ihr die Lebenskreisläufe des Lebendigen in bestimmter Hinsicht gebrochen sind, indirekt vermittelt, aber zugleich durch das Leben getragen bleiben: Alle prägnanten Begriffe der Philosophischen Anthropologie sind gebrochene und neuvermittelte Lebenskreisbegriffe.« (Fischer 2000, 234) Daher gehen die Philosophischen Anthropologen vom Tier-Mensch-Verhältnis aus, das »reine Empfinden« des Tiers bleibt das Paradigma für die Erkenntnis des Menschen als lebendes Wesen: Denn was der Mensch ist, manifestiert sich als Negativ dessen, was das Tier ist – weshalb es entscheidend ist, ob der Hund als ein biologischer Apparat oder als empfindendes Wesen beschrieben wird. Wenn der Mensch, wie Helmuth Plessner schrieb, »zwischen den Tieren als Tier und Nichttier« steht (Plessner 2001), dann konstituiert das jeweilige Tier-Konstrukt die jeweilige Position des Menschen.

Hund 2

Während Pawlow, Plessner, Buytendijk, Straus und andere ihre theoretischen Positionen am Status des Hundes als Wissenschaftsobjekt formulieren, hat der Hund im 19. und 20. Jahrhundert noch eine ganz andere Karriere erfahren, nämlich als Gebrauchstier. (Buchner 1996) Der Hund wird zum Schoß-, Luxus-, Polizei- Kriegs- und Blindenhund gezüchtet und dressiert – und auch hier gilt, daß der Hund nicht nur ein Hund ist, sondern immer auch auf das Selbstverständnis des Menschen bezogen bleibt. Die Eignung des Hundes als das herausragende Haus- und Gebrauchstier schließt auch im 20. Jahrhundert an Platons Formel vom Hund als Vorbild eines Wächters des Staates an. Denn der Hund vereinigt nach Platon gerade die widersprüchlichen Eigenschaften, die für einen Wächter charakteristisch sind: Er ist gegen die Befreundeten *sanft*, gegen die Feinde aber *hart*, und darüber hinaus ist seine Natur philosophisch, da er lernbegierig ist – er lernt zwischen dem Verwandten und dem Fremdartigen zu unterscheiden. (Platon 1994, 268f. [374e-376e])

War Odysseus' Hund Argos das Vorbild der Treue, Platons philosophischer Hund das Vorbild für den Wächter des Staates, so werden diese Eigenschaften des Hundes im 20. Jahrhundert noch einmal neu eingesetzt. Exemplarisch hierfür ist die über 1100 Seiten umfassende Enzyklopädie über den deutschen Schäferhund des Rittmeisters a.D. Max von Stephanitz. Von der Herkunft über Züchtung und Haltung, Zwingeranlagen, An- und Verkauf bis zum Versand per Post legte Stephanitz einen umfassenden Bericht über den deutschen Schäferhund vor, der zugleich eine Geschichte der Domestikation des Hundes durch Züchtung ist. Dabei sind für die ersten Verwendungen des Hundes als Schäferhund gerade die Eigenschaften maßgeblich, die schon Platon angeführt hatte, seine »Ureigenschaften der Wachsamkeit und des Eintretens für den Herrn und dessen Habe«. (Stephanitz 1932, 161) Und auch sein philosophischer Charakter bleibt wesentlich, habe der Hund doch nur deshalb die vielseitigen Anforderungen des Hütedienstes erfüllen können, weil er in »jahrtausendelanger inniger Fühlung mit Bauer, Hirt und Herde gestanden, und sich dabei ›Viehverständnis‹ erworben« habe. (Stephanitz 1932, 163) Entsprechend war es das Ziel der Hundezüchter, diese Eigenschaften zu vervollkommnen und zugleich in das Äußere des Tiers zu übersetzen. Die Vereinigung von Eigenschaften und Aussehen findet sich wieder im Grundsatz des 1899 gegründeten »Vereins für deutsche Schäferhunde (SD)«, der lautete: »was zweckmäßig ist, des Hundes Leistungsfähigkeit steigert, ist schön.« (Stephanitz 1932, 224) (→ Schildkröte)

Dieses Züchtungsziel gilt in der Darstellung von Stephanitz allerdings nicht allein dem Hund, vielmehr geht es ihm darum, den deutschen Schäferhund als Ebenbild des Ariers zu entwerfen. So sei die Liebe des Menschen zum Hunde Ausdruck der Sehnsucht zur Urheimat, weshalb die Deutschen besondere

Abb. 2: Hund mit Gasmaske nach von Stephanitz 1932.

Hundefreunde seien. Ihnen sei das »arische Geheimnis, das sich eins, innig und brüderlich eins fühlt mit Wolken, Bäumen, See und Heide«, zu eigen. (Stephanitz 1932, 274) So überrascht es kaum, daß Stephanitz' Buch gerade mit den Persern, einem der »ältesten Edelstämme«, beginnt, sind doch auch sie arischer Abstammung. (Stephanitz 1932, 1 u. 279) Dagegen habe den Juden der Hund als unreines Tier gegolten, weshalb die spätere und heutige Hundeverachtung zum Teil auf deren Einfluß zurückzuführen sei, auf die »unter christlichem Glauben verborgen sich einschmuggelnde alttestamentarische Anschauungsweise« (Stephanitz 1932, 279), womit das Phantasma vom Juden als Weltverschwörer auch für die Sache des deutschen Schäferhundes zu berücksichtigen war. Während ein kampf- und siegfrohes Volk wie die deutschen Vorfahren im Wolf den wehrhaften Gegner ehrte, mußte das unkriegerische Hirtenvolk der Israeliten den Wolf und seine Abkömmlinge, die Hunde, fürchten, hassen und verachten.

So eigne sich der deutsche Schäferhund denn auch nicht nur als Wächter von Schafen, sondern auch für den Einsatz als Polizeihund sowie als Kriegshund. Schon in der Antike und im Mittelalter fanden gepanzerte Kampfhunde Anwendung, etwa

Abb. 3: Meldehund im Trommelfeuer nach von Stephanitz 1932.

wurden sie von Engländern mit einem über den Kopf vorragenden Stoßstachel ausgerüstet und gegen die feindliche Reiterei geschickt. Der heutige Kriegshund sei allerdings kein Mitkämpfer mehr, seine Funktion sei die des Postenhundes, womit er »uralten Wächterdienst« erfülle, oder die des Meldehundes, dessen besondere Abrichtung auf »Gehorsam und Liebe zum Herrn« gründe. (Stephanitz 1932, 497) Hund und Führer bilden auch hier eine Einheit – Gehorsam, Mut und Kampfbereitschaft sind die Eigenschaften, die zwischen Hund und Mensch zirkulieren und damit die Identität beider konstituieren.

Die Eigenschaften des Hundes werden auch bei Stephanitz zum Vorbild des Menschen, eine Konstruktion, die Thomas Mann in seiner allzuoft mißverstandenen Erzählung *Herr und Hund. Eine Idylle* genau analysierte. Mann liefert keineswegs eine Idylle für den gemeinen Hundefreund, vielmehr wird das Verhältnis von Herr und Hund zur Allegorie von Hegels Herr-und-Knecht-Modell, das heißt, beide sind aufeinander angewiesen, ihre jeweilige Identität ergibt sich aus ihrer gegenseitigen Anerkennung. Manns Erzählung macht Stephanitz' Buch vom deutschen Schäferhund lesbar als eine narrative Konstruktion: Die Identität des Ariers konstituiert sich über die Identität des Schäferhundes und umgekehrt. In aller Deutlichkeit schreibt Stephanitz, daß der Hund »das Spiegelbild seines

Herrn« sei, die »ganzen wundervollen Wesenseigenschaften eines guten Schäferhundes kommen auch nur dort zur Geltung, [...] wo er, in die Hausgemeinschaft aufgenommen, Anteil hat an Leid und Freud, an Arbeit und Pflichterfüllung. Dort bildet sich dann das innige Vertrauensverhältnis aus, das uns so oft in des Hundes Handlungen Menschliches, hochstehend Menschliches erblicken läßt; verständnissinniges, liebevolles Menschentum hat da des Tieres Tun geadelt.« (Stephanitz 1932, 404) So ist der deutsche Schäferhund ein »echter Deutscher«, dem Überkultur, zu lebhafte Berührung mit der »neuzeitlichen, nicht mehr rein arisch-völkischen Kultur« nur schaden kann. (Stephanitz 1932, 404) Die Zucht der Hunde ist denn auch nichts anderes als das Parallelunternehmen zur Eugenik, der »gesunde[n] Fortentwicklung des Menschengeschlechts« (Stephanitz 1932, 599), ist doch Rasse »Wesensart«, wie Stephanitz mit der für »Menschenrassen« geprägten Formulierung des Rassenhygienikers Fritz Lenz ausführt. (Stephanitz 1932, 583)

Während Stephanitz das Verhältnis von Herr und Hund in den Dienst der arischen Volksbewegung stellte, erhielt der Hund für den Begründer der Umwelt-Theorie Jakob von Uexküll und dessen Institut für Umweltforschung noch eine ganz andere Bedeutung. Uexküll untersuchte, gemeinsam mit dem Psychologen Emmanuel Sarris, nicht nur die spezifische Umwelt des Hundes, in der im Gegensatz zum Menschen nicht das Sehfeld, sondern das Duftfeld die Hauptrolle spielt, sondern auch die Beziehungen zwischen den Subjekten Mensch und Hund. Dabei stellte sich die Frage, wie, wenn die Umwelten von Mensch und Hund unterschiedlich sind, ein Hund einen blinden Menschen führen kann. Denn in der Umwelt des Hundes ist zum Beispiel ein Stuhl kein Menschenstuhl: »Und wenn er den Blinden zu einem Hundestuhl führen würde, so geriete der Blinde in die größte Verlegenheit.« (Uexküll 1932, 168) Daher muß bei der Dressur von Führhunden die Umwelt des Hundes mit neuen Dingen gefüllt werden, die nicht im »Interessekreis des Hundes, sondern in dem seines Herrn gelegen sind.« (Uexküll 1932, 169) Die Erforschung der Grundlagen für eine sachgemäße Dressur der Führhunde übernahm Sarris. Ausgangspunkt hierfür war, daß Blinde vor allem an der Abhängigkeit von Begleitpersonen leiden. Einzige Rettung versprach ein Führhund, er ermöglicht dem Blinden Bewegungsfreiheit und macht ihn »zu einem selbständigen Menschen«. (Sarris 1933, 174)

Nach Sarris konnte dies allerdings nur dann von dem Hund geleistet werden, wenn er selbst zu einem selbständigen Wesen erzogen wurde. Sarris wendete sich damit gegen eine Dressur der Blindenhunde, bei der eine »unaufhörliche Wiederholung der Führungsaufgabe, der Schock und Druck durch das Ziehen des Halsbandes, ein scharfes ›das ist pfui‹ und dazu die Schläge [...] die einzige und allgemein Anwendung findende Lehrmethode« sind. (Sarris 1935, 344) Damit war denn der »eigentliche« Gegner von Sarris und Uexküll Iwan Pawlows Reflexphysiologie und ihre Reduktion des Tieres auf einen Mechanismus. Denn Konsequenz der Theorie vom Lernen durch bedingte Konditionierung war die Methode des Abrichtens. Ausgerüstet mit der Umwelt-Theorie machte Sarris den Fehler dieser Methoden daran fest, daß diese von dem Hunde verlange, »Menschendinge, die nicht in seiner Hundeumwelt vorhanden sein können«, zu berücksichtigen. Daher konnten zwar durch die Dressur gewisse Erfolge erzielt werden, doch das zentrale Problem bei Führhunden, daß die Hunde auch in unvorhergesehenen Situationen dem Blinden den »rechten Weg« zeigen können mußten, blieb ungelöst. So führt Uexküll das Beispiel eines Hundes an, der seinen Herrn zwar sicher am Briefkasten vorbeiführte, ihn aber gegen ein vorspringendes Dach anrennen ließ. (Uexküll 1933, 48)

Sarris nahm einen Hund, der gelernt hatte, einen auf Rollen stehenden und mit Schnüren versehenen Kasten herbeizuziehen, um ein Stück hochaufgehängtes Fleisch zu erhalten. Der Kasten stand irgendwo im Hof, der Hund fand ihn nach kurzem Suchen, packte eine der Schnüre und zog stürmisch, Hindernisse beiseite schiebend, den Kasten auf den Platz unter das Fleisch, stellte sich auf den Kasten und holte sich springend das Stück. Sarris stellte den Kasten nun jenseits eines Grabens auf, über den nur ein schmales Brett als Brücke führte. Zwar kann der Hund alleine den Graben leicht überspringen, doch mit dem »Hundewagen« muß er die Brücke passieren. Zu Beginn wirft der Hund den Wagen mehrfach in den Graben. Sarris kommt es nun darauf an, daß, wenn der Hund beim Ziehen selbst in den Graben fällt, er danach aus dem Graben klettert und den Wagen richtig über die Brücke zieht. Der Hund lernt auf diese Weise, sich selbst und den Wagen über die Brücke zu ziehen, wobei sich sein gesamtes »stürmisches« Verhalten ändert. Nach Sarris tritt eine »Art Personenerweiterung ein, die neue Hindernisse mit einschließt« – der Wagen ist für den Hund ein »eigenes ich-bezogenes Hundeding« geworden. (Sarris 1935, 359) Auf diesen Grundversuch, der an die klassischen Umwegversuche anschließt, läßt sich die Ausbildung der Führhunde aufbauen. Man spannt den Hund vor einen Wagen mit einem Gestell, das die Maße eines Menschen besitzt, und läßt den Hund laufen. Auf diese Weise lernt der Hund, auch neue Hindernisse zu umgehen, die Dinge in der Umwelt des Blinden, den er führen soll, sind zu »Hundedingen« geworden.

Die Methode von Sarris erzeugt jedoch nicht nur bessere Ergebnisse als die üblichen Dressurmethoden. Sondern, wie Uexküll ausführt, verfolgt Sarris eine doppelte Strategie: Der Hund soll zum im Interesse des Blinden handelnden Wesen werden, dabei aber seine Selbständigkeit bewahren: »nur wenn er ohne fremden Zwang die neuen Hindernisse und Hemmnisse in seiner Umwelt selbst geschaffen hat, wird er frei von jeder Abhängigkeit seinem blinden Herrn ebenso dienen wie seinem sehenden Lehrmeister.« (Uexküll 1933, 52) Die gewünschte Selbständigkeit des Blinden muß zuerst dem Hund anerzogen werden, damit dieser wiederum die Selbständigkeit des Blinden ermöglichen kann. Hierfür aber wird der gesamte Apparat der Umwelt-Forschung aufgeboten und gegen die durch die Reflexphysiologie fundierten Dressurmethoden gerichtet – anhand des Status des Hundes als Wissenschaftsobjekt, hier ein biologischer Apparat, dort ein autonomes Subjekt, werden damit die Koordinaten der jeweiligen Wissensformationen lesbar. Auch wenn die Positionen hierbei völlig unterschiedlich sind, läßt sich gleichwohl eine Kontinuität in der Behandlung des Hundes festmachen: Es ist seine ›Treue‹ zum Menschen, seine Fügsamkeit, die den Hund jeweils charakterisiert. Ob in der Reflexphysiologie, der Philosophischen Anthropologie oder

der Umwelt-Forschung, ob in der Spiegelung des deutschen Schäferhundes und des Ariers oder des Blinden und des Führhundes – Hund und Mensch erzeugen und stabilisieren gleich Herr und Knecht ihre Identität in gegenseitiger Anerkennung.

B. B.

Mickey Mouse

> In einem Film, auch in einem Zeichenfilm – sogar, wenn statt Phantasie-Tieren nur Punkte, Striche oder geometrische Figuren sich in geeigneter Weise bewegen – wird ohne Schwierigkeit ein Verhalten beobachtet, allerdings nur, wenn eine entsprechende Situation vorliegt, vermutet oder eingebildet werden kann.
>
> *Buytendijk 1958, 20*

> So setze man z. B. statt Einer Ameise, die ihrer Kleinheit wegen das Gedächtniss wenig excitirt, lieber eine Menge derselben, die auf einem Baum hinauf und hinunter steigen; statt Eines Flohs allein, lieber einen Freund, der an dem Schenkel eines Frauenzimmers den Floh hascht.
>
> *Freiherr von Aretin 1810, 160*

Mit Mickey Mouse gelangt die Moderne zu ihrer Bestimmung. Lange bevor die Tierwelten Walt Disneys zu Ikonen der Popkultur werden und häufig den kleinsten gemeinsamen Nenner der Familienunterhaltung bilden konnten, dienten sie Walter Benjamin als Prototypen der Neuen Sachlichkeit. In der amerikanischen Maus, deren rasante Karriere im Jahr 1928 mit dem Tonfilmstreifen *Steamboat Willy* begann, soll die Speerspitze der Moderne ihre Verkörperung gefunden haben. Dafür ist es zweitrangig, ob die Zeichentricktiere enthusiastisch befürwortet oder im Zeichen der Hochkultur und nicht zuletzt wegen der starken Vermenschlichung der Tiere als Disney-Kitsch abgelehnt wurden. Ort dieser steilen Theoriekarriere sind Benjamins metaphysisch-geschichtsphilosophische Studien und dort der Essay *Erfahrung und Armut* von 1933. Der Weg, den Mickey Mouse einzuschlagen hatte, um zur Ikone der Moderne zu avancieren, führt über eine eigenwillige Verkehrung von Natur und Kultur. Disneys Zeichentrickmaus ist ein Tier, das seine Natur gerade keiner Natur, sondern ganz dezidiert einer Technik verdankt. In deren Zeichen läuft die Maus einer Natur davon, die eben nie ihre eigene gewesen sein wird. Techniken,

Abb. 1: Ur-Mickey Mouse aus *Steamboat-Willy.*

wie sie im Fall des Trickfilms der Maus zu ihrem Sein verhelfen, scheinen dem Menschen jedenfalls unter den Auspizien der Neuen Sachlichkeit zum Fanal geworden zu sein.

Eine ganz neue Armseligkeit ist mit dieser ungeheuren Entfaltung der Technik über die Menschen gekommen. Und von dieser Armseligkeit ist der beklemmende Ideenreichtum, der mit der Wiederbelebung von Astrologie und Yogaweisheit, Christian Science und Chiromantie, Vegetarismus und Gnosis, Scholastik und Spiritismus unter – oder vielmehr über – die Leute kam, die Kehrseite. Denn nicht echte Wiederbelebung findet hier statt, sondern eine Galvanisierung. (Benjamin 1980, 214f.)

Die amerikanische Maus scheint statt dessen, und das heißt fröhlich ungalvanisiert, in einem authentischen Raum der Geschichtslosigkeit zu leben. (→ FROSCH) In deren Zeichen gelingt ihr, wovon Menschen nur träumen können – den angestammten Bereich der Natürlichkeit und ihrer Vorgaben zu verlassen. Der Zeichentricktisch wird zum Ort, an dem Geschichte abgeschnitten und immer wieder neu annulliert wird. Die Vertreibung des Tieres aus dem Reich der ihm zugewiesenen Natürlichkeit beschreibt Benjamin als eine Befreiung hin zu einer Vielfalt neuer Formen. Deren Grundlage ist ein Konstruktivismus, dem sich die Neue Sachlichkeit in unterschiedlichen Bereichen verschrieben hat: Die Formgebungen und Bewegungsfolgen unterliegen nicht mehr länger den Bedingungen des Organischen, sie werden weder durch die Vorgaben des Körperbaus noch durch die Gesetze der Physik eingeschränkt. Damit werden Metamorphosen möglich, damit wird es möglich, eine reine Mimesis an die Form vorzunehmen. Der Trickfilm schafft unter Ausnutzung jener optischen Verfahren, die umgekehrt und direkt auf das Tier gerichtet die Relativität der jeweiligen Zeitwahrnehmung veranschaulichen, eine Formensprache, deren Referenz die Form selbst ist. (→ SCHNECKE)

Ausgerechnet ein Tier wird so zum Anlaß, die Natur abzuwählen und durch das zu ersetzen, was Benjamin als neues Barbarentum beschreibt. Zwischen Tier und Mensch steht ein Konstruktivismus, der in Ingenieuren und Comiczeichnern, in der Malerei des Kubismus und in der Architektur Le Corbusiers, im Auraverlust und in der Glaskultur seine Prototypen gefunden hat. Das neue Barbarentum dieses Konstruktivismus ist Teil einer Lage, in der gängige Weisen von Erfahrung an ihre Grenzen gelangt sind: Die titelgebende Erfahrung ist im Kurs so stark gefallen, daß in einer Gegenreaktion systematisch Einzelposten ausgetauscht werden: Wo das Interieur bürgerlicher Gemütlichkeit war, wird die Nüchternheit von Glas und Stahl sein, wo Spuren individuelles Leben belegen, werden diese jetzt um ihre bloße Möglichkeit gebracht. Der Verlust an Unmittelbarkeit, an Sichtbarkeit – wie er etwa durch die Grabenkämpfe und die Giftgaseinsätze im Ersten Weltkrieg deutlich wurde, soll durch das neue Barbarentum kompensiert werden: Es ist der Typ des Ingenieurs, der als Prototyp des Barbaren den Bezug zur Natur annulliert und der in den Serien seiner Anordnungen zugleich die Annullierung einer liebgewonnenen Individualität betreibt. Wie Benjamin für die Literatur Paul Scheerbarts und die Namensgebung seiner entmenschten Menschen festhält: »Und zwar ist das Entscheidende an ihr der Zug zum willkürlichen Konstruktiven; im Gegensatz zum Organischen nämlich. Der ist das Unverwechselbare in der Sprache von Scheerbarts Menschen oder vielmehr Leuten; denn die Menschenähnlichkeit – diesen Grundsatz des Humanismus – lehnen sie ab.« (Benjamin 1980, 216)

Diese Lösung vom Organischen ist die Möglichkeit der Maus. Ihre Formen und Bewegungen nehmen den Zug des willkürlich Konstruktiven schon auf der Ebene der bloßen Herstellung beim Wort: Es sind Serien von Bildern mit nur minimalen Abweichungen, die in Reihung zu zeigen vermögen, was es in der Natur so nicht zu sehen gibt. Die Folge ist eine Bildwelt, die in ihrer Künstlichkeit vor Augen stellt, was einer ganz eigenen Semantik entspricht: was bizarr, was verzerrt, was überzogen, was grotesk, was phantastisch oder gar wahnsinnig heißt, was in großer Nähe zu den Bildwelten des Traumes steht und als visuelle Ungereimtheit gehandelt wird. Der Trickfilm stellt seinem Adressaten eine Bildwelt zu, die nach Erfahrung oder gar nach natürlicher Erfahrung nicht mehr fragt, eine Bildwelt, für die der Schneidetisch der Trickfilmherstellung zur Tabula rasa aller Bezüge wird: Überfressen an einer Vielfalt von Dingen, die nicht mehr über die Erfahrung an die eigene Lebenswelt anschließbar sind, ist der Mensch müde geworden. Auf diese Müdigkeit folgt der Schlaf, und in diesem findet jener Traum statt, in dem Mickey Mouse dem Menschen einen bedingungslosen Neuanfang vor Augen hält. Träumbar wird eine neue Leichtigkeit des Seins, die den Ballast der Geschichte und ihrer Geschichten einfach über Bord wirft.

Das Dasein von Micky-Maus ist ein solcher Traum der heutigen Menschen. Dieses Dasein ist voller Wunder, die nicht nur die technischen überbieten, sondern sich über sie lustig machen. Denn das Merkwürdigste an ihnen ist ja, daß sie allesamt ohne Maschinerie, improvisiert, aus dem Körper der Micky-Mouse, ihrer Partisanen und ihrer Verfolger, aus den alltäglichsten Möbeln genauso wie aus Baum, Wolken oder See hervorgehen. Natur und Technik, Primitivität und Komfort sind hier vollkommen eins geworden und vor den Augen der Leute, die an den endlosen Komplikationen des Alltags müde geworden sind und denen der Zweck des Lebens nur als fernster Fluchtpunkt in einer unendlichen Perspektive von Mitteln auftaucht, erscheint erlösend ein Dasein, das in jeder Wendung auf die einfachste und zugleich komfortabelste Art sich selbst genügt, in dem ein Auto nicht schwerer wiegt als ein Strohhut und die Frucht am Baum so schnell sich rundet wie die Gondel eines Luftballons. (Benjamin 1980, 218f.)

Doch jene Bildwelten des Comics, die so mühelos eingespielte Differenzen annullieren, sind ihrerseits alles andere als geschichtslos. Wie Fritz Giese, ein weiterer Theoretiker einer noch wenig wahrgenommenen Moderne, in seinem Buch *Girlkultur. Vergleiche zwischen amerikanischem und europäischem Rhythmus und Lebensgefühl* von 1925 zeigt, hat das, was Zeichentricktiere unternehmen, selbst eine Adresse. Was in Amerikas Trickwelten den Alltag strichgezeichneter Tiere bestimmt und was Giese an jenem Kater namens Felix vorführt, der als Konkurrenzunternehmen Walt Disney seinerseits auf die Maus hat setzen lassen, trägt in seiner Beschreibung sehr wohl die Altlast der Kultur. Jene *filmgenährte Zwanglosigkeit*, die als Ausdruck fehlender Tradition im kulturellen Niemandsland Amerika Bildwelten ermöglicht, die der Groteske und dem Unsinn Vorschub leisten, gerät unter europäischem Blickwinkel an die Literatur. Namentlich der Schriftsteller Christian Morgenstern wird zum Agenten eines Unsinns erklärt, der den Tricktierpossen amerikanischer Filmproduktion zu entsprechen vermag.

Der ›Kater Felix‹ ward das ebenso unvergeßliche, nahezu von transzendenter Groteske erfüllte Fabelwesen des amerikanischen Trickfilmzeichners, wie der Hund Bonzo ein typisch englisches Produkt ist. Die Idee, einen strichgezeichneten Kater grotesk vorzuführen; auf den Gedanken zu kommen, daß dieses hochbegabte Tier – seiner selbst spottend – den Schwanz als Spazierstock, als Gewehr, als Fernrohr verwendet; die Übersteigerung in der Groteske, Gedankenvorgänge dieses Katers mit Ausrufungs- oder gehirnentspringenden Fragezeichen darzustellen; der unsinnige Einfall, mit Hilfe zweier gebogener Fragezeichen, die der Kater sich unter die Schuhe schnallt, einen gefrorenen Teich zu beschlittschuhen: das sind Vorstellungen, die bei uns nur Christian Morgenstern gehabt hätte. (Giese 1925, 55f.)

Abb. 2: Tillergirls nach Giese 1925.

Gieses Verweis auf die Literatur schließt aber nicht nur die Bildwelten Entenhausens mit denen Europas kurz – unausgesprochen werden beide ihrerseits wieder an eine Kultur angebunden, der entronnen zu sein Benjamin als besondere Leistung des Trickfilms beschwört. Jene Einfälle, die Benjamin wie auch Giese mit dem Kater Felix und der Maus Disneys als Beispiele einer veränderten Bildlogik anführen, haben ihre eigene Geschichte, und die ist ihrerseits so traditionsgeladen, daß sie mühelos bis in die antike Rhetorik Quintilians oder Ciceros zurückzuverfolgen ist. Im traditionsträchtigen Hinterland solcher Bilder und ihrer Semantik steht eine altehrwürdige Kunst des Gedächtnisses, die sich um so kurzfristige Phänomene wie interkontinentale Rhythmusschwankungen gar nicht erst zu scheren braucht. Als Teil der antiken Rhetorik ist die Mnemotechnik die Wissenschaft davon, wie man abstraktes Wissen – eine Zahlenfolge, ein genealogisches Datum, einen Redetext – dergestalt in Bilder übersetzt und dann in eigens dazu angelegten Merkwelten anordnet, daß sie gar nicht anders können, als im Gedächtnis kleben zu bleiben. Das erfordert Strategien zur Produktion imaginärer Bildtypen, die aus den Vorgaben irgendwelcher Naturalismen ausscheren, um statt dessen auf Effekte zu setzen, die im Zeichentrickfilm technische Realität geworden sind.

Unter den vielen Vorschlägen zur Erzeugung besonders merktauglicher Bilder sind in den Traktaten über die Gedächtniskunst zahlreiche, die wie eine Vorwegnahme amerikanischer Trickwelten anmuten. Die Vorschläge, wie die Groteske umgesetzt werden soll, bringen auch die Tiere in Stellung. Diese bevölkern einen Raum, dem anläßlich der Maus die kulturelle Barrierefreiheit bescheinigt wird. Das formale Anpassen der imaginären Größenverhältnisse ist dabei noch wenig spektakulär. »Ist das Bild klein, z. B. eine Ameise, eine Mücke, so muss es vergrössert gedacht werden, welches der Einbildungskraft eben so leicht ist, als die Verkleinerung von zu grossen Bildern.« (Freiherr von Aretin 1810, 39) Treten allerdings Verlebendigung und der Grundsatz unproportionaler Größen hinzu, ist man der Welt Disneys schon näher: »Müssige Bilder sind nicht passend; sie erregen das Gedächtnis nicht genug. Zum Beispiel, locire ich ein Pferd, so muss es stampfen; ein Wolf muss Schaafe fressen. [...] Ist die Sache lebendig, aber klein, wie eine Milbe, ein Floh ud., so muss man ihr ein grösseres Bild geben, doch mit Beibehaltung der Figur, z. B. einen Floh setze man in die Grösse einer Taube, eine Milbe so gross wie ein Schaaf.« (Klüber 1804, 93) Wenn schafsgroße Milben und taubengroße Flöhe auf andere Strategien der Bildbelebung, der Animation und Verlebendigung treffen, haben die imaginären Bildräume mit den *imagines agentes* der Gedächtniskunst eine Regie erhalten, die im Zeichentrickfilm veräußerlicht wurde.

Ausgerechnet jene Tricktechniken, die bei Benjamin in der Gestalt von Mickey Mouse als *Traum der heutigen Menschen* figurieren, kann Giese an bewegten Mäusen vorbei als Paradigma für einen ganz anderen Traum einführen: den Traum des angewandten Psychologen, Psychotechnikers und Werbespezialisten von der optimalen Affizierbarkeit des Menschen. Ort dieser Überlegung ist eine *Psychoanalytische Psychotechnik* von 1924, deren Titel zwei Extrempunkte seelenwissenschaftlichen Forschens vereint. Giese bindet die am Trickfilm (und in Amerika) gewonnene Befundlage wieder an eine Moderne zurück, die unter Beibehaltung der alten Strategien neue Einsatzorte generiert. Die Rede ist nicht die vom Erfahrungsverlust, sondern von einer Reklamepsychologie, in der die Bildwelten Alteuropas und Neuamerikas endlich zusammenlaufen sollen –

zum höheren Ruhm des Gedächtnisses, jener Mneme, die durch die Rhetorik zu einer veritablen Kunst ausgebaut wurde. Es ist der Trickfilm, der neue *genetische* Zusammenhänge erlaubt:

> Der optischmotorische Rhythmus feiert den Reklamehöhepunkt im Trickfilm, welcher in ganz beliebiger Sukzession Reklameinhalte vorführt, und zwar im Sinn genetischer Folge. Diese Rhythmik hat – zumal wenn sie noch, wie sehr häufig, den Nebenweg des Humors ausnützt – ungeheure Reklamewirkung! Sie ist weitaus besser als der Film in natürlicher Rhythmik. (Gehtempo usw.). In allen Fällen ist das, was den Beinflussenden [sic!] trifft, eine ausgesprochene Mitbeanspruchung des Unterbewußtseins und nun braucht man nur die verschiedenen Erklärungsversuche des Rhythmischen sich zu erinnern, um auch zur Psychoanalyse eine Verbindung zu bekommen. Sicherlich gehört die theoretische Erklärung des Rhythmus durch die Psychoanalyse zu den elegantesten und wahrscheinlichsten. (Giese 1924, 11 sowie Agde 1998)

Die *mnemische Wirkung* des optischen Rhythmus hat im Trickfilm einen Ort gefunden, der nicht mehr nur dem Selbstzweck transzendenter Grotesken vorbehalten bleibt – die Maus ist vielmehr allgegenwärtig. Es bezeichnet ihre listige Melancholie, daß sie längst zu dem geworden ist, was wegzuträumen ihr Benjamin als Fluchtpunkt Neuer Sachlichkeit bescheinigt hat: Ein Aus der Maus war nie abzusehen.

S.R.

Molch

Der Mensch ist vielleicht halb Geist und halb Materie, so wie der Polype halb Pflanze und halb Tier. Auf der Grenze liegen immer die seltsamsten Geschöpfe.

Lichtenberg 1968, 254

We thus confront the scene of the chimera, the temptation of or attempt at a chimera in this haunted chateau. Is it an animal, this chimera, an animal that can be defined as one, and only one? Is it more than or other than an animal? Or, as one often says of the chimera, more than one animal in one?

Derrida 2002, 392

Zwischen Wasser und Land lebend, sind Amphibien, wie Frösche und Molche, schon von ihrer »Seinsweise« her Chimären, Mischwesen. Gleichwohl ist nicht der Molch (Triton) als Gegenstand einer natürlichen Tierbeobachtung gemeint, wenn der Entwicklungsphysiologe Hans Spemann (1869-1941) in seinem Aufsatz *Über die Erzeugung tierischer Chimären durch heteroplastische embryonale Transplantation zwischen Triton cristatus und Triton taeniatus* (1921) von Chimären spricht. Spemann transplantierte Gewebe von einer Molchart in eine andere und erzeugte damit künstlich Organismen. Mit der Beschreibung dieser Transplantationsversuche nahm Spemann nicht nur einen Namen aus der antiken Mythologie auf, sondern verweist auf heutige Phantasmen biotechnischer Laboratorien, etwa auf Mäuse, aus deren Rücken menschliche Ohren wachsen. Insbesondere aber auf die Phantasmen der Klonforschung, war es doch ebenfalls Spemann, dem es, wenn auch aus Zufall, erstmalig gelang, in einem Schnürversuch aus einem Molchkeim einen Klon herzustellen. Nicht zuletzt ist die »Chimäre« zu einem Fachbegriff entwicklungsbiologischer Terminologie geworden.

Im Unterschied zu Hybriden, die aus natürlichen Paarungen

Abb. 1: Etruskische Chimäre (Bronzefigur aus Arezzo, Mitte 5. Jahrhundert v. Chr. Antike Sammlung, Florenz) nach Slomann 1967.

entstehen (z. B. das Maultier), entstehen Chimären durch die Fusion von Embryonen unterschiedlicher Artzugehörigkeit. So schuf etwa in den 1980er Jahren eine Forschergruppe eine Chimäre aus Ziege und Schaf, die sogenannte Schiege. Haben Autoren wie Michail Bulgakow in *Hundeherz* oder H. G. Wells in *The Island of Dr. Moreau* um 1900 die experimentelle Erzeugung von Mischwesen literarisch durchgespielt und als Horrorszenarien von Tier-Mensch-Kreuzungen entworfen, sind die Chimären der Laboratorien jedoch keineswegs nur Phantasiewesen. Vielmehr dienen sie, genauso wie die Maschinentiere (→ Ornithopter), als Kernstück der experimentellen Epistemologie. Deren Pointe ist es, in der Erzeugung von Artefakten die Natur des Lebens erforschen zu wollen. Dabei führen nicht erst die transgenen Mäuse der Genetik oder die Möglichkeiten von Xenotransplantationen vor, wie aus Hirngespinsten Realität wird. Es war jenseits aller literarischen Phantastik die

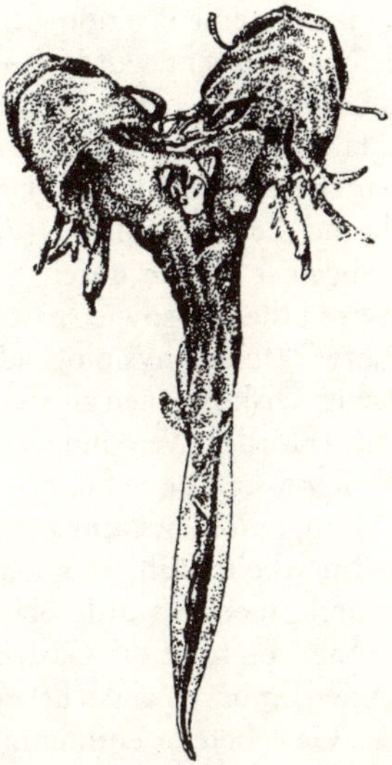

Abb. 2: Molchzwillinge nach Schnürung zwischen den beiden Keimhälften nach Spemann 1923.

gegen Ende des 19. Jahrhunderts einsetzende Entwicklungsphysiologie, die in der künstlichen, das heißt in der experimentellen Erzeugung von Organismen ihren Königsweg zur Erkenntnis der menschlichen Entwicklung entdeckt hat.

Die entscheidende Auseinandersetzung darüber, wie sich die Embryonalentwicklung vollzieht, fand zwischen dem Begründer der Entwicklungsmechanik Wilhelm Roux (1850-1924) und dem Neo-Vitalisten Hans Driesch (1867-1941) statt. Die großen biologischen Konzepte, hier Mechanismus, d. h. Betrachtung des Organismus als Gefüge von Teilen, die physikalischen und chemischen Gesetzmäßigkeiten folgen, dort Vitalismus, d. h. die zusätzliche Annahme einer empirisch nicht nachweisbaren Lebenskraft, standen im Zentrum der Debatte.

Mit Roux' und Drieschs Experimenten und Konzeptionen setzte eine breite Diskussion um Mechanismus und Vitalismus ein, die zu Beginn des 20. Jahrhunderts gleichwohl überwunden werden sollte, insofern eine Position »jenseits von Mechanismus und Vitalismus« gesucht wurde (→ SCHILDKRÖTE): Zwar war die Annahme einer Lebenskraft wissenschaftlich unhaltbar, doch ebenfalls unhaltbar war Roux' mechanistische Position, da die Ganzheitlichkeit des Organismus zu berücksichtigen war. Während die Mechanismus-Vitalismus-Debatte dementsprechend abgelöst wurde durch Konzepte der Gestalt-, Feld- und Systemtheorie sowie später der Kybernetik, widmete sich der Entwicklungsphysiologe Hans Spemann weniger den theoretischen Diskussionen als vielmehr den Experimentalanordnungen. (Horder/Weindling 1986) Im Zentrum von Spemanns umfangreichen Forschungen stand der Molch, insbesondere die Arten *Triton cristatus* und *Triton taeniatus*. Spemann und seine Mitarbeiter führten vor allem Transplantationsexperimente durch, hierbei wurde bei der Gastrula (auf die Furchung des Embryos folgt die Gastrulation, in der die Grundorganisation des Embryos entsteht) eines Embryos der Art *Triton cristatus* Gewebeteile entnommen und bei einer Gastrula eines Embryos von *Triton taeniatus* eingesetzt. Auf diese Weise konnte beobachtet werden, wie das transplantierte Stück einen zweiten Teilembryo erzeugte. Das transplantierte Gewebe entstammte einer bestimmten Region der Gastrula, dem Urmund (Blasoporus), das ist eine Einstülpung an der dorsalen (nach dem Rücken zu gelegenen) Oberfläche des Molchembryos, was Spemann als »Organisationszentrum« bzw. »Organisator« bezeichnete, da dieses Gewebestück die Entwicklung des benachbarten Gewebes des anderen Embryos steuert, »induziert«. Damit war am Beispiel der Molchchimäre erstmals die Interaktion zwischen Zellen in der Embryonalentwicklung geklärt worden. (Wolpert 1999, 9)

Diese Transplantationsexperimente aber, die zu Spemanns Formulierung der noch in heutigen Lehrbüchern angeführten »Organisator-Theorie« führten, hatte nicht Spemann selbst, sondern seine Schülerin Hilde Mangold durchgeführt. 1924 erschien unter der Autorenangabe »Hans Spemann und Hilde Mangold (geb. Pröscholdt)« ein Artikel mit dem Titel *Über Induktion von Embryonalanlagen durch Implantation artfremder Organisatoren* in dem zu dieser Zeit wichtigsten

Publikationsorgan für Arbeiten aus dem Bereich der Entwicklungsforschung, dem *Archiv für Entwicklungsmechanik*. Vorausgegangen waren dem Aufsatz bereits verschiedene Veröffentlichungen; so waren die Ergebnisse der von Hilde Mangold durchgeführten Versuche von Spemann in einem Nachtrag eines Aufsatzes mitgeteilt (Spemann 1921) sowie die experimentellen Techniken erläutert worden (Spemann 1920). Gegenstand des Artikels von 1924 bildeten die Versuche, die Mangold für ihre Doktorarbeit durchgeführt hatte. Die Form der Veröffentlichung der Arbeit Mangolds war insofern außergewöhnlich, als Spemanns Doktoranden Johannes Holtfreter und Viktor Hamburger bei der Publikation ihrer Thesen als alleinige Autoren erschienen, während in Mangolds Fall der Doktorvater Spemann seinen Namen vor ihren setzte. Nach Ansicht Viktor Hamburgers habe Spemann damit völlig richtig gehandelt, denn, so Hamburger, »she apparently did not fully realize the significance of her results.« (Hamburger 1988, 180) Doch die Bedeutung der Ergebnisse erkennen die Experimentatoren, wie der Wissenschaftstheoretiker Ludwig Fleck ausführte, meist erst hinterher – wozu Mangold keine Möglichkeit hatte: Sie kam 1924 mit 26 Jahren bei der Explosion eines Gasofens in ihrer Küche um.

Die Fragestellung der Organisator-Versuche ergab sich aus dem von Spemann in *Über die Erzeugung tierischer Chimären durch heteroplastische embryonale Transplantation zwischen Triton cristatus und Triton taeniatus* geschilderten Grundversuch (Spemann 1921, 533 f.): Bei der Entwicklung eines Triton-Keimes ist zu Beginn der Gastrulation das sogenannte Ektoderm (aus diesem entstehen später Epidermis und ihre Derivate, z. B. Drüsen, Federn, Haare, Nervenssystem, Sinnesgewebe u. a.) noch indifferent. Das heißt, der Teil des Ektoderms, aus dem die Medullarplatte hervorgehen wird, und der Teil, welcher die Epidermis bilden wird, sind austauschbar. (→ Polyp) Schneidet man entsprechende Stücke aus dem Keim heraus und vertauscht sie, so entwickeln sich die ausgetauschten Stücke »ortsgemäß«, das heißt aus dem Teil, der später die Epidermis bilden würde, bildet sich die Medullarplatte und später Gehirn und Rückenmark, aus dem anderen Teil bildet

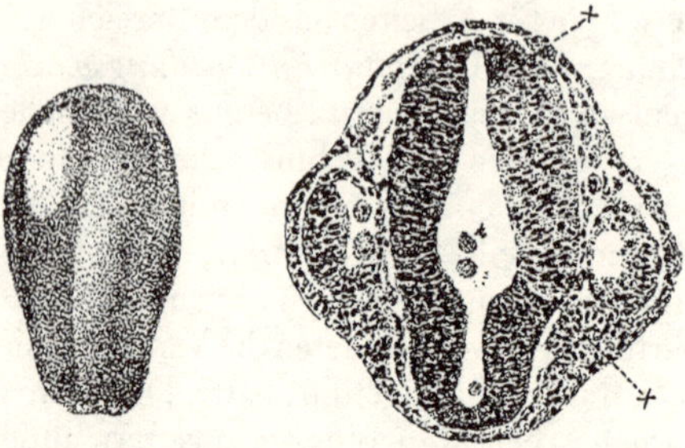

Abb. 3: *Triton taeniatus*-Keim mit einem Stück weißen Gewebes von *Triton cristatus* links vorne in der Medullarplatte (links) und später mit einem Stück *cristatus*-Hirn (rechts) nach Spemann 1923.

sich entsprechend Epidermis. Die ausgetauschten Teile fügen sich in das neue Ganze so ein, daß sie nur bei stark unterschiedlicher Farbe für eine gewisse Zeitspanne zu erkennen sind. Die folgenden Versuche Spemanns und seiner Mitarbeiter sind Variationen dieses Grundversuchs: Zum Beispiel stellt sich die Frage, ob ein solcher Austausch auch bei verschiedenem Alter der Keimteile möglich ist, ob bei Transplantationen zwischen Mesoderm und Entoderm die gleichen Ergebnisse folgen oder ob der Versuch auch funktioniert, wenn der Materialtausch zwischen zwei verschiedenen Tierarten erfolgt. Besonders die letztere Versuchsanordnung erwies sich als bedeutsam, da die Keime der beiden Molcharten *Triton taeniatus* und *Triton cristatus* unterschiedliche Färbungen aufweisen, so daß die Entwicklung der ausgetauschten Stücke leicht beobachtbar blieb. Weiterhin war von Vorteil, daß, wenn ein Organ, z. B. ein Bein, aus Keimteilen unterschiedlicher Herkunft aufgebaut wird, auf den »Formbildungswert« der unterschiedlichen Teile geschlossen werden konnte.

Auf diese Weise folgten aus dem Grundversuch immer weitere Experimentalanordnungen, für welche die Frage leitend war, *welche Faktoren auf welche Weise die Entwicklung der transplantierten Stücke bestimmen*, das heißt, »ob oder wie weit die determinierende Wirkung der Umgebung auf das relativ indifferente Keimmaterial eine direkt bestimmende oder eine nur auslösende ist.« (Spemann 1921, 567) – Spemann vermutete letzteres, demnach wäre die Entwicklungsrichtung durch die Anlagen des jeweiligen Materials vorgegeben und die Umgebung hätte nur eine auslösende Wirkung. Genau diese angestellte Vermutung wurde für Spemann zur Gewißheit, wie er in einem Nachtrag zu diesem Aufsatz schrieb, und zwar durch die von Hilde Mangold (geb. Pröscholdt) ausgeführten Versuche. Mangold hatte die obere Urmundlippe von *Triton cristatus* in die Gastrula von *Triton taeniatus* eingepflanzt. Dieser neue Keim bildete nun zwei Medullarplatten, einmal die normale, die sich vom normalen Organisationszentrum aus gebildet hatte, zum anderen eine weitere, die von dem eingepflanzten Stück des fremden Organisationszentrums aus gebildet wurde: *Induziert* durch das Implantat war eine sekundäre Embryonalanlage entstanden. Aufgrund der Farbunterschiede der Keime konnten die beiden Medullarplatten ohne Zweifel voneinander unterschieden werden. Dieser von Mangold ausgeführte Versuch war von immenser Bedeutung, führte Spemann doch auf dessen Basis den Begriff des Organisators ein: »Ein solches Stück eines Organisationszentrums kann man kurz einen ›Organisator‹ nennen; er schafft sich in dem indifferenten Material, in dem er liegt oder in welches er künstlich verpflanzt wird, ein ›Organisationsfeld‹ von bestimmter Richtung und Ausdehnung.« (Spemann 1921, 568) Wie die Versuche von Mangold gezeigt haben, induziert dieser »Organisator« nicht nur den nächsten Entwicklungsschritt, sondern indifferentes Gewebe wird durch diesen zu organisierendem Gewebe transformiert, so daß aus dem eingepflanzten Stück Epidermis eine Medullarplatte entsteht, aus der die primären Augenblasen entstehen, welche ihrerseits in der ihnen benachbarten Epidermis die Bildung einer Linse von bestimmter Größe und Struktur induzieren. Damit bestätigt sich, daß die Umgebung des eingepflanzten Materials auslösende Wirkung hat, die »nötige Instruktion bringen die Zellen schon als Anlage mit.« (Spemann 1921, 569)

Mit den Versuchen von Mangold und den Schlußfolgerungen Spemanns sind die Voraussetzungen für den Artikel *Über Induktion von Embryonalanlagen durch Implantation art-*

fremder Organisatoren gegeben, der sich vor allem der Analyse des Organisationszentrums widmete, eines Keimbereichs, der »den übrigen Teilen in der Determination vorangeeilt ist und nun selbst determinierende Wirkungen bestimmten Betrages in bestimmten Richtungen ausgehen läßt«. (Spemann/Mangold 1924, 600) Das Organisationszentrum bezeichnet dabei denjenigen Keimbezirk, »in welchem die Organisatoren in einem gegebenen Stadium beisammen liegen, nicht etwa ein Zentrum, von dem aus die Entwicklung geleitet wird.« (Spemann/Mangold 1924, 636f.) Nicht zuletzt ist es eine sprachliche Unterscheidung, nämlich die von *Organisator* und *Determinator*, die entscheidend für die Einschätzung der Entwicklungsprozesse ist: Denn der Begriff Organisator soll zum Ausdruck bringen, daß die von diesen Teilen ausgehende Wirkung »all jene rätselhaften Eigentümlichkeiten besitzt, welche uns eben nur aus der belebten Natur bekannt sind.« (Spemann/Mangold 1924, 637) Spemann führt somit weder einen metaphysischen Begriff ein wie Hans Driesch noch reduziert er organische Vorgänge auf physikalische und chemische Gesetzmäßigkeiten wie Wilhelm Roux, sondern er unterscheidet Leben von Nicht-Leben, Biologie von Physik und Chemie aufgrund der Spezifität der Prozesse. Spemanns Position ›jenseits von Vitalismus und Mechanismus‹ stellt damit den Begriff der *Organisation* gegen den der *Determination*. Gleichwohl bewegt sich Spemann auf einem schmalen Grat, denn die Frage nach dem Verhältnis der Teile und des Ganzen scheint auch er nicht restlos materialistisch auflösen zu ›wollen‹. (Zum Ganzheitsdenken in der Biologie vgl. Harrington 2002) So schreibt er auf den letzten Seiten seiner Monographie *Experimentelle Beiträge zu einer Theorie der Entwicklung* (1936):

Immer wieder sind Ausdrücke gebraucht worden, welche keine physikalischen, sondern psychologische Analogien bezeichnen. Daß dies geschah, soll mehr bedeuten als ein poetisches Bild. Es soll damit gesagt werden, daß die ortsgemäße Reaktion eines mit den verschiedensten Potenzen begabten Keimstückes in einem embryonalen »Feld«, sein Verhalten in einer bestimmten »Situation«, keine gewöhnlichen, einfachen oder komplizierten chemischen Reaktionen sind. Es soll heißen, daß diese Entwicklungsprozesse, wie alle vitalen Vorgänge, mögen sie sich einst in chemische und physikalische Vorgänge auflösen, sich aus ihnen aufbauen lassen oder nicht, in der Art ihrer Verknüpfung von allem uns Bekannten mit nichts so viel Ähnlichkeit haben wie mit denjenigen vitalen Vorgängen, von welchen wir die intimsten Kenntnisse besitzen, den psychischen. Es soll heißen, daß wir uns, ganz abgesehen von allen philosophischen Folgerungen, lediglich im Interesse des Fortschritts unserer konkreten, exakt zu begründenden Kenntnisse diesen Vorteil unserer Stellung zwischen den beiden Welten nicht sollten entgehen lassen. (Spemann 1968, 278)

Die Identität von psychischen und physischen Vorgängen bzw. die Beschreibung physischer Vorgänge durch psychische Kategorien erweist sich als eine heuristisch angesetzte Analogie, die zu einem ontologischen Phänomen hypostasiert wird: Die rhetorische Rede des Biologen dient nicht der Erkenntniserweiterung, sondern vielmehr der Erkenntniskonstruktion. Erst nachträglich, am Ende der dargestellten Experimente, führt Spemann aus, daß es nicht nur um Biologie, sondern um einen »dritten« Bereich gehe, letztlich um eine dritte Kultur, für die niemand anderes als der Biologe die Deutungshoheit einnehmen soll, darf doch der »Vorteil unserer Stellung zwischen den beiden Welten« auf keinen Fall aufgegeben werden – eine Argumentation, die auch heute wieder vertreten wird. (Brockman 1996) Damit vollzieht Spemann konzeptuell das nach, was er schon experimentell getan hatte: die Erzeugung eines künstlichen Wesens durch die Kombination heterogener Elemente. Wie der Molch ist Spemanns dritte Kultur eine Chimäre, ein künstlich erzeugtes Mischwesen, das zugleich ein Trugbild ist.

Der Titelausdruck und Fachbegriff »Chimäre« faßt die epistemische Funktion künstlich hergestellter Mischwesen. Spemanns und Mangolds Molchchimären haben zahlreiche Arbeiten der Entwicklungsbiologie induziert. Über die Geschichte dieser Disziplin hinaus entwarf Spemann die Imagination einer dritten Kultur, ein Mischwesen aus Biologie und Philosophie, bei dem offensichtlich die Biologie den führenden Kopf darstellen soll. Weiterhin verdeutlich die Metaphorik der Chimäre das Problem der Autorschaft von Spemann und Mangold, genauer gesagt, die Vergabe des Nobelpreises für Physiologie und Medizin an Hans Spemann (1935) für die, so die Begründung,

»Entdeckung des Organisator-Effekts im embryonalen Entwicklungsstadium«. Denn die Versuche, mit denen die beiden den Organisator-Effekt im embryonalen Entwicklungsstadium »entdeckt« haben, handeln doch von nichts anderem als der Transplantation fremden Gewebes in einen anderen Organismus. Resultate sind Chimären, Mischwesen zwischen zwei Tierarten, die Fremdes und Eigenes zu einem neuen Ganzen vereinigen, wobei der Anteil des Fremden sichtbar sein muß, da ohne Unterscheidung von eigen und fremd die Experimente keine Resultate hätten: Die Unterscheidung der Herkunft der Gewebe war fundamental für die Entdeckung des Organisators. Doch was im Falle des biologischen Gewebes entscheidend war, fiel, trotz derselben etymologischen Herkunft, auf der Ebene des Textes, des schriftlichen Gewebes, weg – der Anteil Mangolds war dem Nobelpreis-Komitee nicht mehr sichtbar, und schließlich erhalten ohnehin nur lebende Personen diese Auszeichnung.

Ein solches institutionell zwar legitimiertes, doch im Ausschluß der weiblichen Autorschaft signifikantes »Vergessen« sollte sich bei einer der bedeutendsten Entdeckungen des 20. Jahrhunderts wiederholen, der Entdeckung der Doppel-Helix-Struktur der Desoxyribonukleinsäure (DNS). Denn hier erhielten gleich drei Männer, Francis Crick, James Watson und Maurice Wilkins, den Nobelpreis, leer ging dabei Rosalind Franklin (1921-1958) aus. Die Spezialistin für Röntgenkristallographie, die seit 1951 an dem von Wilkins geleiteten Forschungsprogramm über die DNS mitarbeitete, hatte aus Röntgenaufnahmen der DNS auf deren spiralförmige Struktur geschlossen, doch diese Ergebnisse erst nach der berühmten Publikation von Crick und Watson veröffentlicht. Wie Hilde Mangold erlebte auch Franklin nicht mehr die Vergabe des Nobelpreises, sie starb 1958, mit 37 Jahren, an Krebs – die »Chimäre« aber lebt als institutionalisierter Männerkörper weiter.

B. B.

Ornithopter

> Wohl ist der Vogel ein starkes Tier, und sein Flugapparat ist mit Muskeln ausgestattet, wie wenig andere Bewegungsorgane in der Tierwelt; dass jedoch Kraftleistungen von den Vögeln ausgeübt werden können, wie zuletzt berechnet, und wonach der Storch schon eine Pferdekraft gebraucht, ist unwahrscheinlich und nach dem, was wir über die Eigenschaften der Muskelsubstanz wissen, als unmöglich anzusehen.
>
> *Lilienthal 2003, 26f.*

Wie kaum eine andere Bewegungsform konnte sich das Fliegen einer diffusen Aufmerksamkeit immer schon sicher sein. Ständig hält das natürliche Fortbewegungsverhalten vor allem der Vögel dem Menschen seine Bodenhaftung vor Augen. Als eine dromologische Kränkung liegt die Flugunfähigkeit über dem Verkehrswegeplan der menschlichen Kultur. »Unser Kulturleben krankt daran, dass es sich nur an der Erdoberfläche abspielt« (Lilienthal 1889, ohne Pag.) – so lautet die Einschätzung Otto Lilienthals aus dem Jahr 1889, der mit dem Fliegen eine Neuordnung territorialer Verhältnisse und schlußendlich den ewigen Frieden nahen sieht. Auf die Kränkung durch sein natürliches Unvermögen reagiert der Mensch mit einer ganzen Reihe technischer Verfahren zu dessen Überwindung. Der Einsatz ist entsprechend hoch, und so steht am Ende vieler Episoden buchstäblich der Absturz. Im Gegensatz zu Versuchen, das Fliegen an hölzerne Tauben oder andere Flugobjekte zu delegieren, sind Flugpioniere wie Ikarus oder Otto Lilienthal ganz ohne Stellvertretung vom Fliegen zum Tode gekommen. Es ist also kein Wunder, daß um den Flug ein sonderbarer Kreis von Sachbearbeitern geschart ist, der von Phantasten und obskuren Projektemachern bis hin zu weniger obskuren Physikern und ausgesprochen pragmatischen Technikern reicht. Wie die Herstellung von Gold, wie das unablässige Ersinnen eines *perpetuum mobile* ist das Fliegen ein Unterfangen, das lange im Zeichen eines Geheimnisses stand, dessen Lüftung den umtrie-

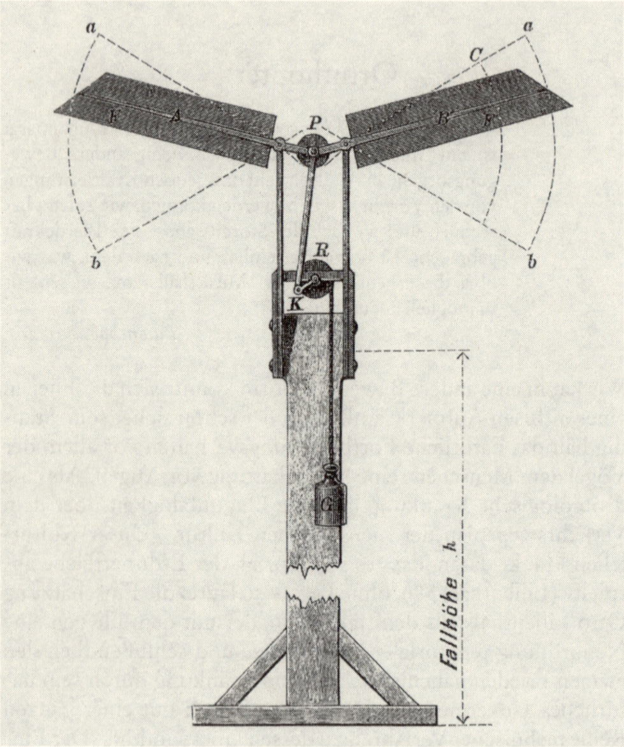

Abb. 1: Modell nach Lilienthal 1889.

bigen Projektemachern vorbehalten bleiben sollte. Diesen Vertretern aus dem inventiösen Geschäft beschert das Fliegen scheinbar gegen alle Veränderungen in der Zeit einen Gegenstand, der den Begriff des Projektes überhaupt erst inhaltlich zu füllen vermochte.

Um der besonderen Phantasmatik einer Erfindungsgeschichte vom Fliegen nachzugehen, muß man aber gar nicht die lange Kulturgeschichte projektierter oder tatsächlich unternommener, geglückter oder verunglückter Flugversuche, die

Abb. 2: Flugsilhouetten nach Lilienthal 1889.

Tragödien um gebrochene Flügel oder gebrochene Knochen zum Gegenstand nehmen und in ihrer langen Abfolge rekonstruieren. Eine Miniatur aus dem letzten Jahrhundert läßt auf ganz eigenwillige Weise den Sachstand der Aviatik sichtbar werden und mit diesem eine explizit ihr zugehörige Kunst der Erfindung. Weil solche Miniaturen des Wissens in Raum und Zeit verortet sind, führt der Blick zu entsprechenden Koordinaten und das heißt in diesem Fall nach Breslau in das Weltkriegsjahr 1940. Dort veranstaltet vom 30. November bis zum 1. Dezember das NS-Fliegerkorps seinen zweiten Reichswettbewerb für Saalflugmodelle. Zum neuen Star am Saalflugmodellbauhimmel wird Erich von Holst erkoren und, wie auf solchen Veranstaltungen üblich, auch eigens mit einem Preis für seine in Breslau vorgeführten Modelle vom Typ des künstlichen Vogels (Ornithopter) und der Libelle bedacht. Letztere

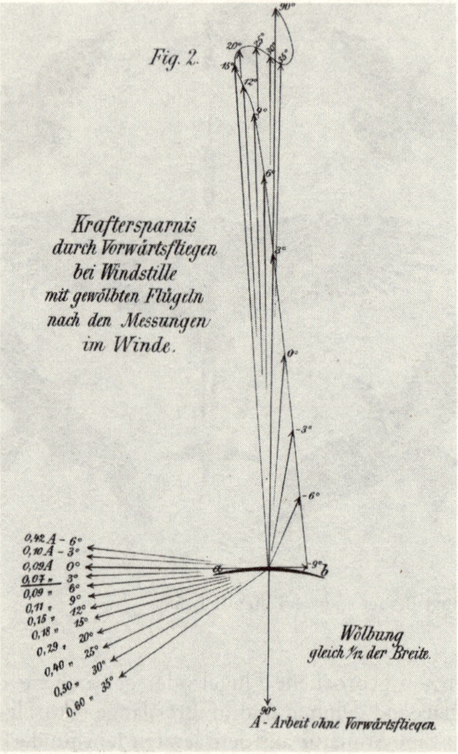

Abb. 3: Kraftmessungen nach Lilienthal 1889.

erreichte »mit 44 Flugsekunden die zweitbeste Zeit ihrer Flugmodellklasse«. (von Holst 1940, 24) Der Weg des Biologen aus der akademischen Beschäftigung mit allen nur denkbaren Aspekten tierischen Verhaltens in die Wirklichkeit des Saalflugmodellbaues wird von Holst zum Anlaß, die Erfindungsgeschichte des Fliegens selbst Thema werden zu lassen. Ausgerechnet in einer Stellungnahme zur öffentlichen Resonanz auf seinen Auftritt beim Reichswettbewerb wird unverhohlen deutlich, wie sehr gerade im Fall des Fliegens das bunte Ge-

154 *I. Tierflug*

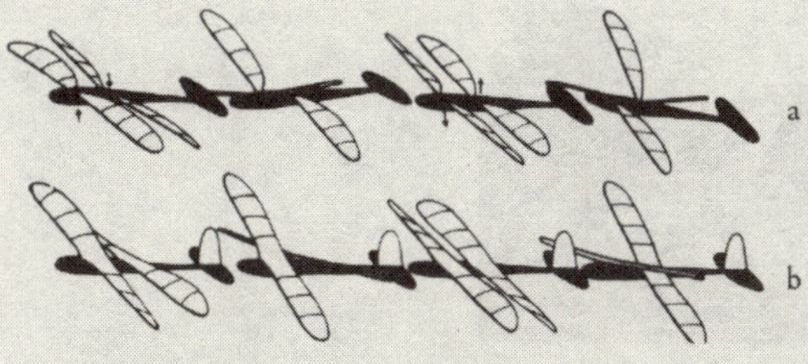

Abb. 16 Skizzen nach Filmen von »künstlichen Libellen«. a Die Flügelbewegung erfolgt wie bei der natürlichen Libelle, es tritt dabei ein periodisches Kippmoment auf (angedeutet durch die an der Flügelwurzel eingezeichneten Pfeile), wodurch der Schwanz auf- und abwackelt. b Die Flügel bewegen sich über Kreuz; dabei wird das Kippmoment, das die Flügel der rechten Seite erzeugen, durch die entgegengesetzt bewegten linken Flügel aufgehoben.

Abb. 4: Libelle nach von Holst 1970.

schäft der Projektemacherei aufgehört hat, aufzuhören – parallel zu allen gleichlaufenden Bemühungen um eine höchstgradige Professionalisierung des Flugwesens.

Seit der Verfasser 1940 auf einem Reichswettbewerb für Saalflugmodelle verschiedene ›Vögel‹ und ›Libellen‹ vorführte, über deren Erfolge durch die Presse des In- und Auslands (z. T. übertrieben) berichtet wurde, hat er eine Menge von Zuschriften mannigfacher Art erhalten, die zeigen, wie lebendig die Idee des menschlichen Schwingenflugs – trotz aller Flugtechnik – auch heute noch allenthalben ist; von Patentanpreisungen und Unterstützungsanforderungen angeblich gleichlaufender Bestrebungen angefangen über mehr oder wenig naive ›Erfindungen‹ und ›Berechnungen‹ bis hinauf zu teils an gewisse Bedingungen geknüpften, teils aber völlig uneigennützigen Geldangeboten ist die ganze bunte Skala menschlicher Einstellungen zu diesem Problem hier vertreten. (von Holst 1970, 87)

Es bedarf keiner besonders ausgeklügelten Phantasie, um von der Veranstaltung in Breslau und ihrem Umfeld ein Bild zu gewinnen. Versammelt waren dort Flughobbyisten unterschiedlicher Couleur, die aus der erhofften Weltkriegsrelevanz ihrer Modelle kaum einen Hehl machten und umgekehrt ihr Steckenpferd daher eben gerade nicht als ein solches, sondern

Über »künstliche Vögel« 123

Abb. 13 4 weitere Aufnahmen des fliegenden »Vogels«; a und b Flügelaufschlag, starke Verdrehung des ganzen Flügels nach oben und geringe Verwindung (b); c und d unterer Umkehrpunkt, von hinten (c) und von seitlich-unten (d) gesehen keine Verwindung des Flügels. Der Vogel befindet sich überall in einer Linkskurve.

Abb. 5: Künstliche Vögel nach von Holst 1970.

im Fahrwasser von Hitlers Wunderwaffenwahnsinn schwimmen oder fliegen sahen. Dementsprechend war das Setting: eine Jugend, die im großen Stil zu irgendwelchen aviatischen Kleinstteiligkeiten forschungsverpflichtet wird, Anreize von seiten der Politik und nicht zuletzt eine eigens gegründete Zeitschrift namens *Luftfahrt und Schule*, die in ihrem Selbstverständnis *zur Förderung der Luftfahrt und des Luftschutzes an deutschen Schulen* für sämtliche flugtechnischen Anliegen ein Forum bereitstellt. In Zusammenarbeit mit dem Reichsministerium für Wissenschaft, Erziehung und Volksbildung und dem Reichsluftfahrtministerium wird so eine Plattform geschaffen, auf der jedes noch so unscheinbare Detail mit entsprechender Wichtigkeit dem deutschen Flugwesen als dem großen Ganzen zugeführt wird. In Anregungen wie in eigens ausgelobten Preisen, mit denen besondere Leistungen entsprechend honoriert werden, manifestieren sich freiwillige Allianzen um die Belange der Flugphysik. So wird in jener Ausgabe der Zeitschrift vom Dezember 1940, die auch einen Beitrag von Holsts unter dem Titel *Tierflug und Modellflug. Sinn und Bedeutung des Vollschwingen-Flugmodellbaus* zum Abdruck bringt, ein Ludwig-Prandtl-Preis ausgelobt – ein Preis, der mit dem Namen des berühmten Aerodynamikers das vermeintliche Hobby an die Welt der Strömungsphysik, ihrer Institutionen und ihrer Sachbearbeiter anbindet. Prandtl, der in Deutschland 1908 den ersten Windkanal baute, war von 1925-1946 Direktor des Kaiser-Wilhelm-Instituts für Strömungsforschung in Göttingen – zu jener Zeit also, in der von Holst, ebenfalls in Göttingen, seine Verhaltensphysiologie an Tieren betrieb. Gemeinsam mit Dietrich Küchemann, einem weiteren Aerodynamik-Spezialisten, dem die Welt nach dem Zweiten Weltkrieg, nach Expatriierung und vom englischen Farnborough aus die Form des Überschallflugzeuges Concorde verdankt, hat von Holst in dieser Zeit zum Teil ausgesprochen spezialistische Untersuchungen über die Flugbiophysik von Vögeln und Insekten unternommen. Seine Überzeugung, daß ein Verständnis des Fliegens nur in der Engführung mit Disziplinen wie der Physik eine Chance hat, kommt in den gemeinsamen Publikationen mit großer Selbstverständlichkeit zum Ausdruck. Weil Physik die Phantasterei bannen soll, gelingt der Schulterschluß von Verhaltensphysiologie und Strömungsforschung. Wie in einem Beitrag *Freiwillige Arbeitsgemeinschaften für Flugphysik an Gymnasien* der Zeitschrift *Luftfahrt und Schule* zu lesen, ist es dieser Sachstand, der dem Modellflug seine besondere Aufmerksamkeit beschert.

Der Flugmodellbau und der Modellflug – durch den Luftfahrterlaß vom 30. 12. 1939 in ihrer Bedeutung für die Hinlenkung der Jugend auf die Luftfahrt erneut betont und trotz des Krieges besonders durch Ausbildung der Lehrer, Zuweisung von Reichsmitteln für die Beschaffung von Werkzeugen und Werkstoffen gefördert – haben einen besonders wichtigen Anteil an der Gesamtdurchdringung unserer Jugend mit dem Luftfahrtgedanken. Flugmodellbau und Modellflug aber ohne Kenntnis der hierfür geltenden flugphysikalischen Gesetze sind undenkbar. (Helbig 1940, 21)

Abb. 6: Düsentreibflügler nach von Holst 1970.

Doch was das Zeug zu einer Weltkriegsgeschichte der Aviatik (und eben auch zu einem entsprechend häufig benutzten Narrativ) hat, ist zugleich eine – sehr viel abstraktere – Geschichte über die Rolle des Modells in den Wissenschaften. Als solche jedenfalls wird sie Erich von Holst erzählen und damit auf eigenwillige Weise den Anlaß seines Auftritts in Breslau in den Hintergrund rücken. Was er neben all den phantastischen Details über die Erfindungsgeschichte des Fliegens nachzeichnet, ist eine Verschiebung in der Ordnung disziplinärer Zuständigkeiten. Der Vogelflug als Königin aller Bewegungsarten gelangt von der intuitiven Kenntnis des beobachtenden Ornithologen zur Aerodynamik, zu den Windkanälen und damit zu Wissenschaften wie der Strömungslehre, zu Details wie dem Wissen um die Grenzschicht, der Reynolds-Zahl, einer Theorie quasistationärer Zustände und vielem anderen mehr. Mit dieser Verschiebung der Zuständigkeiten gehen Veränderungen in der

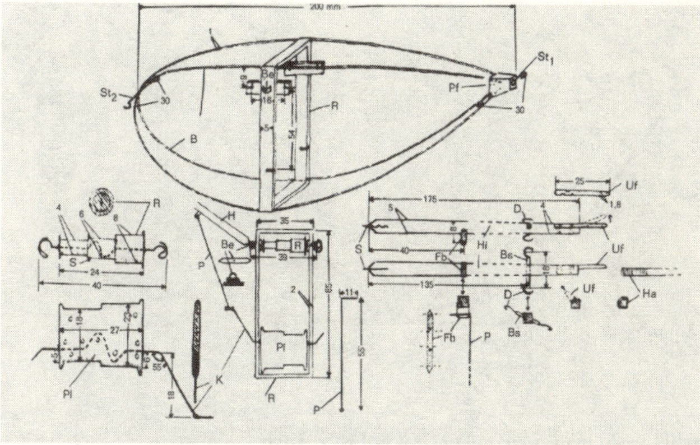

Abb. 7: Detailskizze nach von Holst 1970.

Methodik einher, die 1943 den Gegenstand einer eigenen Abhandlung *Über ›künstliche Vögel‹ als Mittel zum Studium des Vogelflugs* bilden. An die Stelle bloßer und im Fall des Fliegens auch noch unter Einsatz der Hochfrequenzkinematographie ausgesprochen schwieriger Beobachtung tritt ein systematisch betriebener Modellbau, der so ganz anders daherkommt, als es vor dem Hintergrund irgendwelcher Saalflugmodellwettbewerbe den Anschein hat.

Das Argument ist zunächst erwartbar: Zum einen hat das Modell den Vorteil, daß man es mühelos in den Windkanal hängen kann; zum anderen gelingt am Modell die kontrollierte Variation einzelner Parameter, die im Fall des tierischen Fluges eben nur in einer diffusen Ganzheit vorliegen – so sind etwa »Schlagamplitude, Anstellwinkeländerung und Verwindung der Flügel variabel und beliebig einstellbar«. (Küchemann, von Holst 1941, 280) Es ist gerade dieses Argument der Ganzheit, das von Holst bei aller Bekenntnis zur Isolierung einzelner Faktoren, zu ihrer zum Teil aufwendigen Messung und mathematischen Formalisierung zurückbindet an Zugangsweisen, die ausgesprochen intuitiv oder naiv wirken. Er redet damit einer Kooperation unterschiedlicher Zugangsweisen das Wort. Den

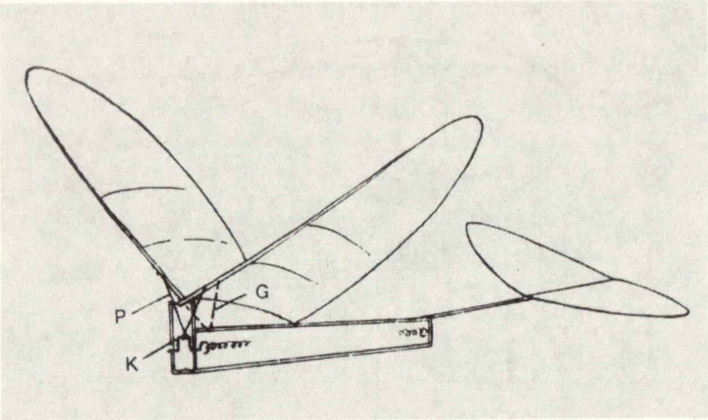

Abb. 8: Negativbeispiel nach von Holst 1970.

gegenseitigen Ausschluß der Wissenschaftskulturen, der so wirkmächtig die Ordnung des Wissens bestimmt, erklärt er wie nebenbei zu einem lediglich psychologisch motivierten Vorurteil, an das er sich selbst keineswegs zu halten gedenkt. Dabei wird ihm das Modell zur Grenzscheide gegenüber dem bloßen Projektemachen: Zeitgenössischen Vertretern des Flugwesens, denen die Aerodynamik als ignorierbare Irrlehre gilt und die immer noch unter Mißachtung der unterschiedlichen Physiologie von Mensch und Tier dem Phantasma eines menschlichen Schwingenflugs aus eigener Muskelkraft nachhängen, begegnet er mit unverhaltener Ironie. Wieder ruft von Holst mit der Liste ins Feld geführter Entschuldigungen die diffuse Erfindungsgeschichte des Fliegens auf – »daß der Autor nur darum selbst noch nicht fliegt, weil das Flugzeug oder Flugmodell unglücklicherweise beim ersten Start zu Bruch ging oder weil ein wesentlicher Bauteil leider nicht zu beschaffen ist oder es im Augenblick am Geld fehlt usw.« (von Holst 1970, 86f.) Gegen Ausflüchte einer papierenen Phantasie empfiehlt von Holst das Flugmodell als zwingendes Überzeugungsmittel.

Modell und Organismus schließen dabei einen Regelkreis, an dessen Ende ein Verständnis der tierischen Bewegung liegt und auf dessen Weg eine ständige Bereitschaft zur Preisgabe realer

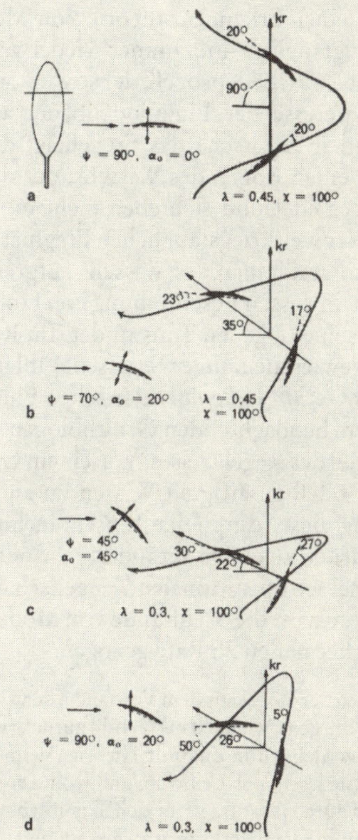

Abb. 33 Aufzeichnung der Flugrichtung und der Bahnkurve eines Flügelschnittes (siehe Flügel oben links), mit Eintragung der Flügelstellung beim Auf- und Abschlag für die jeweils durch besten Schubwirkungsgrad ausgezeichnete Bewegungsform bei vier verschiedenen Stellungen von Schwingebene und Flügel zur Anströmung (vgl. die links beigefügten Skizzen). Bei a und b beträgt der Schubwirkungsgrad $\eta_s = 0{,}46$, bei c $\eta_s = 0{,}28$, bei d $\eta_s = 0{,}22$. Die Neigung der Flugbahn zur Horizontalen und die jeweiligen effektiven Anblaswinkel sind eingezeichnet, *kr* = Richtung der resultierenden Luftkraft.

Abb. 9: Details nach von Holst 1970.

Modelle ebenso führt wie ein Überschreiten verfestigter Wissenschaftskulturen. Von Holsts Umgang mit dem Modell hat eine eigenwillige Systematik: Es ist, als ob er der *virtuellen Zeugenschaft* etwas an die Seite stellt, was man operationale Zeugenschaft nennen könnte. (→ SEEIGEL) Diese scheint mit einer eigenartigen Appellstruktur verbunden zu sein – am Modell soll die Eigenlogik der tierischen Bewegung ihre Bestätigung oder eben ihre Verwerfung finden. Nicht die Bastelei und deren stetige Optimierung stehen dabei im Vordergrund, sondern ein systematisches Interesse an einer Erkenntnistheorie von Modellen, die, auch wenn sie flugtauglich sind, immer wieder verworfen werden. Die Folge ist ein Arbeitsprozeß, der so ganz anders angelegt ist als das Interesse der Flugmodellbauer am kleinen Glück ihrer fliegenden Gerätschaften. So schlägt der Text über künstliche Vögel einen Bogen des Wissens, der das ganze Geschehen reflexiv begleitet und sich eben nicht in irgendeiner hobbyistischen oder weltkriegstauglichen Pragmatik erschöpft: einen Bogen, der Paradigmen des Wissens aufgreift und durchläuft, einen Bogen, in dessen Beschreibung von Holst sehr selbstbewußt den Ort seines eigenen Tuns findet. Im Regelkreis finden sogar unausgewiesene Dinge wie das Gefühl ihren legitimen Ort – jenes *im Gefühl haben* der tierischen Flugbewegung, das von Holst dem beobachtenden Ornithologen so explizit attestiert, ist selbst Teil des Regelkreises. Von einem Gefühl zu einem durch das Modell gesättigten Wissen zu einer Theorie zu einer Bestätigung dieser durch den Einsatz technischer Medien und wieder zurück zu einem veränderten Modell – so verlaufen die Spiralen seiner operationalen Zeugenschaft. Ob eine Theorie stimmt, dafür wird die Sachkunde von Modellen wie die von Vögeln gleichermaßen zu Rate gezogen.

> Nur so bekommen wir das Fliegen der Vögel aus dem Verstande, der, sich selbst überlassen, oft krumme Wege geht, wirklich ins Gefühl zurück (wo es m. E. hingehört), und nur so werden wir in Zukunft Theorien vermeiden, die einem Vogel, könnte er sie lesen, nur Leibweh, und wollte er sie sogar befolgen, den sicheren Tod durch Absturz verursachen müßten. Da ist es vielleicht doch besser, erst zum Handwerkszeug zu greifen und seinen eigenen Vogel solange in praxi zu Tode zu stürzen, bis man vor lauter Ärger über die dauernden Knochenbrüche sich schließlich zur Aufgabe seiner Theorie bequemt – und eine aufbaut, die den Dingen besser gerecht wird. (von Holst 1970, 131)

Von Holst stellt das Modell gegen jenes Paradigma einer Naturnachahmung, das so lange gerade für das Fliegen forschungsleitend war. Es ist, als ob gerade die Nachahmung der Projektemacherei Vorschub geleistet hätte – mit der Konsequenz, daß »der tierische Flug und seine Nachahmung ein Lieblingsthema gewisser Schwärmer und Dilettanten wurde; ein Gebiet, wo man viel schrieb, aber wenig exakt forschte und kaum technisch einwandfrei arbeitete.« (von Holst 1940, 24) Aber es steckt noch etwas anderes hinter der Nachahmung – eine grundlegende Differenz in der Physiologie zwischen Menschen und Tieren, die das alte Paradigma vom Muskelantrieb beweglicher Schwingen, oder, in von Holsts Formulierung, vom *menschlichen Kraftflug ohne Motor*, hat scheitern lassen müssen. Bei der Orientierung am Modell wird anders verfahren. Nicht die Mimesis an eine schwer zugängliche Ganzheit, sondern die Kenntnis von Details steht im Mittelpunkt – nicht zuletzt für eine immer weiter fortschreitende Heuristik. Wie von Holst schreibt, geht es ihm darum, »die heuristische Rolle konkreter Modellkonstruktionen in der fortschreitenden Erkenntnis eines Funktionszusammenhanges deutlich zu machen.« Damit stellt von Holst der *papierenen Theorie* der Projektemacher in Form des Modells eine *fleischgewordene Arbeitshypothese* entgegen. Es ist diese Arbeitshypothese, die beim Reichswettbewerb in Breslau so sehr zu Ehren kommen sollte, daß sie eigens mit einem Preis bedacht wurde. (von Holst 1970, 86)

Zugleich unterläuft er ein zentrales forschungsleitendes Vorurteil, das wie ein Damoklesschwert selbst noch über dem Flughimmel hängt. »Die häufige Beobachtung, daß mit niederen Systemzusammenhängen beschäftigte Forscher die Analyse höherer Komplexe nicht als exakte Naturforschung anerkennen wollen, hat im Wesentlichen psychologische Gründe, nämlich den Aberglauben, daß das Verständnis für ›das Ganze‹ sich aus der Kenntnis des Elementarvorganges ganz von selbst ergeben müßte.« (von Holst 1951, 275) Weil auch das, was man zu sehen glaubt, theoriegeleitet und Teil einer Heuristik ist, steht am Ende all dieser Spiralen des Wissens auch ein verändertes Verständnis dessen, was optische Medien wie der Film, selbst im Modus extremer Zeitdehnung, über das Fliegen zu sagen haben. Die Bilder der Natur sind ohne das Wissen der Windkanäle nicht nachvollziehbar – so jedenfalls die Einschätzung des Schweizer Biologen Adolf Portmann. »Nachdem aber die physikalische Forschung einmal die Gestalt von Tragflächen im Windtunnel der Laboratorien genau erprobt und verbessert hat, fangen wir erst an – beim Physiker in der Lehre –, den Vogelflügel als Instrument recht aufzufassen. Erst seit dieser Zeit verstehen wir auch die Filmaufnahmen richtig auszudeuten.« (Portmann 1960, 73)

Aber der Menschenflug ist nicht nur Sache schier überzeitlicher Projektemacherei und abstrakter Überlegungen über die Rolle von Modellen bei der Generierung von Wissen oder, kürzer noch: für die Heuristik komplexer Zusammenhänge. Ein Text mit dem Titel *Vom Flug der Tiere und vom Menschenflug der Zukunft* aus dem Jahr 1948 wird von Holst zum Anlaß, dem Fliegen die Flügel schierer Unverbindlichkeit zu stutzen und über die Verantwortung der Wissenschaft in Kriegszeiten zu reden – es ist, als ob ihn jenes Narrativ dann doch einholte, das technischen Fortschritt an den Krieg als seinen vornehmlichen Schrittmacher knüpfte. Projektemacher, zu deren Beschreibung von Holst ein Spektrum semantischer Unterscheidungen anzubringen wußte, und Praktiker werden sorgsam voneinander geschieden – durch das Fallbeil einer ganz schlichten Tatsache: ihrer Nachkriegs- oder Reparationstauglichkeit. Festzustellen war, »daß der deutsche Wissenschafter (vor allem der Physiker und Techniker) buchstäblich der einzige allgemein beliebte Exportartikel ist«. (von Holst 1970, 158) In Dietrich Küchemann und der Delta-Form der Concorde wird diese Buchstäblichkeit Gestalt. Die Erdung des Menschenflugs drei Jahre nach Kriegsende erfolgt paradigmatisch: Aus einem Traum ist eine Realität geworden, aus den Schwärmern, Dilettanten oder Phantasten, aber auch aus den freiwilligen Arbeitsgemeinschaften für Flugphysik an höheren Bildungsanstalten werden angesehene Physiker und Techniker, aus Reichswettbewerben für Saalflugmodelle die Realität virtueller Reparationsleistungen. Nicht Sachwerte werden transferiert, sondern, wie im Fall ganz anderer Techniken auch, Wissen – um nicht vom Know-how und den Inventionskünsten künftiger Kriege und vergangener Interkontinentalverbindungen zu reden. Das Projekt Fliegen, von dem Otto Lilienthal sich den ewigen Frieden erhoffte, hat auch nach einem Zweiten Weltkrieg nicht aufgehört, nicht aufzuhören.

S. R.

Pferd

> Es ist das Wunderbare, daß man wie ein Pferd ist, aber man soll nicht glauben, dies sei der Übermensch.
>
> *Musil 1978, 794*

> Versetzen Sie sich in die Welt Uexküllscher Gedankengänge; nehmen Sie ein Glockentierchen, eine Anemone, eine Koralle. Sie sind wie alle Lebewesen dem freien Spiel der Umweltkräfte ausgesetzt. Allein die Mehrzahl der Einwirkungen bleibt unbeantwortet.
>
> *Prinz Auersperg 1937, 129*

Weil Pferde die Leittiere einer *animal locomotion* sind, kann ihre Geschichte nur als Mediengeschichte erzählt werden. An deren Beginn steht eine Wette, von der in kaum einer Kinogeschichte dieser Welt nicht die Rede ist. Wettgegenstand ist die Frage eines passionierten Pferdenarren und nachmaligen Universitätsbegründers über die Koordination der Pferdebeine und deren exakte Stellung zu einem bestimmten Zeitpunkt. Lord Leland Stanford setzt mit der Frage, ob beim Galopp für einen Moment alle Beine in der Luft sind, in Gang, was in der Strategie seiner Beantwortung nachgerade eine Urszene der Bewegungsdarstellung werden sollte: Gegen die Trägheit des Sehens, wie sie ihrerseits in gemalten Bildern zu sehen ist, werden technische Verfahren zum Einsatz gelangen, um Aufschluß darüber zu geben, was menschlichen Augen in Echtzeit zu sehen entzogen bleiben muß – nach welcher Betriebsart Menschen laufen, Pferde galoppieren oder Vögel fliegen. (→ BARSCH)

Das ist die Stunde von Forschern wie Eadweard Muybridge (1830-1904) und Etienne Jules Marey (1830-1904), das ist die Stunde von Moment- und Chronophotographie. Eine Teststrecke auf Stanfords kalifornischer Farm in Palo Alto wird 1872 zum Ort, an dem die Bewegung gestellt und zur Strecke gebracht wird. Dazu werden Serien von bis zu 24 Kameras auf

Abb. 1: Muybridge nach Schnelle-Schneyder 1990.

Abb. 2: Muybridge nach Schnelle-Schneyder 1990.

die Pferdebeine gerichtet und deren Verschlüsse im Moment des Kontaktes von Pferdebein und einer Spannvorrichtung innerhalb einer Sekunde mit minimaler Verzögerung ausgelöst. Möglich werden so Bildfolgen, die zeigen, was die Zielvorgabe war: *The Horse in Motion*. In der photographischen Flinte des französischen Physiologen Marey ist dieses Prinzip mobil und damit auch jenseits aufwendig präparierter Rennstrecken universal einsetzbar geworden. Auf der Grundlage der Zeitsegmentierung gelangt durch derlei Wahrnehmungsdispositive zur Anschauung, was im Alltagsbetrieb des Sehens wegen der Trägheit menschlicher Augen keine Chance hatte, gesehen zu werden. Muybridge spannt die so gewonnenen Standbilder wiederum in einer Apparatur ein und synthetisiert sie zur kontinuierlichen Bewegung, die an ihrem Anfang stand: In einer Vorführgerätschaft namens *Zoopraxiscope* wird einem internationalen Publikum vor Augen gestellt, was mittels der Momentphotographie an Einblicken in die Motorik des Pferdelaufes zuvor technisch gewonnen wurde. Die Welt ist um einen Wettgegenstand ärmer geworden.

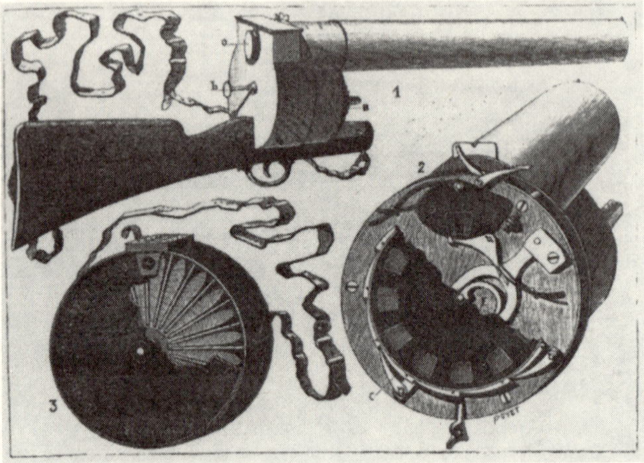

Abb. 3: Photographisches Gewehr nach Marey nach Schnelle-Schneyder 1990.

Damit hat die Kinematographie eine ihrer Urszenen. Diese handelt davon, daß und wie Phasen hergestellt werden, wo sonst ein Kontinuum war, und sie handelt davon, wie diese auf verwirrende Weise in die Ordnung der Dinge eingreifen. Die Wirklichkeit oder jedenfalls das, was lange Zeit für diese gehalten wurde, hat sich nach Maßgabe der technischen Möglichkeiten geändert. Wie die Gebrüder Wilhelm und Eduard Weber, die nach einem Befund Friedrich Kittlers mit ihrer *Mechanik der menschlichen Gehwerkzeuge* bereits 1836 das Programm der Kinematographie ebenfalls im Ausgang von der Motorik des Gehens begründet haben, adressiert die veränderte Sichtweise neben den Wissenschaften immer wieder auch die Kunst. (Weber 1892ff. sowie Kittler 2003) Sichere Daten für die Bewegungsdarstellung wollen die beiden Brüder in ihrer *anatomisch-physiologischen Untersuchung* dem Künstler unter präkinematographischen Bedingungen an die Hand geben und so mit ihren Beobachtungsvorrichtungen Wetten über den Verbleib irgendwelcher Füße von vorneherein den Boden entziehen. Wie immer die Befundlagen im einzelnen aussehen, wie sehr dabei unterschiedliche Strategien ihre Rolle spielen, hat die operative Sorge um die Bewegung die Praxis der Wissenschaften nachhaltig betroffen. Die Bewegung ist nicht nur legitimer Teil einer Wissenschaft namens Physiologie, sondern sie erzwingt innerhalb dieser Wissenschaft alle nur denkbaren Vorrichtungen zu ihrer Handhabung – Vorrichtungen, die als Medien irgendwann in der Welt der Unterhaltung angekommen sein werden. Nach einer Formulierung Walter Benjamins und in Anlehnung an die Psychoanalyse Freuds erschließen die neuen Techniken nicht weniger als den Raum eines optisch unbewußten Wissens.

So wird handgreiflich, daß es eine andere Natur ist, die zu der Kamera als die zum Auge spricht. Anders vor allem dadurch, daß an die Stelle eines vom Menschen mit Bewußtsein durchwirkten Raums ein unbewußt durchwirkter tritt. Ist es schon üblich, daß einer vom Gang der Leute, sei es auch nur im Groben, sich Rechenschaft ablegt, so weiß er bestimmt nichts von ihrer Haltung im Sekundenbruchteil des Ausschreitens. Ist uns schon im Groben der Griff geläufig, den wir nach dem Feuerzeug oder dem Löffel tun, so wissen wir doch kaum, was sich zwischen Hand und Metall dabei eigentlich abspielt, geschweige wie das mit den verschiedenen Verfassungen schwankt, in denen wir uns befinden. Hier greift die Kamera mit ihren Hilfsmitteln, ihrem Stürzen und Steigen, ihrem Unterbrechen und Isolieren, ihrem Dehnen und Raffen des Ablaufs, ihrem Vergrößern und Verkleinern ein. Vom Optisch-Unbewußten erfahren wir erst durch sie, wie von dem Triebhaft-Unbewußten durch die Psychoanalyse. (Benjamin 1980, 500)

Die Anwendungsfelder für ein Kalkül handgreiflicher Details sind vielfältig und verzahnen ihrerseits den Menschen mit den Anforderungen einer immer weiter arbeitsteilig ausdifferenzierten Moderne. In Arbeitswissenschaften und Betriebswirtschaftslehren, in Psychotechnik und Taylorismus gelangt das Optisch-Unbewußte zum Einsatz – als Wissen um die Optimierung von Bewegung, als Wissen um die Vermeidung von Verschwendung, als Wissen um die Steigerung von Effizienz. (→ Bär) Die Versachlichung von Bewegung erfolgt nach Maßgabe der Serialisierung. Ob im Sport oder in der Arbeit, ob beim Marschieren oder an welchen Stellen moderner Lebens-

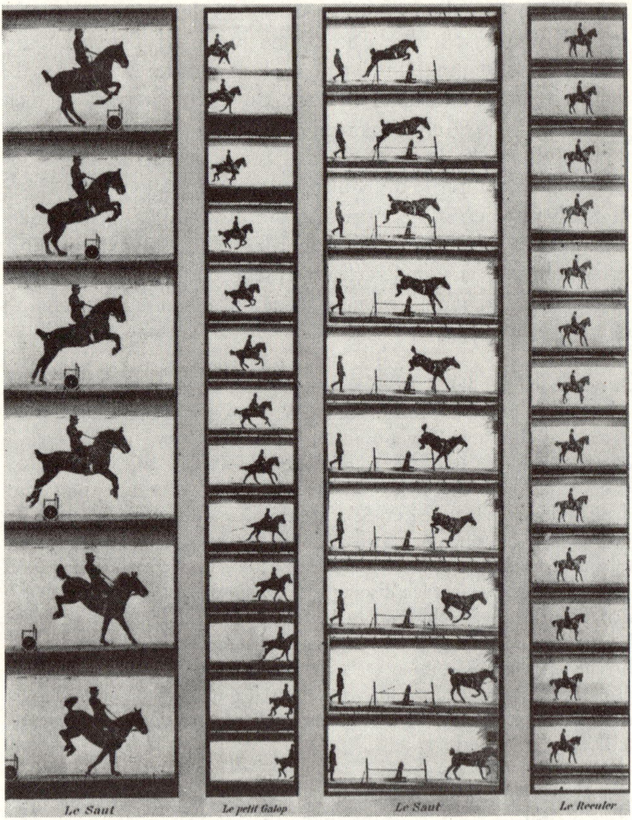

Abb. 4: Allures du Cheval nach Marey nach Schnelle-Schneyder 1990.

welten auch immer – stets zeichnet die Ikonographie der Serie Bewegungsverläufe nach und macht vor dem Hintergrund minimaler Abweichungen deren Eigenlogik sichtbar. Diese *andere Natur*, die da zutage gefördert wird, diese zweite Natur, verbleibt aber nicht im bloß Deskriptiven. Sie richtet ihre Interventionen und Programmierungen gegen das, was in der erstgenannten Natur als ungenügend gegolten hätte. Für diese Form der Intervention steht kaum eine Disziplin so sehr wie die der Psychotechnik.

Und ausgerechnet die Konstellation zwischen der Psychotechnik und einem Pferd wird es sein, die den vielleicht berühmtesten Romanprotagonisten der Moderne darüber ins Grübeln geraten läßt, wie es um das Verhältnis von Mensch und Tier bestellt ist. Von Ulrich, einem ehemaligen Kavalleristen, der dann die Pferde wechselte und Wissenschaftler wurde, heißt es in einer Kapitelüberschrift, daß ein geniales Rennpferd die Erkenntnis in ihm reifen läßt, zu sein, was der Titel des Jahrhundertromans im Schilde führt – ein *Mann ohne Eigenschaften*. Es ist die Rede von der goethezeitlichen Genialität, die nicht mehr nur Operntenören und Schriftstellern, Tennisspielern oder Fußballern, sondern auch Rennpferden zuteil wird und die zum grundsätzlichen Nachdenken über Eigenschaftsattribuierungen Anlaß gibt. Die Versachlichung von Bewegungen, die kaum einen Lebensbereich auszulassen scheint, nivelliert die Stellung des Menschen nachhaltig: Vor der psychotechnischen Intervention, über die Robert Musil einschlägig, weil etwa über deren *Anwendungsmöglichkeit im Bundesheere*, schrieb, sind Mensch und Tier gleich. (Musil 1922)

> Sollte man einen großen Geist und einen Boxlandesmeister psychotechnisch analysieren, so würden in der Tat ihre Schlauheit, ihr Mut, ihre Genauigkeit und Kombinatorik sowie die Geschwindigkeit der Reaktionen auf dem Gebiet, das ihnen wichtig ist, wahrscheinlich die gleichen sein, ja sie würden sich in den Tugenden und Fähigkeiten, die ihren besonderen Erfolg ausmachen, voraussichtlich von einem berühmten Hürdenpferd nicht unterscheiden, denn man darf nicht unterschätzen, wieviele bedeutende Eigenschaften ins Spiel gesetzt werden, wenn man über eine Hecke springt. Nun haben aber noch dazu ein Pferd und ein Boxmeister vor einem großen Geist voraus, daß sich ihre Leistung und Bedeutung einwandfrei messen läßt und der Beste unter ihnen auch wirklich als der Beste erkannt wird, und auf diese Weise sind der Sport und die Sachlichkeit verdientermaßen an die Reihe gekommen, die veralteten Begriffe von Genie und menschlicher Größe zu verdrängen. (Musil 1981, 45)

Musils Pointe liegt allerdings nicht darin, mit einem Gestus kulturkritischen Bedauerns den Verfall alter Menschenvermögen nachzuzeichnen. Im Roman ist das menschliche Genie zwar auf das Pferd, damit aber nicht auf den Hund gekommen. Was das geniale Rennpferd vielmehr deutlich macht, ist die Geschichte von Eigenschaften und Vermögen selbst – und der daraus resultierende Status quo unter den Bedingungen der Moderne. Es waren Eigenschaften und Vermögen, die sehr lange ganz unproblematisch als solche des Menschen gelten konnten und in deren Zeichen das Tier so sehr gestanden hatte, daß sie sowohl den Umgang mit ihm als auch die Berichterstattungen über es bestimmten. Im Mittelpunkt der Angleichung von Mensch und Tier steht die Dressur. Sichtbar und damit erzählbar wird sie mit jenen Pferden, die durch Abrichtung zu Eigennamen und respektabler Berühmtheit gelangt sind: Die berühmten Trabrennpferde Mahomet und Abe Edgington, die Muybridge photographierte und vorführte, aber auch die legendären Pferde des Herrn von Osten, über die ein Autor namens Pfungst unter dem Titel *Der kluge Hans* berichtete und die so sehr von sich reden machten, daß sie fortan in keiner Tierpsychologie fehlen durften. (Kafka 1922) Radfahrende Bären und Menuett tanzende Ponys, im Paßgang schreitende Dressurpferde und jonglierende Seehunde, aber auch buchstabierende Schweine, rechnende Pferde und sprechende Hunde verkörpern ein Prinzip anthropologischer Intelligenz – wie es etwa bei Zborzill anläßlich der mnemonischen Dressur des Hundes sichtbar wird. (Zborzill o. J.) Umgangsformen und Fertigkeiten allgemeiner Art, besondere Geh- und Bewegungsweisen etwa, aber auch das ganze Arsenal menschlicher Kultur- und Zeichentechniken werden nachgeahmt und bilden so die Bezugsgröße für eine asymptotische Annäherung an die Geschicklichkeiten des Menschen, dessen Sonderstellung davon unberührt, weil eben unerreichbar bleibt. Mit entsprechenden Fertigkeiten, die lange Zeit in Zirkuszelten oder auf Varietébühnen bestaunt wurden und die dann zur Überprüfung in die tierpsychologischen Labors gelangten, bleibt das Tier in der Ordnung des Menschen, damit auch in der seiner Aufschreibe- und Berichterstattungssysteme. (→ STEINLAUS)

Die so vorgeführten Tiere und namentlich das geniale Rennpferd haben nicht Teil an jenem veränderten Blick, der dem Tier jenseits andressierter motorischer Fertigkeiten und kognitiver

Leistungen eine Form eigener Intelligenz attestiert – eine Intelligenz, die in einem positiven Sinn als naiv ausgewiesen wird und die das festgefügte Eigenschaftsschema, von dessen Verlust der Roman anläßlich einer journalistischen Formulierung mit Ironie erzählt, ad absurdum führt. Wenn dem Tier nicht mehr das Vermögen einer goethezeitlichen Semantik, sondern eine animalische Intelligenz zugeschrieben wird, hat ein lange Zeit gültiges Distinktionsmerkmal zwischen Mensch und Tier seine Gültigkeit verloren. Jene naive Intelligenz, die ein wirkmächtiges Betätigungsfeld in Biologie und Verhaltensforschung begründet, weist den Tieren eine Problemlösungskompetenz zu, die an der Jeweiligkeit von Situationen und Umwelten ausgerichtet ist. (→ ZECKE) Diese Bestimmung bleibt auch für die der menschlichen Intelligenz nicht ohne Folgen. Vor allem die Arbeiten Wolfgang Köhlers an Affen haben verdeutlicht, daß eine bloße Orientierung an den alten Vermögen des Menschen weder der Intelligenz der Affen noch der des Menschen gerechtzuwerden vermag – ein Befund, der seinen Weg bis in die Höhen der Philosophischen Anthropologie fand. So gelangt jüngst Martin Arndt in seiner Einleitung von Max Schelers *Schriften zur Anthropologie* zur Einschätzung, Köhlers *Intelligenzprüfungen an Anthropoiden* »bildeten den ›naturwissenschaftlichen‹ Hintergrund der damals beginnenden Philosophischen Anthropologie«. (Arndt in Scheler 1994, 15)

Es kommt im Zuge der Neusortierung menschlicher Eigenschaften zu einer Veränderung in den Bestimmungsbemühungen von Intelligenz, die gerade den durch die Imitation menschlicher Vermögen vermittelten Anteil zugunsten anderer Kriterien zurückdrängt. Damit kann auch dem Tier eine ihm eigene Intelligenz attestiert werden, die so relativ ist wie die Umwelten, in denen Tiere jeweils leben. In den System-/Umweltlehren und ihrer nicht verrechenbaren, weil in der Jeweiligkeit begründeten Ausgestaltung tierischer Umwelten findet dieses Konzept seinen theoretischen Niederschlag. Es ist namentlich Jakob von Uexküll, dessen *Theoretische Biologie* von 1920 das prominent, weil für die Systemtheorien folgenreich, theoretisiert – nicht zuletzt mit der Annahme, die Jeweiligkeit von Umwelt in der Jeweiligkeit bestimmter Wahrnehmungsweisen begründet

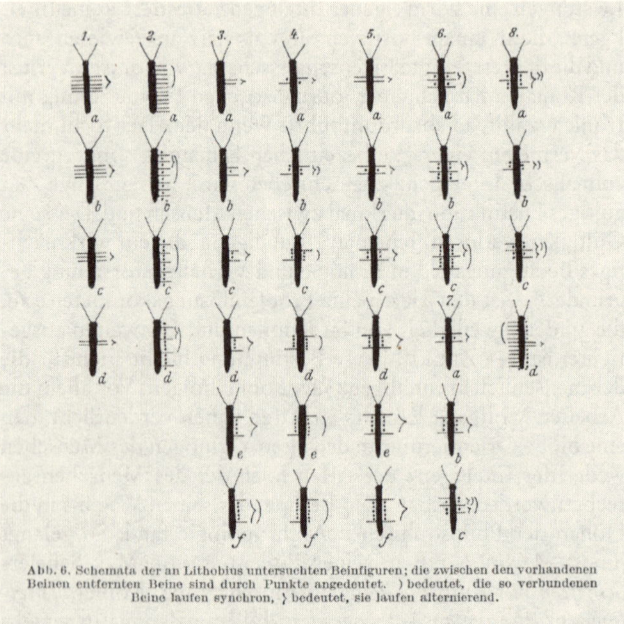

Abb. 5: Beinbewegungen nach von Holst 1934.

sein zu lassen. Für die Beschreibung dieser Jeweiligkeit von Wahrnehmungsweisen kann er wiederum jene optischen Medien bemühen, deren Tiergeschichte hier gerade erzählt wird. Für diese spielt die zeitliche Auflösung, wie sie in der Momentphotographie zum Einsatz gelangt und die für verschiedene Organismen unterschiedlichen Momente nachweist, ebenso eine Rolle wie die unterschiedlichen Wahrnehmungsweisen von Form aufgrund unterschiedlicher physiologischer Gegebenheiten. (→ Hund, Schnecke) In parallelen Anordnungen stellt Uexküll solche Unterschiede nach und seinen Lesern vor Augen – als Tableau dessen, wie und was welche Organismen zu sehen vermögen. Ob diese Wahrnehmung gegenüber der menschlichen komplexer oder eingeschränkter ist, spielt gegenüber der Jeweiligkeit von System-Umweltbeziehungen nur eine

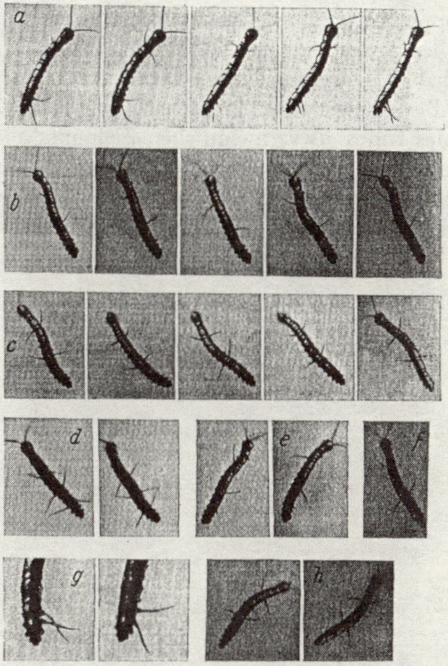

Abb. 7. Stücke aus Filmstreifen von über Glas laufenden Lithobii mit verschiedenen Beinfiguren; diese entsprechen folgenden Figuren von Abb. 6: a = 3 a, b = 4 e, c = 5 e; in a ist vorn noch ein Beinpaar belassen, das fast doppelt so schnell läuft als die beiden hinteren Beine. d—h sind charakteristische Phasen der Beinfiguren: d = 6 b, e = 4 e, g = 3 a, h = 5 e der Abb. 6. f ist eine Kombination von 4 e und 5 e der Abb. 6.

Abb. 6: Beinbewegungen nach von Holst 1934.

untergeordnete Rolle. Was zählt, ist die grundsätzliche Möglichkeit, diese als unverrechenbare Alterität geltend zu machen.

Als die Bilder laufen lernten, haben sie es vom Gehen gelernt – vor diesem epistemischen Diktat der Physiologie ist es zweitrangig, ob es Menschen sind, die auf zwei Füßen marschieren oder schreiten, ob es Pferde sind, die mit vier Beinen traben oder galoppieren, oder ob es die Hundertfüßer (Chilopoden) sind, die gleich ganz andere, weil bis zu 60 Beinpaare zu koordinieren haben. (von Holst 1934) Diese Allianz von Physiologie und Bewegungsdarstellung ist es, die eine alternative Geschichte des Kinos als vermeintlichen Zielpunkt aller Bewegungsdarstellung begründet: Weil beim Gehen die Tierbeine in der Überzahl waren, ist die Geschichte des Kinos eine Tiergeschichte, deren Narrativ eine Mediengeschichte und deren Ermöglichungsgrund eine Wissenschaftsgeschichte.

S. R.

Polyp

Was für ein Licht haben die Polypen in der Naturgeschichte sowohl als in der Philosophie angezündet?

Goeze 1791, Vorrede VII

Die Teilung der Tiere ist nicht nur eine kulinarische Konvention. Mit dem Schnitt am lebenden Körper wird auch jenseits aller Eßtische der Status tierischer Integrität auf verwirrende Weise sichtbar und zur Disposition gestellt – etwa als Frage danach, wie das schwierige Verhältnis von Einheit und Vielheit des Lebendigen selbst zu bestimmen ist, wie sich der Körper in die Logik des Ganzen und seiner Teile fügt, und nicht zuletzt, nach welcher Maßgabe Tiere sich reproduzieren. Der Verbleib einer Seele, die an den Körper gebunden ist, wird dabei zu einer Altlast, die auch vor den Tieren nicht haltzumachen scheint. Was also passiert mit unkörperlichen Größen, wenn dieser Körper unter das Messer gerät und den vielfältigen Möglichkeiten des Schnittes ausgesetzt wird? Wie Franz von Paula Gruithuisen, ein ebenso sachkundiger wie experimentierfreudiger Wissenschaftler des 19. Jahrhunderts, festhält, reichen entsprechende Lösungsansätze von theoretischen Angeboten bei Aristoteles bis hin zu praktischen Versuchen an einer Reihe unterschiedlicher Tiere, die der Naturforscher höchst eigenhändig vorgenommen hat.

Darum hat sich auch der große Aristoteles so sehr bemüht, zu zeigen, daß in zerstückelten Insekten, deren Stücke noch fortlebten, die Theilung ihrer Seelen vorgegangen sey. Daß das Bewußtseyn sich theilen könne, sieht man auch an andern getheilten Thieren. Ich erfuhr dieses an Fröschen, an einer Ente, an Truthühnern, und an einem Igel u. dergl. nachdem ich ihnen die Köpfe abgeschnitten hatte. (Gruithuisen 1812, 41)

In einer *Vergleichenden Psychologie oder Geschichte der Seele in der Reihenfolge der Tierwelt* von 1886 greift der Autor Carl Gustav Carus das komplizierte Verhältnis vom Ganzen und seinen Teilen bei Lebewesen ebenfalls auf – nicht aber, wie bei

Gruithuisen, um reale Schnitte ins Feld zu führen, sondern um es in einer Analogie zu einem flüssigen Metall zu beschreiben, jenem Quecksilber, dessen althochdeutsche Etymologie ausgerechnet vom Leben redet (*quecsilbar* = ›lebendiges Silber‹). »Gerade wie jener Quecksilbertropfen, wenn ich ihn zerdrücke, zu nichts anderem als immer wieder zu willkürlich vielen Quecksilberkügelchen werden muss« (Carus 1986, 35) – gerade so soll es sich auch auf niederen Stufen des Lebens verhalten. Mit diesem Vergleich verpflichtet Carl Gustav Carus die Selbstvervielfältigung auf einen niederen Grad der Organisation von Organismen. Als Kriterium für die Bestimmung höher organisierter Lebewesen dient ihm die zentrale Unterordnung des Ganzen unter eine Einheit. Nur wo diese ausfällt, wird jene Selbstvervielfältigung möglich, die als schwer zu fassendes Phänomen im flüchtigen Verhalten des Quecksilbers ihr Bild findet. Der Vergleich mit dem Quecksilber annulliert eine geläufige Ordnung vom Ganzen und seinen Teilen, indem er eine Dynamik zwischen beiden sichtbar werden läßt. »Mag das Geschöpf in zwei, drei oder mehrere Theile getrennt werden«, so vermag doch jeder Teil wieder zu jener Ganzheit zu werden, der er als Teil entnommen wurde.

Für dieses Zusammenspiel von systematisch betriebener Demontage und ebenso systematisch beobachteter Regeneration steht kaum ein Tier so sehr wie ein unscheinbarer Vertreter der Gattung Hydra – der Süßwasserpolyp. In ihm ist das Quecksilber Tier geworden. Bestimmte Vertreter dieser artenreichen Gattung vermögen es, ihren Körper nach Schnitten auf eine Weise wiederherzustellen, die den Vorgaben des Quecksilbers vollkommen entspricht. Damit wird der Polyp auch im Rahmen der Tierseelenkunde schier zwangsläufig zum Anlaß, das Verhältnis von Körpern und weniger greifbaren Größen wie Seelen und Bewußtseinen sowie die Frage nach der Identität beider besonders bunte Blüten zu ihrer Klärung treiben zu lassen. Das Tier mit dem einen Kopf und den vielen Gliedern, die als Arme oder Tentakel beschrieben werden, gerät unters Messer und wird so ganzen Serien von Experimenten ausgesetzt, die durch mehrere Jahrhunderte hindurch eine gewisse Konstanz aufweisen. Dabei scheint es, als ob die besondere Mor-

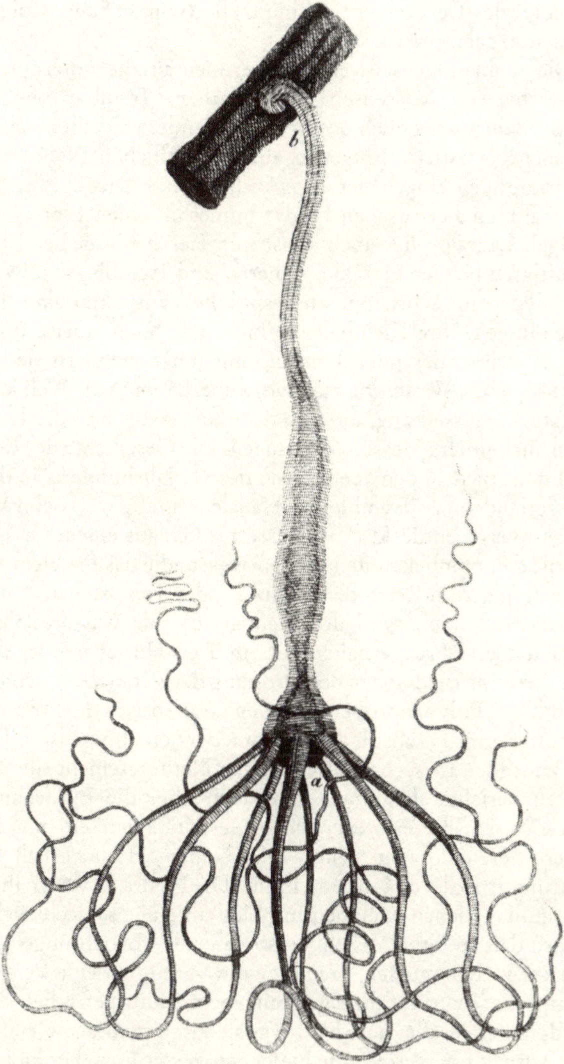

Abb. 1: Polyp aus Trembley nach Querner/Jahn 2003.

phologie des Tieres einer Kontinuität bestimmter Schnittfolgen Vorschub geleistet hat.

Die wohl folgenschwerste Experimentalreihe unternimmt der Schweizer Wissenschaftler Abraham Trembley (1710-1784), dem Carus auch sofort die besondere Qualität seiner Versuche attestiert. Entgegen aller begrifflichen Nähe zum mehrköpfigen Ungeheuer der griechischen Sagenwelt, die der sogenannten Lernäischen Hydra immerhin einen Eintrag im Aufgabenkatalog des auch sonst mit Tieren hinreichend beschäftigten Helden Herakles sicherte, sind Trembleys Süßwasserpolypen im Wortsinne ausgesprochen unspektakuläre Erscheinungen. Ihre Kleinheit hat nicht nur Konsequenzen für den experimentierenden Umgang mit ihnen, sondern sie betrifft sogar die Weise, wie die Hydra überhaupt in die Welt kam – erste Voraussetzung, um von dort aus weiter und das heißt eben auch unters Messer zu gelangen. Die Geschichte der Entdeckung spielt in den 30er Jahren des 18. Jahrhunderts in den Niederlanden, wo Trembley als Hauslehrer tätig war. Beim Mikroskopieren entdeckt er in Wasserproben aus einem Graben die bis dahin unbekannten grünen Wesen, die das Problem der Zuordnung zum Reich der Pflanzen oder Tiere stellen. Farbe und Fortpflanzungsverhalten deuten auf eine Wasserpflanze, Aktivität und Freßverhalten auf ein Tier. Unsicher über den Ort dieser *Mitteldinge* in der Ordnung der Lebewesen, schickt Trembley Polypenproben an den französischen Forscher René-Antoine Ferchault de Réaumur, der den Polypen den Tieren zuordnet. Im sechsten Band seiner Naturgeschichte der Insekten berichtet Réaumur dann auch über die Entdeckung jener Wesen, die er wegen ihrer Gestaltähnlichkeit mit den Meerestieren Polypen nennt. Den Namen Hydra erhält die Gattung 1746 durch Carl von Linné. Die Hydra ist wegen ihrer sagenuntauglichen Kleinheit mit bloßem Auge schlecht sichtbar, so daß zu ihrer Ansicht entsprechende Vorrichtungen getroffen werden müssen. Trembley etwa greift auf eine Vergrößerungslinse zurück, die eigens an jenem Kulturgefäß befestigt wird, in dem er die Tiere hält. Was sich ihm in diesen Gefäßen zur Ansicht bot, veröffentlicht der Schweizer Forscher im Jahr 1744 unter dem Titel *Memoires pour servir à l'histoire d'un*

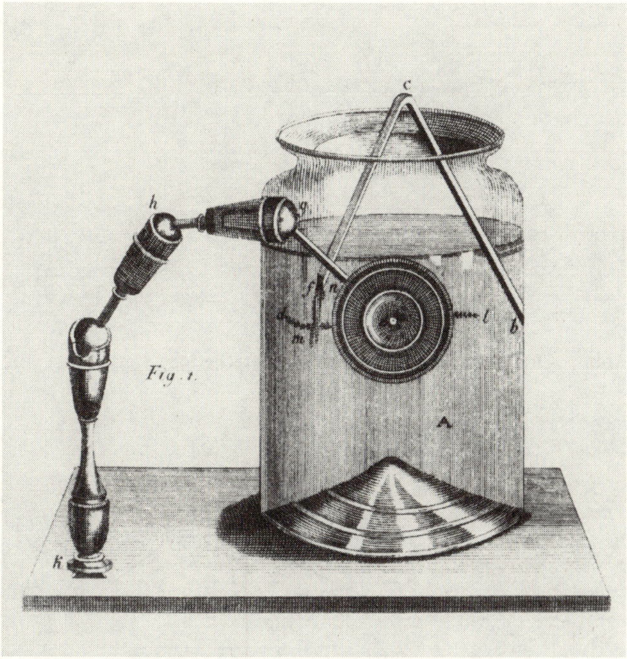

Abb. 2: Kulturgefäß mit Linse nach Querner/Jahn 2003.

genre de polypes, à bras en forme de cornes. Eine deutsche Übersetzung datiert von 1791 unter dem Titel *Des Herrn Trembley Abhandlungen zur Geschichte einer Polypenart des süssen Wassers mit hörnerförmigen Armen, aus dem Französischen übersetzt und mit einigen Zusätzen von Johann August Ephraim Goeze herausgegeben.* Das umfangreiche Buch wird Gegenstand aller nur denkbaren historischen Auseinandersetzungen und aktueller Bezugnahmen – Sylvia G. Lenhoff nimmt es gar zum Anlaß, mit Trembleys Untersuchungen an Hydra nicht weniger als die Geburt der experimentellen Biologie zu datieren. (Lenhoff 1986)

Gegenläufig zur Lehrmeinung des legendären Mikroskopbauers Anton van Leeuwenhoek, der den Polypen als Pflanze

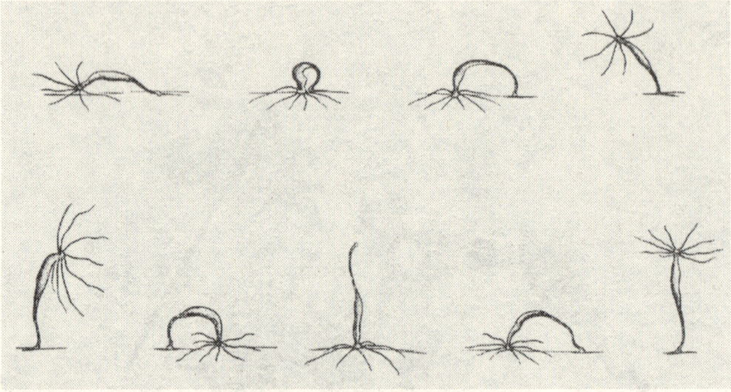

Abb. 3: Ortsbewegung von Polypen nach Steche 1911.

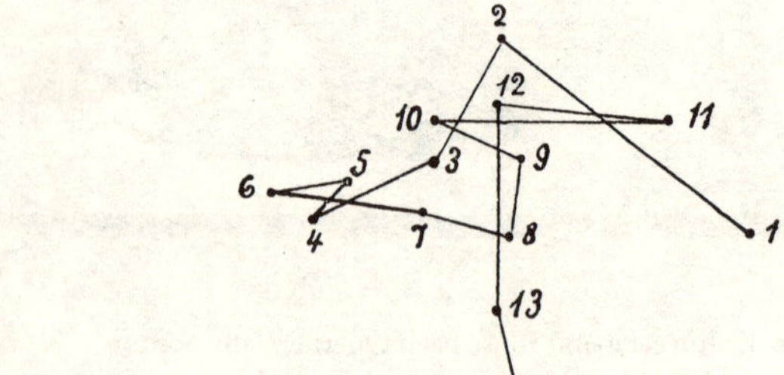

Abb. 4: Wegeplan eines Polypen nach Steche 1911.

bestimmte, wird für Trembley diese Zuordnung sowohl wegen seines Ernährungsverhaltens – der Polyp ist in der Lage, mit seinen Tentakeln Beute zu fangen und einem einfachen Verdauungsorgan zuzuführen – als auch wegen seiner Fähigkeit zur Ortsveränderung problematisch. Aufwendig setzt er auf die Kraft des Sichtbaren und auf das Prinzip der virtuellen Zeugenschaft. (→ SEEIGEL) Er versieht seine Abhandlung mit zahlreichen Abbildungen, die den Leser zum potentiellen Wiederholer seiner Experimente machen; darüber hinaus werden Funktion und Produktion der wissenschaftlichen Abbildung im Vorwort eigens abgehandelt. Das Kulturgefäß mit der montierten Lupe soll eine auf Dauer gestellte Anstalt der lehrreichen Beobachtung sein. Was beobachtet und zum Teil auch bestaunt wird, ist neben dem, was Tiere in Kulturgefäßen und im intakten Zustand üblicherweise tun, ihr Regenerationsverhalten. Weil aber Regeneration eine Verletzung der Intaktheit voraussetzt, wird zum Messer gegriffen. »Es war der 25. Novemb. 1740, als ich den ersten Polypen zerschnitt.« (Goeze 1791, 17)

Diesem Schnitt werden zahlreiche andere folgen, deren Beschreibung die vierte Abhandlung *Mit den Polypen angestellte Versuche, und ihr Erfolg* in aller Ausführlichkeit unternimmt. Gleichgültig, ob der Polyp der Länge oder der Quere nach zerschnitten wird, gleichgültig, wie viele Schnitte und an welchen Stellen seines Körpers diese gesetzt werden – immer erfolgt eine Regeneration, die Trembley zu immer weiteren Schnitten anstachelt. In der tierischen Ökonomie des Polypen richten seine Schnitte *keine wesentliche Zerrüttung* aus. »Auf solche Weise habe ich einen Polypen in 50 Stücken zerschnitten, und dabey ließ ichs bewenden, weil ich glaubte, es sey genug, die Theilung so weit getrieben zu haben.« (Goeze 1791, 332) Aber auch das Schneiden selbst wird variiert – mit Schnitten, die einen Teil nicht vollständig vom Restkörper abtrennen, können Effekte am Polypenkörper erzeugt werden, die scheinbar überhaupt keiner Einschränkung mehr unterliegen. Durch die Schnittechnik wird die Sagenwelt des Herakles nachstellbar – nicht im Symbolischen der Sprache, nicht im Realen der Technik, sondern im Realen eines physiologischen Substrates. Dem Schnitt folgen Monstrositäten. Einem seiner Polypen will

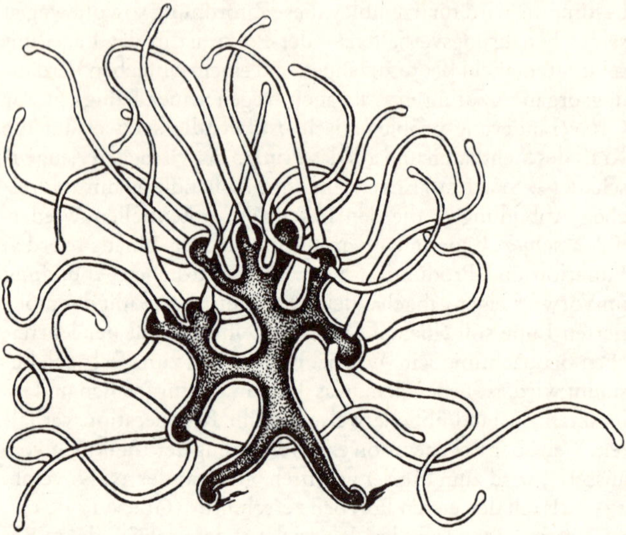

Abb. 5: Achtköpfiges Monstrum nach Steche 1911.

Trembley dabei nicht weniger als acht Köpfe verschafft haben; einen anderen mit sieben Köpfen stellt er ganz unverhohlen in die Nähe dessen, was von keiner Fabel je erreicht zu werden vermag.

Nein, ich habe dem siebenköpfigen Polypen alle seine Köpfe abgeschnitten, und nach einigen Tagen sahe ich daran ein Wunder, welches der Fabel von der Lernäischen Schlange nichts nachgiebt. Es wuchsen ihm sieben neue Köpfe wieder. [...] Allein hier ist noch mehr, als sich die Fabel zu erfinden getrauete. (Goeze 1791, 345)

Berühmt waren neben den Regenerationsversuchen auch solche zur sogenannten Umkehrung. Selbst umgestülpt vermag der Polyp zu leben – ein Vorgang, der die außerordentliche Lebenszähigkeit zu belegen schien, die auch Carus faszinierte und die bis ins 20. Jahrhundert die Forscher beschäftigte. Zur Beschreibung der Umkehrung verwendet Carus eine altertümliche Formulierung, die ihrerseits die Sprache der Mode zitiert

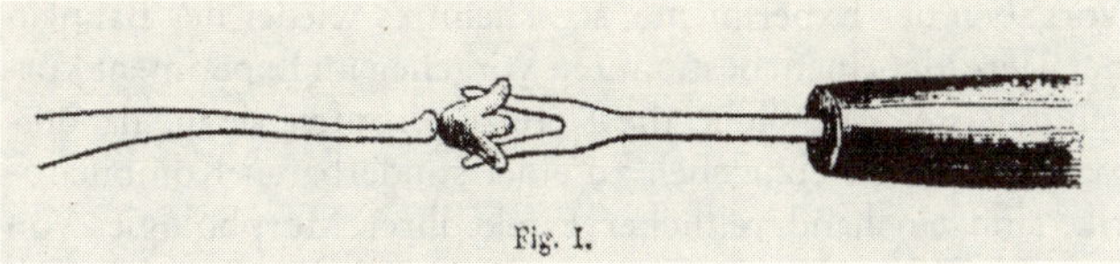

Abb. 6: Umstülpungsgabel nach Ischikawa 1890.

und die von späteren Forschern auch beim Wort genommen wird – das *link machen*, wie man es von schlampig abgelegten Kleidungsstücken kennt. Eine Dissertation von 1889 beschreibt dieses Vermögen und vergleicht es mit einem umgekrempelten Handschuhfinger. (Ischikawa 1890, 433) Was als Umdrehen an die Sprache der Geheimdienste und ihrer Agenten erinnert, wird nun auch vom japanischen Forscher Ischikawa auf jene Tiere appliziert. Deren Dichte ist in Freiburger Aquarien wie auch einem kleinen steinernen Wasserbehälter des staatlichen Parks zu Uyeno im fernen Tokio so hoch, daß der Forscher »auf einem Kirschblatt nicht weniger als 40 Individuen zählen konnte«. (Ischikawa 1890, 435) Doch die in Japan angestellten Untersuchungen krankten an einer mangelnden Kontinuität der Beobachtung. Weil die Tiere »im Laufe weniger Stunden, ja sogar während einiger Minuten mehrere Male ihre Gestalt ändern können«, führen Unterbrechungen in der Beobachtung zu Fehlschlüssen, die es für die Untersuchungen in Freiburg zu vermeiden galt.

Zur Umstülpung der Hydren wandte ich folgende Methode an. Ich nahm eine große Hydra und isolirte sie in einem mit Wasser gefüllten Uhrgläschen. Hierauf klebte ich das Thier mit seinem hinteren Ende an die abgerundete Spitze eines schmalen Glasstäbchens fest, worauf ich den vorderen Theil mit den Tentakeln zwischen die Gabel einer gespaltenen Gabel brachte (siehe Fig. I). So konnte ich dann mit Leichtigkeit das Thier umstülpen. Zum Schluss wurde dann eine Borste durch das Thier gesteckt, welche das Zurückstülpen in die ursprüngliche Lage verhinderte. (Ischikawa 1890, 436)

Aber es gelingen nicht nur Umstülpungen und damit eine Neuorganisation zwischen Ekto- und Endoderm, die gegenläufig zur Einschätzung bei Trembley standen. Folgt man weiteren

Vorgaben der Experimente, so scheint es wieder der Bauplan der Tiere, der einem bestimmten Vorgehen im Experiment Vorschub leistet – Versuche, die Tiere zu pfropfen, sie ineinanderzustecken, sie freizugeben zu einer sonderbaren Kombinatorik, sind ein handgreiflicher Effekt ihrer Morphologie. Von Trembley bis zu Untersuchungen im 20. Jahrhundert zieht sich so eine Linie von Zugriffen auf den Polypen, bei denen auch das eigene Vorgehen zunehmend dem Prinzip von Variation und Kombination unterstellt wird: Wie in einer Kombinatorik experimenteller Subroutinen wird geschnitten, umgestülpt, gepfropft, wieder geschnitten und so fort – eine aktuelle Homepage berichtet sogar, daß die Tiere durch ein Sieb gepreßt werden. Verwirrende Lektionen in Sachen Identität und Differenz sind die Folge – Lektionen, für die das Prinzip der Formkonstanz nicht gelten sollte und die immer wieder für andere Untersuchungen richtungsleitend wurden. Lakonisch und präzise sind Sätze, die sich wie die Betriebsanleitung einer hergestellten Natur lesen: »Man kann zwei Thiere dauernd mit einander zur Verschmelzung bringen, indem man sie mittels Borsten an einander heftet oder indem man sie in einander steckt.« (Ischikawa 1890, 456) Diese und ungezählte andere Möglichkeiten, in zahllosen Sätzen geschildert und in entsprechenden Versuchen umgesetzt, sie alle machen klar, daß der Polyp einer stabilen Ordnung von Identität und Differenz im Wege steht: »Dieser lehrte uns: aus einem Polypen zween; jener aber: aus zween Polypen einen zu machen.« (Goeze 1971, 394)

Das unablässige Wuchern der Körper erzeugt aber auch ein Wuchern von Anordnungen und Aussagen, von Worten, die nicht nur einer Fachwissenschaftsprosa angehören, die ihrerseits poetischer kaum sein könnte – wie etwa beim *deutschen Trembley* Jacob Christian Schäffer (1718-1790) nachzulesen. Ein Lehrgedicht über die Regenerationsfähigkeit des Süßwasserpolypen aus der Feder des Theologen Christoph Gottfried Jacobi belegt 1745 eindrucksvoll, daß eine breit angelegte Diskussion über ganz unterschiedliche Aspekte des Lebens ausgelöst wird und welches Wuchern der Worte mit dem Polypen einhergeht. (Querner/Jahn 2003) Das Lehrgedicht *Gedanken beim Polypus, aus dessen zerschnittenen Teilen andere erwach-*

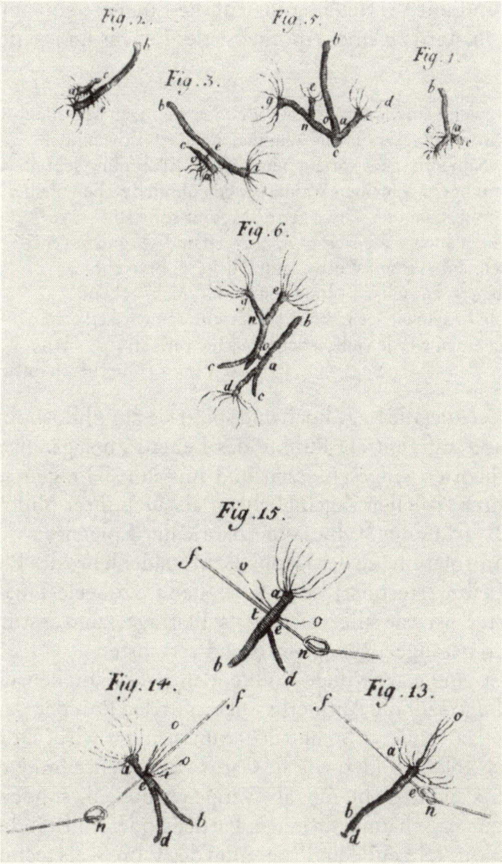

Abb. 7: Experimente mit Polypen nach Querner/Jahn 2003.

sen aus dem Folgejahr von Trembleys Veröffentlichung feiert im *Wurm* den Willen zu einem Leben, das allen Widrigkeiten der eigens beschriebenen Experimente ebenso souverän trotzt wie den Bestimmungsbemühungen der Philosophie. Die Fähigkeit des Polypen, den gegen ihn geführten Schnitt zu ignorieren und mit Vervielfältigung auf die Eingriffe von außen zu reagieren, wird zu einer Apotheose des Lebens und seiner Forscher.

Wunder, wenn ein Newton redet? Wunder, wenn ein Muschenbroek
Sein erfarnes aufgeschrieben? Wunder, wenn ein Lowenhoek
Viel von Samentiergens spricht, viel von der Erzeugung schreibet
Und nicht beym gemeinen Wahn, wie gewöhnlich stehen bleibet?
Und so solte Tremblei schweigen? Reaumür solte stille seyn?
Bringt nicht auch was sie erfaren, Nuzzen und Vergnügen ein?
Sie zerschneiden einen Wurm, seine Theile zu betrachten,
Diese aber regen sich, als ob sie den Schnitt nicht achten;
Jedem bleibt sein eignes Leben, das zerschnitne wird ersezt,
Aus dem einen werde viele; ieder ist als nie verlezt.

(Querner/Jahn 2003, 13)

Jacobi rechnet die Lage hoch und spitzt sie zur philosophischen Reflexion auf zentrale Punkte des Lebens zu – gängige Zeugungstheorien eingeschlossen und mit ihnen Fragen sowohl nach ihrer visuellen Zugänglichkeit als auch ihrer philosophischen Begründung. Ob es die Theorie der Epigenesis oder die der Präformation (zu der Jacobi die Monadenlehre des Philosophen Leibniz rechnet) oder ob es der Leib-Seele-Dualismus Descartes' ist, sie alle werden als Beiträge zur Leistung des Polypen herangezogen, geprüft und verworfen.

Es ist eine eigenwillige Pointe, daß jene Zähigkeit des Lebens, die so sehr die Aufmerksamkeit auf den Polypen gerichtet hat, an ganz anderer Stelle wiederum virulent wird. Dort dürfen auch solche Bilder, wie sie Carus zur Beschreibung nutzte, ihrerseits nicht mehr nur als Vergleich dienen, sondern sich selbst zur Anschauung bringen. Partielle oder vollständige Regeneration steht auf dem Programm des Films – als technischer Effekt, der die Welt der Sage und die Möglichkeiten des Experimentes wörtlich nimmt. Tricktechniken führen so ein vielbestauntes Vermögen sehr einfacher Tiere effizient vor Augen – in Filmen wie James Camerons *Terminator 2 – Jugdement Day* wird visuell zugänglich, wie ein Wesen trotz aller Widrigkeiten von außen – Schüsse, Schnitte, Unfälle – sich doch immer wieder zu einer Einheit fügt. Im Bild einer flüssigen Materie, die visuell die Etymologie des lebendigen Silbers zu

Abb. 8: Screenshot aus *Terminator 2 – Jugdement Day.*

bemühen scheint, und die immer wieder zu einer geschlossenen Kampfeinheit zu verschmelzen vermag, scheint der Film die Logik jenes Quecksilbers umgekehrt zu haben, mit dem Carus die Leistung des Polypen als eines Tieres niederer Bauart beschrieb. Auch im Film wird eine Differenz sichtbar – allerdings nicht die zwischen Tieren unterschiedlicher komplexer Bauart, auch nicht die zwischen Tieren und Pflanzen. Was der Film visuell zugänglich macht, ist die Differenz zwischen Menschen und Maschinen.

S. R.

Ratte

> Ob er etwa die Pfählung meine? – Nein, das nicht, sondern der Verurteilte werde angebunden – (er drückte sich so undeutlich aus, daß ich nicht sogleich erraten konnte, in welcher Stellung) – über sein Gesäß ein Topf gestülpt, in diesen dann Ratten eingelassen, die sich – er war wieder aufgestanden und gab alle Zeichen des Grausens und Widerstandes von sich – einbohrten. In den After, durfte ich ergänzen.
>
> *Freud 1999, 391 f.*

In seinem berühmten behavioristischen Manifest *Psychologie, wie sie der Behaviorist sieht* von 1913 führte John B. Watson (1878-1958) aus, daß der Behaviorist keine Trennungslinie zwischen Tier und Mensch anerkenne. Damit wird nicht nur der Gegenstandsbereich dieser ›neuen‹ Wissenschaft angegeben, die Frage nach der Vorhersage und Kontrolle von Verhalten bei Tier und Mensch, sondern auch der Ort der Herkunft dieses Wissens: Denn da in der Regel die vollständige Kontrolle sämtlicher Bedingungen nur in Laborexperimenten mit Tieren möglich ist, muß der Behaviorismus sein Wissen zuallererst aus der Beobachtung von Tieren unter künstlichen Bedingungen gewinnen. Das Paradeobjekt hierfür war die Ratte: So ging der berühmte Labyrinthversuch, in dem geklärt wurde, inwieweit Tiere einen bestimmten Weg zum Futter erlernen, auf eine Versuchsanordnung von Willard Small zurück, der zunächst weiße Ratten durch das Labyrinth laufen ließ. Diese Anordnung der Labyrinthversuche sollte zu einer grundlegenden Methode der Psychologie und Biologie werden und wurde bald nach Smalls Versuchen auch an Tieren wie Küchenschaben oder Tauben durchgeführt. (Bierens de Haan 1937) Watson hatte, bevor er das Manifest verfaßte, bereits zwölf Jahre Experimente an Tieren unter der Anleitung von Jacques Loeb durchgeführt. Seine Dissertation widmete er der Beziehung zwischen dem Verhalten der weißen Ratte und dem Wachstum ihres Nervensystems. (Buckley 1989, 41 ff.) Diese Experimente fügten sich in die Ar-

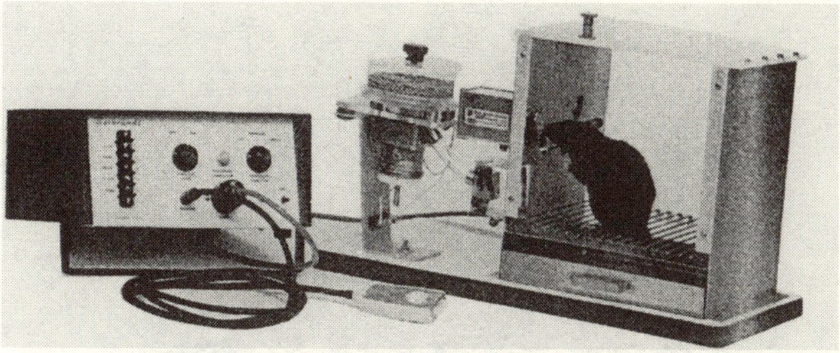

Abb. 1: Ratte in Skinner-Box nach Bjork 1993

beitsgruppe von H. H. Davidson an der Clark Universität in Chicago ein (das einzige Labor in den USA um 1900, das mit weißen Ratten arbeitete), weil Watson das Verhalten der Ratten nicht nur wie Small beobachtete, sondern auf einen systematisch experimentellen Ansatz der Untersuchung ihres Verhaltens zielte. (Buckley 1989, 42) Dabei stellte Watson fest, daß die Komplexität des Verhaltens der Ratte schneller zunahm als die Komplexität des Nervensystems. Von da ab galt die Aufmerksamkeit der Ausbildung des Verhaltens durch Lernvorgänge. Und auch Burrhus F. Skinner (1904-1990), dessen Name für den radikalen Behaviorismus steht, widmete seine Dissertationsthese den Ratten, für deren Untersuchung er eigens die sogenannte Skinner-Box entwickelte. Während für Watson und Skinner die Ratten nicht nur den Ausgangspunkt für weitere theoretische Entwürfe, sondern vor allem für sozialtechnische Programme bildeten, konzentrierten die sogenannten Ratten-Psychologen Edwin Ray Guthrie (1886-1959), Clark L. Hull (1884-1952) und Edward C. Tolman (1886-1959) ihre Arbeit auf die Ausdifferenzierung der Versuchsanordnungen mit Ratten und entwickelten, durchaus unterschiedliche, Lerntheorien.

Da sich gemäß den Behavioristen Tier und Mensch nicht wesentlich unterscheiden, mußte das, was für das Tier gilt, auch für den Menschen Geltung haben, was Watson mit folgendem Gedankenexperiment auf den Punkt brachte:

Abb. 2: Skinner und Skinner-Box nach
http://behavior.romek.ru/dskinnerbox.htm

Gebt mir ein Dutzend gesunder, wohlgebildeter Kinder und meine eigene Umwelt, in der ich sie erziehe, und ich garantiere, daß ich jedes nach dem Zufall auswähle und es zu einem Spezialisten in irgendeinem Beruf erziehe: zum Arzt, Richter, Künstler, Kaufmann oder zum Bettler und Dieb, ohne Rücksicht auf seine Begabungen, Neigungen, Fähigkeiten, Anlagen und die Herkunft seiner Vorfahren. (Watson 1976, 123)

Watson stellte sich damit gegen die Annahme, daß das Verhalten vor allem durch die Vererbung bestimmt sei, womit er sich nachdrücklich gegen die sich zu Beginn des 20. Jahrhunderts ausbildende Genetik und vor allem Eugenik wendete, denn nach Watson sind Verhaltensweisen nicht angeboren, sondern erworben. (→ GRAUGANS) Das Feld, auf dem Watson dies nicht nur behaupten, sondern experimentell auch beweisen wollte, waren die Gefühle, vor allem Furcht, Wut und Liebe. Gegen den damaligen Stand der Psychologie, vor allem gegen die Annahme, daß primäre Gefühle mit bestimmten Grundinstinkten gepaart sind, wie es William McDougall vertrat, versuchte Watson zu zeigen, daß auch Gefühlsreaktionen erworben sind. Den Weg zur Klärung dieser Frage wies das zitierte Gedankenexperiment, d. h. Versuche mit Kleinkindern. Das größte Problem, das in der Kontrolle der experimentellen Bedingungen bestand, konnte gelöst werden, indem die Versuche an Kindern vorgenommen wurden, die in Heimen unter der Aufsicht der Experimentatoren aufgezogen worden waren, einige dieser Kinder waren fast von der Geburt bis zur Vollendung des ersten Lebensjahres beobachtet worden. (Watson 1976, 162)

In einem der berühmtesten Versuche untersuchte Watson zusammen mit Rosalie Rayner die Furchtreaktion an einem elf Monate alten Baby, dem »kleinen Albert«. (Watson/Rayner 1921) Albert hatte sein bisheriges Leben ausschließlich im Krankenhaus verbracht und war, wie Watson feststellte, ein ausgesprochen artiges Baby, das die beiden Forscher in den Monaten der gemeinsamen Arbeit nie weinen sahen, »bevor wir nicht unsere Experimente gemacht hatten.« (Watson 1976, 170) Die Experimentalanordnung bestand in einer klassischen Konditionierung (→ HUND), das heißt, zuerst muß ein Reizkomplex, der die Fluchtreaktion auslöst, gegeben sein, hier laute Geräusche und Haltverlust. Zweitens wird ein neuer Reiz angeboten, der dann die Reaktion auslöst. Will man zum Beispiel, daß die Versuchsperson die Hand zurückzieht, wenn ein Summer ertönt, so muß gleichzeitig mit seinem Ertönen ein Elektroschock oder ein anderer schädlicher Reiz gegeben werden. Die Konditionierung ist erfolgt, wenn die Hand allein beim Ertönen des Summers zurückgezogen wird. Gemäß dieses Paradigmas sollte der kleine Albert, der vor dem Experiment normal mit der Ratte umging, eine Fluchtreaktion gegenüber einer weißen Ratte ausbilden. Rayner und Watson lösten die Furchtreaktion durch das Schlagen eines Hammers auf eine

Eisenstange aus, deren Dimensionen mit dem Durchmesser von 2,5 cm und der Länge von etwa 90 cm angegeben werden. Sie nahmen eine weiße Ratte, mit der Albert schon seit Wochen gespielt hatte, aus ihrem Korb heraus und hielten sie vor ihn hin. Genau dann, wenn die Hand des Jungen das Tier berührte, wurde hinter seinem Kopf auf die Eisenstange geschlagen. Da das Kind daraufhin in einen verwirrten Zustand geriet, konnte eine Woche lang kein weiteres Experiment mit ihm durchgeführt werden.

Die folgenden Einzelschritte können hier übergangen werden, das Resultat dieser Versuche war, daß der Junge bereits bei dem Anblick der Ratte zu schreien anfing, sich auf alle viere begab und schnell davonkrabbelte. Damit war der Anfang gemacht für Versuche, die zeigen sollten, daß für die Erklärung emotionaler Reaktionen nicht auf die Vererbung als Erklärungsmuster zurückgegriffen werden mußte. Allerdings sollte der kleine Albert von weiteren Versuchen verschont bleiben, da er kurz nach den Tests adoptiert und damit dem weiteren experimentellen Zugriff entzogen worden war. Erschwerend kam hinzu, daß die Heckscher Foundation ab 1923 den Experimentatoren nicht mehr die vollständige Kontrolle über die Kinder zugestand. (Watson 1976, 178) Trotz der ungünstigen Bedingungen führten Watson und seine Mitarbeiter aber die Experimente fort.

Wie auch immer man die Versuche mit dem kleinen Albert beurteilen mag, sie zeigen, daß für den Behavioristen Tier und Mensch austauschbar sind, der Wechsel der Position der weißen Ratte, vom Wissenschaftsobjekt zum bedingten Reiz, führt genau diese Austauschbarkeit vor: Die Versuche am kleinen Albert sind nichts anderes als die Versuche, die zuvor mit den Tieren durchgeführt worden waren, Albert wird buchstäblich zur Laborratte. Die sozialtechnischen Konsequenzen dieser Austauschbarkeit wurden insbesondere bei Watson und Skinner deutlich. Für Watson hatten die Versuche mit dem kleinen Albert nämlich zu äußerst unerwarteten Folgen geführt, denn aus der gemeinsamen Arbeit mit Rosalie Rayner wurde eine Liebesbeziehung, die zur Scheidung Watsons und zu seiner Entlassung von der Universität führen sollte. Watson startete daraufhin eine zweite Karriere in der Werbebranche. Während die Universitäten für Watson verschlossen waren, stellte ihn die J. Walter Thompson Company gerade wegen seines Rufes als Begründer des Behaviorismus ein. Wie Kerry Buckley ausführt, hatte deren Präsident, Stanley Resor, nämlich die Idee, sein Unternehmen in eine Universität für Werbung umzuwandeln, zu einem Ort, an dem Wissenschaftler und Experten die Standards der Branche setzen. (Buckley 1989, 134) Mit der Erstellung von Statistiken über Trends und Kaufgewohnheiten sollte die Werbebranche wissenschaftlich fundiert werden. Mit dem Behaviorismus stand darüber hinaus ein Forschungsprogramm zur Verfügung, das von der beliebigen Steuerbarkeit der Menschenmaschine ausging und auch die entsprechenden auf die Masse übertragbaren Techniken der Manipulation bereitstellte. (→ MICKEY MOUSE) Denn Konsumverhalten war für den Behavioristen genauso eine Verhaltensweise wie durch ein Labyrinth laufen, und nicht zuletzt hatte Watson an Kleinkindern vorgeführt, daß Gefühlsreaktionen wie Furcht, Wut oder Liebe durch Konditionierung künstlich hervorgerufen und gesteuert werden können. So entwickelte Watson etwa eine Kampagne für eine Zahnpasta folgendermaßen: Präsentiert wird das Bild einer jungen, verführerisch gekleideten Frau, die eine Zigarette raucht. Die Werbung sollte Frauen ermutigen zu rauchen, schien es doch die Unabhängigkeit und Attraktivität der Frau zu erhöhen – aber eben nur solange, wie man die Pebeco-Zahnpasta benutzt, da die positiven Effekte des Rauchens durch Mundgeruch und gelbe Zähne verringert werde. Zahnpasta diente insofern nicht in erster Linie der Hygiene, sondern garantierte die sexuelle Attraktivität rauchender Frauen. Watson bezeichnete diese Technik als »indirect testimonials«, gemäß der Emotionen wie Furcht, Wut oder Liebe durch den Einsatz von Symbolen stimuliert werden sollen. (Buckley 1989, 140f.)

Während Watson als Psychologe in der Werbebranche Karriere machte, dabei viermal so viel wie an der Universität verdiente und zugleich die behavioristische Weltanschauung popularisieren konnte, arbeitete Skinner den radikalen Behaviorismus aus. Auch für Skinner stand die beliebige Manipulierbarkeit im Vordergrund. So schilderte er in dem Aufsatz *How to Teach Animals*, wie er Tauben auf Pingpong-Spielen dressieren konnte, aber auch darauf, daß sie auf friedliche Artgenossen einhackten. Was Skinner an Ratten und Tauben vorführte, sollte das Vorbild für die Organisation der menschlichen Gesellschaft bilden, was er in dem Buch *Wissenschaft und menschliches Verhalten* detailliert ausführte. Skinner begann seine Abhandlung mit der Problematik der Anwendung der Wissenschaft, so verhindere die angewandte Wissenschaft zwar Epidemien und Hungersnöte, erreiche damit aber nur die Überbevölkerung der Erde, und gerade ihre Anwendung im Krieg habe diesen noch furchterregender gemacht. Das heißt aber für Skinner nicht, daß Wissenschaft generell nicht angewendet werden soll, sondern vielmehr muß für die wissenschaftliche Behandlung der Probleme der Menschen das Wissen vom Menschen auf den neuesten Stand gebracht werden. Menschliches Verhalten sei von einem objektiven Standpunkt zu beobachten, um auf dieser Grundlage vernünftiger handeln zu können. Hierfür ist Skinner letztlich wieder gezwungen, auf das Tier zurückzugreifen, denn menschliches Verhalten läßt sich im Labor nicht ohne weiteres nachahmen, Meßpräzision ist bei menschlichen Versuchspersonen häufig nur auf Kosten der Wirklichkeitsnähe zu erhalten, und schließlich ist menschliches Verhalten äußerst komplex und vielfältig. So kommen einmal mehr die Laboruntersuchungen tierischen Verhaltens ins Spiel, deren Daten und Ergebnisse Aufschluß über den Menschen geben sollen. Das Standardargument, daß vom Tier nicht voreilig auf den Menschen geschlossen werden dürfe, handelt Skinner schnell ab: Denn zwar gebe es Unterschiede in der Komplexität, doch die grundlegenden Prozesse bei Tier und Mensch unterscheiden sich nicht. Und schließlich ist es das Charakteristikum der Wissenschaften, vom Einfachen zum Komplexen voranzuschreiten:

Wir untersuchen tierisches Verhalten, weil es einfacher ist. Grundlegende Prozesse können auf diese Weise leichter sichtbar gemacht und auch über größere Zeitabschnitte aufgezeichnet werden. Unsere Beobachtungen werden nicht kompliziert durch die soziale Beziehung zwischen dem Forschungsgegenstand und dem Experimentator. Bedingungen lassen sich besser kontrollieren. Wir können genetische Vorgeschichten arrangieren, um gewisse Variablen zu kontrollieren, und, um wieder andere Variablen zu kontrollieren, können wir spezielle Lebensläufe arrangieren – interessieren wir uns zum Beispiel dafür, wie ein Organismus sehen lernt, so können wir ein Tier in der Dunkelheit großziehen, bis das Experiment beginnt. (Skinner 1973, 44)

Da das Verhalten der Tiere ›vollständig‹, so das Phantasma der Behavioristen, beobachtet, kontrolliert und aufgezeichnet werden kann, bilden Tiere die privilegierten Substitute des Menschen. Und es ist das am Tier gewonnene Wissen, aus dem Skinner ein universales Programm der sozialtechnischen Modellierung von Menschen ableitet. Den Vorwurf des Reduktionismus wehrt Skinner von vornherein ab, im Gegenteil, erst die behavioristische Analyse liefere eine einheitliche Formulierung des Verhaltens der Person. Im Gegensatz dazu greifen nach Skinner die unterschiedlichen Wissensdisziplinen auf tradierte Vorstellungen menschlichen Verhaltens zurück, die aber nicht zueinander passen: Etwa habe die »Vorstellung von menschlichem Verhalten, die man in der erzieherischen Praxis entwikkelt hat, wenig oder nichts gemein mit den Konzeptionen, die in der Politik oder im Rechtswesen vorherrschen.« (Skinner 1973, 46) Das an den Ratten erfundene behavioristische Programm erweist sich somit als die Grundlage aller anderen angewandten Disziplinen – zum einen stellt sie diese auf eine naturwissenschaftliche und das heißt objektive Grundlage, zum anderen hat sie konkrete Methoden und Techniken der Verhaltensformung und -steuerung entwickelt, die nur noch auf ihre Anwendung auf den Menschen warten. Denn wenn es Gruppen von Menschen sind, deren Verhalten gesteuert werden soll, so stoße man stets auf »gewisse Instanzen, die Verhalten steuern bzw. kontrollierende Instanzen, die besondere Variablengruppen manipulieren.« (Skinner 1973, 307) Skinner geht es um Instanzen aus den Bereichen Staat, Religion, Psychotherapie, Wirtschaft und Erziehung, die mit jeweils spezifischen Kontroll- und Steuerungspraktiken Einfluß auf menschliches Verhalten nehmen und nun ihre behavioristische Grundlegung erhalten sollen. Wie aber läßt sich verhindern, daß diese Instanzen ihre Machtposition mißbrauchen, wie es etwa unter dem nationalsozialistischen Regime geschah? Nach Skinner verfügt die Verhaltenswissenschaft nicht über die Mittel, »um die Anwendung ihrer Leistungen zu kontrollieren«. (Skinner 1973, 399) Da aber die Notwendigkeit der Steuerung menschlichen Verhaltens weder geleugnet noch abgelehnt werden könne, könnten »wir alle kontrollieren und steuern, und alle werden wir kontrolliert und gesteuert«. (Skinner 1973, 400) (→ Homo-nix-sapiens)

Der Behaviorismus war von vornherein nicht nur auf die Biologie und Psychologie beschränkt, sondern verstand sich als Erziehungsprogramm, als wissenschaftliche Fundierung der Steuerung und Manipulation von Menschen, als eine Sozialtechnik, die den »besseren« Menschen herstellen sollte. Daß hierbei gerade den Ratten eine zentrale Rolle zukommt, scheint das Phantasma des Behaviorismus von der beliebigen Manipulierbarkeit einzulösen. Gelten die Ratten doch als Überträger vernichtender Krankheiten wie der Pest, sie hausen in Kanalsystemen, bei den Exkrementen der Menschen, sie leben im Dunkeln, und treten sie hervor, ist vor ihren Heerscharen nichts mehr sicher. Die Behavioristen dagegen haben die Ratte zur harmlosen Laborratte und zugleich zum Vorbild des Menschen gemacht, sie haben das Unheimliche, das Daniel Manns Film *Willard* (1972) inszeniert (Deleuze/Guattari 1997, 318), gebannt. Und so knüpft Watsons Experiment am kleinen Albert in eigener Weise an die Geschichte vom Rattenfänger von Hameln an: Nicht mehr die Ratten sind es, vor denen man Angst haben muß, sondern es ist der Rattenfänger, der nicht nur das Kind die Angst lehrt.

B. B.

Schildkröte

Es geht der Kybernetik auch keineswegs darum, Tiere zu imitieren.

J. B. 1955, 75

Der biologische Betrachter wird den Automaten mit allereinfachsten Lebewesen vergleichen können; etwa mit einem Aufgußtierchen, das man in einem Tropfen Teichwasser unter dem Mikroskop beobachten kann.

Eichler 1955, 243

Der Bau von Tierautomaten nimmt die Vorgaben der Philosophie beim Wort: Bestimmungen des Tieres als mechanische Apparaturen, als *automata mechanica*, wie sie prominent von René Descartes gedacht und von Julien Offray de La Mettrie in der Mitte des 18. Jahrhunderts auch noch auf den Menschen übertragen wurden, können sich eines Rückschlags in die Praxis eben dieser Mechanik sicher sein. (→ HOMO-NIX-SAPIENS) Wenn Tiere nach Maßgabe mechanischer Prinzipien funktionieren, wenn sie wie Uhrwerke laufen, steht ihrer Nachbildung im Automaten nichts im Wege. Die künstlichen Tiere setzen um und stellen auf vertrackte Weise vor Augen, was die Theorie über sie und damit eben auch über den Menschen denkt. Eine Konjunktur mechanischer Tiere ist die Folge, deren Räderwerke jene Seele zunichte machen, die als Distinktionsmerkmal den Grenzverlauf zum Menschen markieren sollte. Apparatebauer wie Jacques de Vaucanson (1709-1751) greifen das auf.

Die legendäre Ente des Franzosen galt wie auch sein mechanischer Flötenspieler oder ein von ihm konstruierter Webstuhl als technisches Wunderwerk ihrer Zeit. Nicht nur, daß sie in der Lage war, äußerliche Bewegungen ihres natürlichen Vorbildes nachzubilden, zu watscheln und zu schnattern, mit den Flügeln zu schlagen und Nahrung aufzunehmen – selbst der Vorgang der Verdauung fand in ihr Berücksichtigung. Selbstredend war der Ehrgeiz der Automatenbauer darauf gerichtet, möglichst

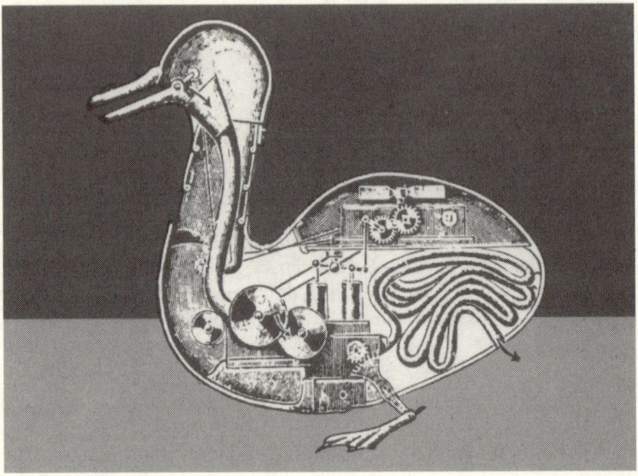

Abb. 1: Vaucansons Ente nach Sutter 1988.

viele Fähigkeiten der Tiere in ihren mechanischen Nachbildungen zu implementieren und diese ihrem Vorbild asymptotisch anzunähern. Entsprechend fanden die künstlichen Tiere Anerkennung, wurden besucht und bewundert, auf Bühnen gezeigt und dort einem staunenden Publikum in ihrem ganzen Leistungsumfang vorgeführt.

In der Moderne hat sich die Verwendung künstlicher Tiere demgegenüber gewandelt. Vor allem das Paradigma der Ähnlichkeit ist davon nachhaltig, weil bestens sichtbar, betroffen. Zum einen ist im Bereich der Unterhaltung eine regelrechte Konjunktur sowohl künstlicher als auch natürlicher Tiere zu beobachten. Den Animationstechnikern, Wolfstänzern, Pferdeflüsterern und nicht zuletzt dem schier omnipräsenten Tierimperium Walt Disneys sei Dank, geraten immer mehr Tiere als Handlungshelden auf die Leinwand. (→ MICKEY MOUSE) Zum anderen und gegenläufig dazu werden Tiere zunehmend darauf reduziert, Partialobjekte der Modellbildung zu sein. Damit geraten sie auf eine Weise in die Pflicht des Wissens, die auf ihr Aussehen durchschlägt. Nicht die Ähnlichkeit einer Gestalt, nicht die möglichst gelungene Annäherung an das natürliche Vorbild oder zumindest an einen Katalog leicht erkennbarer Merkmale, nicht eine Mimesis an die Natur, sondern die Simulation von Verhaltensweisen stehen im Vordergrund. Die Gestalt kann gegenüber der Funktion getrost vernachlässigt werden. Tiere, die in der Pflicht solcher Modellierungen stehen, brauchen die natürlichen Attribute wirklicher Tiere nicht länger – sie sind so wenig auf diese angewiesen, daß in solchen Fällen kaum Anstrengungen unternommen werden, ihren Modellcharakter zu kaschieren.

Die Menagerie entsprechender Automaten ist bunt, sie scheint hochgradig verspielt, um dann aber immer wieder grundlegende Aspekte der Grenzziehung zwischen unterschiedlichen Seinsarten sichtbar zu machen. Eines ihrer eher altmodisch anmutenden Tiere ist der phototaktische Hund des Physiologen und Tropismentheoretikers Jacques Loeb (1859-1924), der in der gängigen Bauart nichts anderes zu tun hat, als einen optischen Reiz zu verfolgen oder diesem nach Hundeart eben hinterherzulaufen. »Beim Lernen, einer Bewegung mit den Augen zu folgen, ist die Bindung an einen objektiv sich bewegenden Punkt so unmittelbar und stark, wie wenn sie mechanisch wäre. Von dieser Funktion kann man daher leicht ein mechanisches Modell entwerfen, so daß LOEB sogar eine phototaktische Maschine bauen konnte, die einem Licht folgen konnte wie der Hund seinem Herrn.« (Buytendijk 1956, 286 sowie Loeb 1918) Etwas komplexer ist es da schon um jene künstliche Schildkröte bestellt, die der Diplomingenieur Ewald Eichler am Schwachstromtechnischen Institut der Technischen Hochschule in Wien im Rahmen einer Diplomarbeit bei seinem Lehrer Heinz Zemanek ersinnt. Zwei kurze Artikel aus der Zeitschrift *Radiotechnik* von 1955 machen den Unterschied zur mechanischen Ente deutlich: Was Eichler an der künstlichen Schildkröte interessiert, ist ihr Verhalten und damit ihr Status als *umweltabhängiger Automat*. Seiner Schilderung der technischen Details ist ein kurzer Artikel vorangestellt, der über eine Diskussionsrunde anläßlich der Vorführung der künstlichen Schildkröte berichtet. Forschungsgeschichtlich könnte diese kaum exemplarischer angelegt sein, fand sie doch

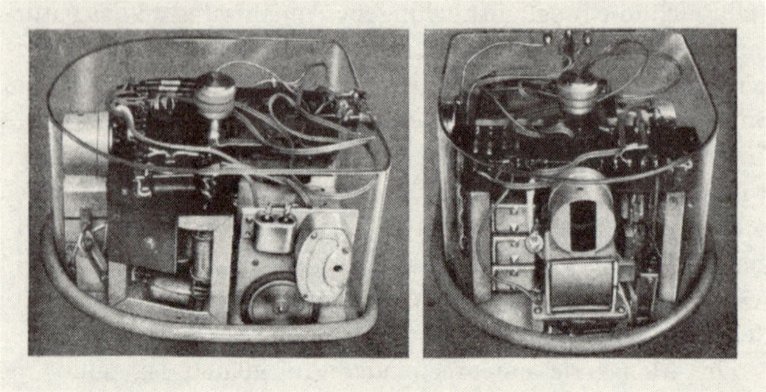

Abb. 2: Künstliche Schildkröte nach Eichler 1955.

im Zeichen der Interdisziplinarität, weil zwischen dem Techniker Heinz Zemanek und dem Neurologen Peter Dal Bianco, statt. Problemlagen beider Disziplinen weisen Gemeinsamkeiten auf, die eine solche Zusammenarbeit notwendig machen. »Viele Probleme, denen sich der Neurologe gegenübersieht, ähneln denen der Schwachstromtechnik, während umgekehrt die von der Technik geschaffenen Gebilde immer mehr prinzipielle Analogien mit Teilen des Nervensystems zeigen.« (J. B. 1955, 75)

Wie Zemanek zugesteht, gleicht der Status solcher Apparate durchaus dem eines Spielzeuges, dennoch ist er mit *dem Geist der ernsten Wissenschaft* vereinbar. In der Trias von Spielzeug, Werkzeug und Totem, einer Trias, die der Schildkrötenroboterpionier und Neurophysiologe Walter Grey Walter zur Beschreibung solcher und ähnlicher Vorrichtungen aufgestellt hat, wird der umweltabhängige Tierautomat seines Diplomanden Eichler exemplarisch verortet. Klar tritt dabei eine Absage an das Paradigma der Imitation zutage. Bei Eichlers künstlicher Schildkröte handelt es sich nicht um die Nachbildung einer Schildkröte, sondern *um ein vereinfachtes Modell eines Lebewesens*.

Es wäre vom Standpunkt des Technikers gesehen sinnlos, etwa einen künstlichen Hund zu bauen, der die gleichen Eigenschaften hätte wie ein natürlicher Hund. Das Resultat wäre eine kostspielige Maschine, die zu den gleichen Diensten eingesetzt werden könnte wie ein um mehrere Größenordnungen billigerer ›Naturhund‹. Ein Techniker wäre weit mehr daran interessiert, einen ›Sonderhund‹ zu bauen, der etwa die Fähigkeit hätte, ein ultraviolett beleuchtetes Grundstück zu bewachen. (J. B. 1955, 75)

Hinter Zemaneks Ausführungen, die in der Besprechung der Zeitschrift *Radiotechnik* von J. B. wiedergeben werden, scheint mit den Möglichkeiten von technischer Rationalität und arbeitsteilig organisierter Lebenswelt der alte Traum auf, den Menschen mittels maschineller Sklaven aus der Mühsal einer ihn entfremdenden Arbeit zu befreien. Die Maschinenträume lassen die Ordnung der Natur in ihrem Recht. »Es besteht daher keine Ursache zu der Befürchtung, daß etwa die natürliche Tierwelt durch synthetische Produkte verdrängt würde.« (J. B. 1955, 75) Statt auf die schlechte Imitation eines günstigeren (und auch noch größeren) Naturhundes setzen die Techniker statt dessen und von vorneherein auf die Simulation von Verhaltensweisen. Die namenlose Schildkröte aus Wien, die in den beiden Robotern *Elsie* und *Elmer* von Walter Grey Walter ihr berühmtes Vorbild hat, wird als Automat beschrieben, der auf Licht, Schall und Berührung reagiert: Sie ist in der Lage, sich vorwärts und rückwärts zu bewegen, *mit Rechtskurve und gerader Fahrt*.

In Sachen der charakterlichen Modellierung besteht von seiten der Forscher zunächst Wahlfreiheit: »Da es am Anfang durchaus freistand, welche Reaktion auf welchen Reiz erfolgen sollte, hat man die Wahl zwischen einer großen Anzahl von Charakteren. Der Einfachheit wegen entschloß man sich für einen starren Charakter.« (J. B. 1955, 75) Tropismen sollen als einfache Varianten – jedenfalls zum Teil – dem Aspekt der Umweltoffenheit Rechnung tragen.

Im Dunkeln ist die Schildkröte neugierig. Sie sucht umher. Dieses Verhalten zeigen tatsächlich viele Tierarten. ›Sieht‹ der Automat mit Hilfe einer Photozelle eine Lichtquelle, so fährt er auf sie zu. Dieses Verhalten bezeichnet man als positiven Tropismus. Die Schildkröte zeigt aber auch

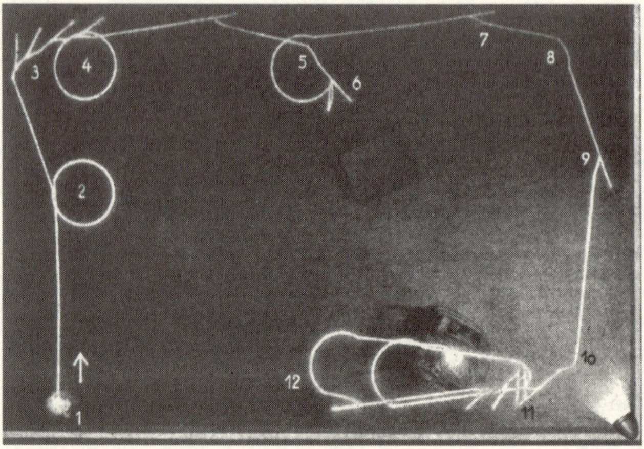

Abb. 3: Weg der Schildkröte nach Eichler 1955.

negativen Tropismus. Kommt sie einer Lichtquelle zu nahe, so zieht sie sich wieder zurück. In dieser Hinsicht ist sie also vielen Insektenarten überlegen, die sich am Licht verbrennen. (J. B. 1955, 75)

Eichler bezieht mit seiner technischen Umsetzung gegen das Prinzip der Gestaltähnlichkeit Position, was der künstlichen Schildkröte allerdings nicht zum Nachteil gereichen sollte. Der von einem Scheibenwischermotor angetriebene dreirädrige Karren mit dem durchsichtigen und daher die Technik offenbarenden Schildkrötenpanzer will keine Schildkröte sein und ist dennoch als offenes System manchen Lebewesen trotz seiner *unstetigen Lenkung* durchaus überlegen. »Unser Automat sucht keine äußerliche Ähnlichkeit und kommt trotzdem in gewissen Zügen den Lebewesen näher als alle alten Automaten. Er folgt im ganzen keinem starren Programm, sondern richtet sich nach einer Vielzahl von in ihren Einzelheiten im voraus unbestimmten Einflüssen und Umständen. Er ist ein offenes System, das erst mit der Umwelt zusammen ein Ganzes bildet.« (Eichler 1955, 173) In Abgrenzung von den alten Puppen- und Tierautomaten werden die künstlichen Tiere zu Agenten von Theorie – für Verhaltensweisen, für Regelung und Steuerung,

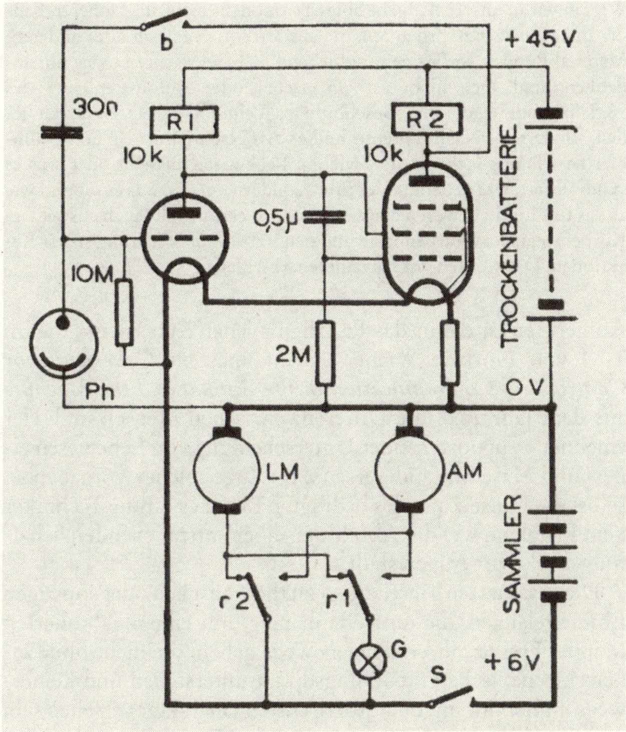

Abb. 4: *Machina speculatrix* von Walter Grey Walter nach Eichler 1955.

für Lernfähigkeit und Adaption, für sich selbst optimierende Gedächtnisstrategien und Assoziationsmechanismen. Zu Wort meldet sich anläßlich der künstlichen Schildkröte kein Biologe, kein Psychologe, kein Ethologe oder Verhaltensforscher, sondern sehr dezidiert ein Nachrichtentechniker. Als solcher positioniert sich Eichler auch gegenüber Spieltrieb, Erkenntniswerkzeug und Totemismus, jenen Bestimmungen also, die Walter Grey Walter seinen Robotern hat zuteil werden lassen.

> Wir gingen an unsere Aufgabe eines Tiermodells nicht als Zauberer, Kinder oder Spielzeugfabrikanten, die aus Stroh und Plüsch oder anderem Material Puppen verfertigen und lebendige Eigenschaften in sie hineindenken, und auch nicht als Uhrmacher oder Automatenbauer des 18. Jahrhunderts, die ihre Geschöpfe nach einer Walze abschnurren ließen, sondern als Nachrichtentechniker. Als Nachrichtentechniker kümmerten wir uns nicht darum, wie ein Lebewesen aussieht oder was es symbolisiert, was es denkt oder fühlt, sondern um das, was es tut und wie es das tut. Ein Lebewesen empfängt aus seiner Umwelt (auch aus seinem Körper) Signale, verarbeitet sie und benützt sie zur Steuerung seiner Reaktionen. Das wollten wir nachahmen. (Eichler 1955, 174)

Aufgerufen ist damit das Paradigma jener Kybernetik, die im Titel von Norbert Wieners Gründungstext *Cybernetics or Control and Communication in the Animal and the Machine* aus dem Jahr 1948 die Differenz zwischen Mensch und Tier einebnet – zugunsten einer Unterscheidung von Lebewesen einer- und Maschine andererseits. Im Zuge solcher Vorgaben ist selbst die Umsetzung des bedingten Reflexes für die Techniker kein Problem, wie die Abbildung einer entsprechenden Schaltung direkt vor Augen stellt.

Die gesteuerten Tiere, die so zu theoretischen oder sonstigen Ehren gelangen, die umweltabhängig, mit einem kalkulierten Maß an Freiheit ihrer eigenen Wege gehen, die nicht blind einem mechanischen Steuerungsdiktat unterstehen und keineswegs immer nur mit dem störrischsten Charakter versehen sein müssen, haben den Kontrakt mit einer Natur längst aufgekündigt, der für den Entenbau Vaucansons durchaus noch Geltung hatte. Mit ihren natürlichen Artgenossen haben sie so viel oder eben so wenig zu tun wie die Computermaus mit ihrem animalischen Namensgeber.

Was Wissenschaftler dazu bewegt, beim Nachbau künstlicher Tiere hinter das technisch Mögliche einer mimetischen Annäherung zurückzutreten, ist ein radikal verändertes Frageinteresse. Mit dem Tier gerät das Paradigma von Steuerung selbst in den Blick. Weil aber das Prinzip der Steuerung durch die Regelungslehren des letzten Jahrhunderts gegangen ist, zählt nicht mehr die Statik mechanisch determinierter Programmabläufe, wie sie in den Räderwerken implementiert wa-

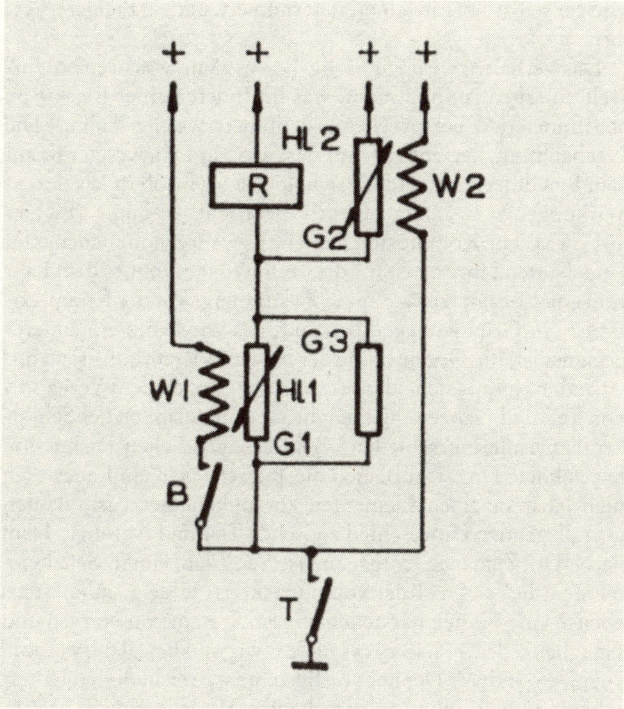

Abb. 5: Schaltung eines bedingten Reflexes nach Eichler 1955.

ren, sondern das flexible Reagieren auf bestimmte Vorgaben, die in der Umwelt der Tiere liegen: Das Verhalten der Tiere wird nach Maßgabe von Feedbackschleifen konzeptualisiert, die ihrer Umwelt Rechnung tragen, die als offene Systeme operieren und gerade nicht einfach zu prognostizieren sind. Im Gegensatz zur Mechanik unterstehen sie nicht dem nervtötenden Prinzip schierer Wiederholung. Geändert ist bei so viel Systemoffenheit auch das experimentelle Setting, vor allem die Rolle des Experimentators, der nicht länger als externe Größe zählt, sondern selbst Teil der Umwelt ist. »Experimentator, Umwelt und Automat bilden ein determiniertes Ganzes, so wie sie selbst im Einzelnen determiniert sind.« (Eichler 1955, 241)

Das Verhalten wird zur Maßgabe – es zählt, was in einer Umwelt zu sehen ist, und nicht, was im Inneren einer Black Box stattfindet und entsprechend attribuiert werden kann. »Die Nachahmung bezieht sich auf das, was ein Lebewesen tut; auf sein Bewußtsein bezieht sie sich höchstens insofern, als dessen Wirkungen von außen objektiv beobachtbar sind.« (Eichler 1955, 174) Die Komplexität der jeweils wahrgenommenen oder aufgebauten Umwelt ist für die Techniker gegenüber dem Faktum eines Reagierens auf diese zweitrangig. Mit der Komplexität ist ein Grundanliegen benannt, das wie kaum ein anderes geeignet ist, die Gegenstände der beiden Wissenskulturen voneinander zu unterscheiden. An der Frage nach dem Verhältnis von Teil und Ganzem bleiben die Geister anläßlich der Schildkrötenpremiere geschieden »Bei der eigentlichen Diskussion bezeichnete Doz. Dal Bianco die Tatsache, daß ein Lebewesen nicht aus einzelnen Elementen zusammengesetzt ist, als den grundlegenden Unterschied zwischen Tier und Automat. Dem hatte Dr. Zemanek entgegenzusetzen, daß einige Schaltelemente, die einen Rückkopplungskreis bilden, mindestens ebenso eine Einheit darstellen wie ein System von Nerven und Ganglienzellen.« (J. B. 1955, 76) Ludwig von Bertalanffy (1901-1972), ein anderer Denker von Systemen, streicht diesen Unterschied für die Bildung entsprechender Modelle explizit heraus, indem er das Prinzip der Übersummativität in die Sprache der Informationstheorie übersetzt. An die Stelle alter Mechanik und ihrer Distinktionsleistung sind neue Abgrenzungen zwischen Physik und Biologie getreten.

Es ist hier die Stelle, um auf den Unterschied zwischen den Modellen der Physik und denen der Biologie hinzuweisen. Während es in der Physik möglich ist, komplexe Systeme, die uns von der Wirklichkeit vorgegeben werden, zu zergliedern, so daß das zu untersuchende Subsystem nur eine geringe Anzahl von Variablen enthält, ist dieses Vorgehen in der Biologie meist unmöglich. Wählt man dennoch den gleichen Weg wie in der Physik, so stimmen die Eigenschaften des isolierten Subsystems im allgemeinen nicht vollständig mit jenen Eigenschaften überein, die dem Subsystem innerhalb des intakten Organismus zukommen. Hierin liegt u. a.

eine der wesentlichen Schwierigkeiten bei der Modellbildung im biologischen Bereich. Bei jeder Dissektion eines Organismus, bzw. bei jeder Bildung eines Teilmodelles eines Organismus, gehen Informationen verloren, die sich nicht additiv aus der Summe aller Teile wieder erhalten lassen. (Bertalanffy/Beier/Laue 1977, 8)

Die Liste der Sachbearbeiter, die im 20. Jahrhundert am Modell entlang Komplexität in den Blick nehmen, die das Verhältnis unterschiedlicher Seinsarten ausloten und das Verhältnis von Lebewesen und Maschinen neu zu bestimmen suchen, wäre lang: Sie hätte den Kybernetiker Norbert Wiener ebenso zu nennen wie den Physiologen Arturo Rosenblueth, den frühen Systemtheoretiker Jakob von Uexküll ebenso wie den medizinischen Anthropologen Viktor von Weizsäcker, den Phänomenologen Max Scheler ebenso wie den Semiotiker Max Bense und den Graugansforscher Konrad Lorenz, den Psychologen Frederik J. J. Buytendijk ebenso wie den philosophischen Anthropologen Helmuth Plessner. (Dazu Wiener/Rosenblueth 1945, Bertalanffy 1965) Gerade mit den beiden Letztgenannten schließt sich ein Kreis, der noch einmal zum Hund zurückführt – jenem Hund, der in Zemaneks Gegenüberstellung von Naturhund und im Leistungsumfang ergänztem Kunsthund die Zielsetzung der künstlichen Schildkröte erläutern sollte. Die Wahl des Hundes ist intrikat, gilt er doch selbst als Leittier einer bestimmten Theoriebildung – jener Reflextheorie, wie sie von Iwan Pawlow ersonnen wurde und wie sie mit dem bedingten Reflex der künstlichen Schildkröte einverleibt ist. Nicht zuletzt Autoren wie Plessner und Buytendijk kritisieren die Reflextheorie – wegen Reduktionismen, wegen mangelnder Flexibilität, aber auch wegen grundlegender Defizite ihrer Erkenntnistheorie, wegen blinder Flecken, die beide Autoren in der Wahrnehmung der Forscher selbst begründet sehen. (Plessner/Buytendijk 1935) (→ Hund)

Die künstlichen Tiere haben ihre eigene Evolution, und diese hat Konjunktur. Die Avantgarde derzeitiger Bauaktivitäten, wie sie ungebremst in amerikanischen Labors stattfinden, setzt nicht nur die abenteuerlichsten Werkzeuge, Spielzeuge und Totemtiere in die Welt; längst sind in der Bionik schon Schnittstellen geschaffen zwischen Tier und Maschine – so in jenen

Vorrichtungen an der University of California in Irvine, in denen Kakerlaken zur Steuerung von Robotern eingesetzt werden, um von den künstlichen Gänsen in den Anordnungen moderner Computerkunst gar nicht erst zu reden.

S. R.

Schnecke

Es erleben also die Kaninchen in derselben Zeit bedeutend mehr als die Rinder.

von Baer 1962, 258

Gedenken wir auch noch der bekannten Momentaufnahmen, die uns laufende Hunde, springende Pferde, turnende Menschen in nie gesehenen Stellungen zeigen, oder gar der »zerdehnten« Filme (durch Aufnahmen von 30-40 Bewegungsphasen innerhalb der Sekunde erzielt), so tritt es uns unwidersprechlich vor Augen, daß mit Tempoänderungen der geistigen Akte vollständige Veränderungen der Wahrnehmungswelt einhergehen müßten.

Klages 1925, XI

Die Zeit der Schnecke ist in aller Munde, nur das Tier selbst weiß nicht um die ihm zugeschriebene Langsamkeit. Dem Weichtier aus der Klasse der Mollusken beschert sein Tempo das Zeug zum Sprichwort – zäh wie der Schleim, der den Weg der Schnecke markiert, ist das Tempo, das ihren Namen trägt. Kaum aber etwas ist begrifflich so schwer zu fassen wie die Zeit. Unterschiedliche Versuche, sie zu definieren, reichen von der rein physikalischen Messung bei Isaac Newton bis hin zur erlebten Dauer bei Henri Bergson. (Wiener 1968) Wie aber gelangen vor dem Hintergrund so unterschiedlicher Zeitbegriffe Organismen überhaupt zu dem, was dann jeweils als ihre Zeit ausgegeben werden kann? Tiere wie die Schnecke wissen darauf Antwort. Doch um diese auch geben zu können, bedarf es – zuvor und zugleich – einer ganz anderen Geschichte. Diese nimmt ihr Maß nicht an der Alltagssemantik und den darin eingelagerten Redeweisen über einzelne Tiertempi, sondern an technischen Verfahren zu ihrer Bestimmung. Es bleibt einer Mediengeschichte der Kinematographie und ihrer Dispositionen vorbehalten, von der Langsamkeit und von der Schnelligkeit der Zeit überhaupt zu erzählen – in Gestalt langsamer und schneller Tiere, aber auch in Gestalt von Techniken, die ihrerseits einer ganz eigenwilligen Logik der Zeit folgen. (→ Pferd)

Jene Geschichte, die von der Zeit bei einzelnen Organismen berichtet und an deren Ende die Zeit des Menschen stehen wird, hebt zu einem Zeitpunkt an, als es die Möglichkeit der Aufzeichnung und Wiedergabe bewegter Bilder noch gar nicht gab. Die Rede ist von einem Kino vor dem Kino, eine Rede, die nichtsdestoweniger dessen Möglichkeiten bis in die Extremformen der kinematographisch machbaren Zeitgestaltung ausbuchstabiert – als Phantasma ihrer extremen Dehnung und Raffung. Die Vorwegnahme der Kinematographie als Gedankenexperiment vor dem, was später dann als ihre genuine Erfindung gelten wird, führt fernab gängiger Kinogeschichten und ihrer Herleitungen in die Biologie. Ihr Protagonist ist der Biologe, Entomologe, Arzt und Naturforscher Karl Ernst von Baer (1792-1876). Von Baer veröffentlicht 1864 einen Text mit dem Titel *Die Abhängigkeit unseres Weltbilds von der Länge des Moments*, der in der Mitte des 20. Jahrhunderts die Aufmerksamkeit einer Gruppe von Wissenschaftlern aus dem Umfeld der Kybernetik – Max Bense, Felix von Cube, Gerhard Eichhorn, Helmar Frank, Gotthard Günther, Abraham A. Moles und Elisabeth Walther – so sehr erregt, daß von Baers Text 1962 in ihrer Reihe *Grundlagenstudien aus Kybernetik und Geisteswissenschaft* eine Neuveröffentlichung erfährt. Ein Vorwort der Schriftleitung nimmt in seiner Begründung Stellung zur Ordnung der Zeit und zur Kinematographie vor der Kinematographie.

Eine in ›subjektive Zeitquanten‹ (SQZ) oder in ›Momente‹ gerasterte psychologische Zeit spielt in der kybernetischen Literatur und insbesondere in jener der Informationspsychologie eine große Rolle. N. Wiener (›Cybernetics‹, 1948, S. 165) vermutet einen ›zentralen Zeitgeber‹, der beim Menschen mit der Frequenz des Alpha-Rhythmus (8-12 Hz) verschiedene Gehirnfunktionen synchronisiere. J. Stroud und L. Augenstein (in: Quastler, »Information Theory in Psychology«, 1955) betrachten im Einklang damit die Größenordnung $^1/_{10}$ sec ›als kleinstes mögliches Zeitelement der Erfahrung‹, welches sie ›Moment‹ nennen, da dieses Wort ›bisweilen von Dichtern in einem ähnlichen Sinne... benutzt worden war‹ (Stroud, a. a. O., S. 180). Daß schon ein Jahrhundert früher K. E. von Baer diesen Begriff einführte und deshalb als Begründer der Momentlehre in die Psychologiegeschichte einging [...], scheint den beiden amerikanischen Autoren unbekannt zu sein. (Baer 1962, o. Pag.)

Die Geschichte der Momentpsychologie im Anschluß an den Naturforscher sowie die »geistvolle Spekulation, die von Baer darin bereits *vor* Erfindung des Kinematographen anstellte«, führt scheinbar zwangsläufig zur Schnecke: Zusammen mit einer Kampffischart aus den Flüssen Hinterindiens wird es der Schnecke vorbehalten bleiben, die Rede von der *Abhängigkeit unseres Weltbilds von der Länge des Moments* beim Wort zu nehmen. Damit wird eine Ordnung der Zeit sicht- und denkbar, die im Anschluß an die unterschiedliche Länge der Momente bei unterschiedlichen Organismen Konsequenzen für die Zeit des Menschen haben wird – Konsequenzen, die ein ganzes Regime der Sichtbarkeit zur Folge haben. Der Weg, den die Psychologie des Moments nimmt, kreuzt zu Beginn des letzten Jahrhunderts die Bahnen der theoretischen Biologie. Es sind vor allem die Forschungen Jakob von Uexkülls und seines Schülers Gerhard A. Brecher, die der Schnecke in Theorie und Praxis zu ihrer eigenen Zeit und sich selbst zu einem Verständnis der Relativität von Umwelten verhelfen. In Einlösung dessen, was bei von Baer ein Gedankenspiel mittels eines vorweggenommenen optischen Mediums war, setzen die Theoretiker der Umweltlehre auf die operativen Möglichkeiten von Versuchsanordnungen und technischen Medien. Jene Spekulation aus dem Jahr 1864, an deren Ende von Baer den Moment des Menschen mit der Angabe 1/16 Sekunde doch sehr nahe an die Realität der Kinematographie und der von ihr adressierten Trägheit des menschlichen Auges heranrückt, erreicht so die Welt der Tiere. Eine Dissertation *Aus dem Institut für Umweltforschung* weist dazu den Weg. Gerhard A. Brechers *Die Entstehung und biologische Bedeutung der subjektiven Zeiteinheit – des Moments* von 1932 beginnt mit jener Einschätzung, die auch von Baer seiner Spekulation voranstellt. Ihr zufolge ist die Zeit des Menschen keiner absoluten Bestimmung zugänglich, sondern unterliegt der Jeweiligkeit seiner Zeitauffassung. Als kleinstes Zeitmaß isoliert von Baer dazu den *Moment* als jene Zeiteinheit, die wir brauchen, um uns eines Eindrucks auf un-

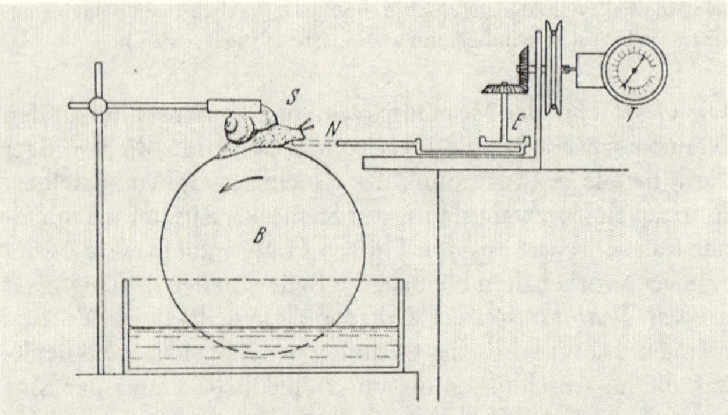

Abb. 3. Versuchsanordnung zur Messung des Schneckenmomentes. *B* Ball, *E* Exzenter, *N* Nadel, *S* Schnecke, *T* Tachometer.

Abb. 1: Messung des Schneckenmoments nach Brecher 1932.

sere Sinnesorgane bewußt zu werden. Brecher verlängert diese Befundlage in die Umweltlehre seines Lehrers Jakob von Uexküll. Dessen Befund von der Jeweiligkeit tierisch individueller Umwelten ist für Brecher die Zielvorgabe seiner eigenen Untersuchungen an Menschen, Schnecken und Fischen. »Es soll die Aufgabe der vorliegenden Arbeit sein, das Problem des Momentes im allgemeinen zu behandeln und klarzustellen, als auch seine Rolle in einigen Tierumwelten zu untersuchen.« (Brecher 1932, 205)

War es bisher nur einmal unternommen worden, den Moment eines Tieres festzuhalten – Brecher verweist auf einschlägige Untersuchungen an Pilgermuscheln (*Pecten*) durch von Uexküll –, so sollen jetzt die Momente unterschiedlicher Organismen gezielt erforscht und so das Wissen über den Zeitsinn der Tiere systematisch erweitert werden. (Dazu Buytendijk 1935, Portmann 1973, Uexküll 1973) Brechers Bestimmung des Momentes beim Menschen erfolgt zunächst nicht auf dem Weg der Optik, sondern unter Ausnutzung des Tastsinnes. Als Ausgangspunkt dient Brecher der Befund, »daß etwa 18 Bilder pro Sekunde genügen, um bei kinematographischen Vorführungen den Eindruck einer ununterbrochenen Bewegung hervorzurufen, ebenso, daß etwa 18 Luftschwingungen pro Sekunde nicht mehr einzeln unterschieden werden können, sondern als der tiefst hörbare Ton wahrgenommen werden.« (Brecher 1932, 205) Diesen Parallelismus von akustischem und optischem Moment will Brecher auch noch für den Tastsinn geltend machen – Postulat eines Sinnengleichklangs, das nach den Untersuchungen über den Zeitsinn Karl von Vierordts fraglich erscheinen muß. (Vierordt 1868) Die Frage, ab welcher Anzahl von Berührungsreizen pro Sekunde die einzelnen Berührungen beim Menschen zu einem Gesamteindruck verschmelzen, führt zu einer Anordnung, die als Prinzipschaltung auch den Schneckenmoment isolieren soll. »Die Nadel [N, S. R.] wird erst langsam, z. B. 5mal pro Sekunde bewegt. Die Berührung wird hierbei einzeln wahrgenommen. Wird die Nadel jetzt schneller bewegt, so verschmelzen bei etwa 18 Berührungen pro Sekunde die einzelnen Berührungsreize. Die Verschmelzungsgrenze läßt sich ohne größere Schwierigkeiten von der V. P. angeben.« (Brecher 1932, 207) Weil aber Schnecken schweigen, ist operativer Sachverstand von Nöten, um zu einer Angabe des Schneckenmoments zu gelangen.

Die Schnecke wird auf einen im Wasser schwimmenden Gummiball gesetzt und am Gehäuse festgeklammert, so daß sie stets am gleichen Ort kriecht, da der Gummiball sich unter ihr im entgegengesetzten Sinne umdreht. Der übrige Teil der Versuchsapparatur ist der gleiche, wie er bei den Messungen des menschlichen Momentes benutzt wurde. [...] Der etwa 3-4 mm starke, abgestumpfte bewegliche Metallstab wird nun so an die Schnecke herangebracht, daß es ihr möglich ist, mit dem vorderen Teil ihres Fußes daraufzukriechen. (Brecher 1932, 215)

Bei einer hohen Frequenz nimmt die für das Experiment ausgewählte Weinbergschnecke den Stab als in völliger Ruhe wahr und bekriecht ihn; erst ab einer Frequenz unter 4 Reizen verliert der Stab die Qualität der Ruhe – um den Preis seiner Bekriechbarkeit. »Wir müssen daraus schließen, daß die Verschmelzungsgrenze für Berührungsreize bei etwa vier Berührungen pro Sekunde liegt – in anderen Worten der Moment der Schnecke etwa 1/4 Sek. lang ist.« (Brecher 1932, 216) In ganz anderen Frequenzbereichen operiert der Kampffisch Betta splendens REG. Ord.: Labyrintici. Damit er seinem Namen gerecht

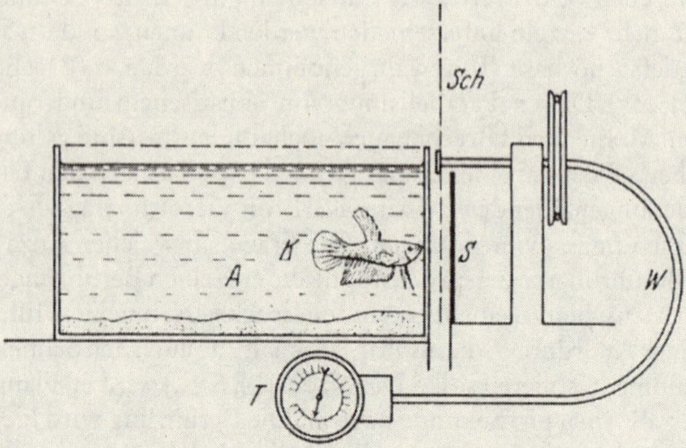

Abb. 2: Messung des Kampffischmoments nach Brecher 1932.

Tabelle 5. Durchschnittswerte der Verschmelzungsgrenzen von optischen Reizen bei Kampffisch und Mensch, bei verschiedenen Schlitzgrößen im Vergleich miteinander.

	Schlitzgröße, Winkel	5°	10°	15°	30°	45°	60°
Scheibe		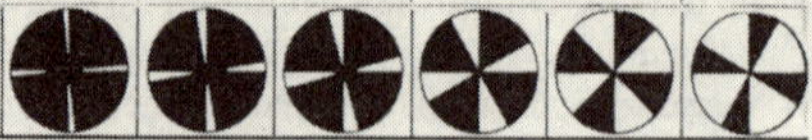					
Kampffisch	Anzahl der Versuche	16	25	60	58	50	33
	Durchschnitt der Messungen . . .	436	430	429	428	451	442
	Moment berechnet	$\frac{1}{29}$ Sek.	$\frac{1}{28,6}$ Sek.	$\frac{1}{28,6}$ Sek.	$\frac{1}{28,6}$ Sek.	$\frac{1}{30}$ Sek.	$\frac{1}{29,4}$ Sek.
Mensch	Anzahl der Versuche	8	5	4	8	3	5
	Durchschnitt der Messungen . . .	272	257	274	260	259	269
	Moment, berechnet	$\frac{1}{18,1}$ Sek.	$\frac{1}{17,1}$ Sek.	$\frac{1}{18,2}$ Sek.	$\frac{1}{17,3}$ Sek.	$\frac{1}{17,2}$ Sek.	$\frac{1}{17,6}$ Sek.

Abb. 3: Durchschnittswerte nach Brecher 1932.

werden und die typische Kampffischreaktion zeigen kann, muß ein Gegner zuvor erst einmal wahrgenommen werden. Da es für die Kampfreaktion gleichgültig ist, ob diese durch einen anderen Fisch oder durch die Reflexion des eigenen Bildes ausgelöst wird, greift Brecher zu einer optischen Spiegelanordnung mit einer dazwischengeschalteten stroboskopischen Scheibe:

Die Versuchsanordnung besteht aus einem Aquarienbecken (A), in dem sich der Kampffisch (K) befindet. Um die Aufstellung eines zweiten Aquariums zu vermeiden, läßt man den Fisch gegen sein Spiegelbild kämpfen, welches er in dem Spiegel (S) sieht. Zwischen Beckenwand und Spiegel befindet sich eine stroboskopische Scheibe (Sch), sie besteht aus zwei Aluminiumscheiben von 25 cm Durchmesser mit je vier 45° großen Schlitzen, so daß man durch Verstellen der Scheiben die Schlitzgrößen beliebig, bis zu 45° variieren kann. (Brecher 1932, 219)

Durchführung und Auswertung des Versuches ergeben bei Variation sowohl der Schlitzgrößen als auch der Umdrehungsgeschwindigkeit einen spezifischen Moment von circa $^1/_{30}$ Sek. Wird dieser Moment unterschritten, bleibt eine Reaktion aus, wird er überschritten, ist ein Kampffischspiegelgefecht im wörtlichsten aller Sinne die Folge. Derlei Schaltungen sind in den prä-kinematographischen Gedankenexperimenten immer schon präsent. Entsprechende Beschleunigungen oder Verlangsamungen finden dort allerdings nicht durch materiale Einstellbarkeiten statt. Statt einer technischen Steuerung der Reizexposition variieren Autoren wie von Baer die Länge der Momente durch eine Veränderung der Bezugsgrößen. Was wäre, so die Annahme, wenn die Reizfülle eines Jahres auf einen Monat, eine Woche oder gar eine Minute verteilt wäre: »Was könnte aber ein solcher Mensch, der überhaupt nur 40-42 Minuten lebt, von den Veränderungen in der organischen Welt bemerken? Nicht nur der Wechsel der Jahreszeiten müsste ihm ganz entgehen, sondern auch der Entwickelungsgang in den einzelnen Naturkörpern. Wenn er nicht sein halbes Leben (20-21 Minuten) an einer eben aus der Knospe brechenden Blume zubrächte [...], so müssten ihm Blumen, Gras und die Bäume als unveränderliche Wesen erscheinen. Selbst die Bewegung der Thiere und ihrer einzelnen Gliedmaaßen würde er nicht als Bewegung sehen, denn diese wäre für sein rasch auffassendes

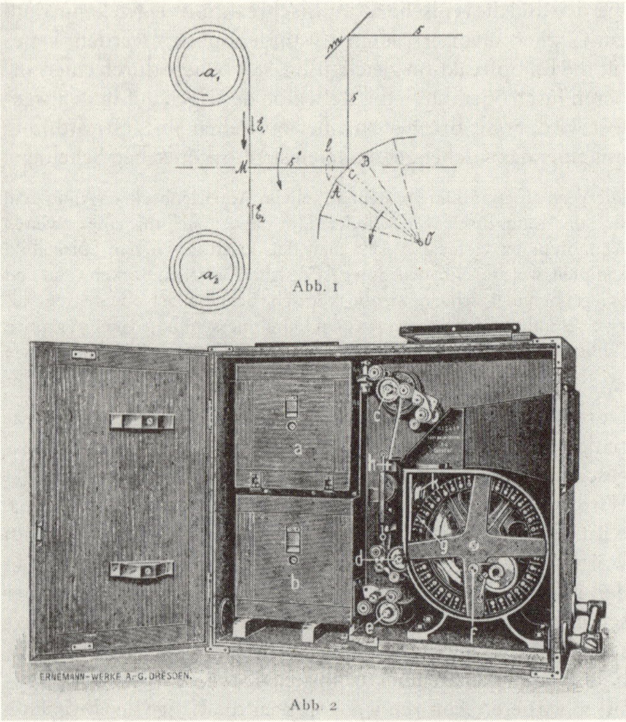

Abb. 4: Apparat zur Hochfrequenzkinematographie nach Krüger 1924.

Auge viel zu langsam, um sie unmittelbar zu sehen.« (von Baer 1962, 262)

Selbstredend ist diese Zeitmanipulation auch in die andere Richtung denkbar. Mit einem veränderten Maßstab, der die Wahrnehmung um ein Tausendfaches verlangsamt, gelangt von Baer wiederum in eine höchst eigene Welt: »Wir würden das Wachsen wirklich sehen, indem unser Auge die Vergrößerung wirklich auffasste; doch manche Entwicklung, wie die eines Pilzes etwa, würde von uns kaum verfolgt werden können, sondern wir sähen die Pflanze erst, wenn sie fertig dasteht, wie wir jetzt einen aufschießenden Springbrunnen, dem wir nahe stehen, erst sehen, wenn er aufgeschossen ist. In demselben Maaße würden die Thiere uns vergänglich scheinen, besonders die niedern.« (von Baer 1962, 265) Derlei Manipulationen an den Zeitbezugsgrößen eröffnen Wahrnehmungswelten, von denen vor der Kinematographie sonst nur die phantastische Literatur zu erzählen weiß. Deren Protagonisten können, je nach Frequenzlage, Minuten- oder Sekundenmenschen, Monats- oder gar Jahresmenschen sein – mit Konsequenzen in ihrer hypothetischen Umwelt. Eine *Pulslehre des Bewußtseins* im Rückgriff auf von Baer und zur Ausbuchstabierung einer entsprechenden Phantastik liefert der Virtualitätstheoretiker Melchior Palágyi in seiner *Wahrnehmungslehre*. (Palágyi 1925) Was in ihrem Namen zu sehen ist, findet in den Umwelten unterschiedlicher Tiere seine Nachstellung. Im Namen des Tieres wird eine Phantastik greifbar, die von den Gedankenexperimenten eindrucksvoll ausbuchstabiert wird, eine Welt, die wie die phantastische Literatur selbst die Anschauungsform der Zeit manipulieren darf, eine Welt, die in Film und Literatur ästhetisch zu Buche schlägt. (Lachmann 2002) Der Biologe von Baer verfügt auch über dieses Schreibregister, wenn er die Planspiele der Zeitmanipulation ausbuchstabiert. Der menschliche Moment, der experimentell bestimmbar zwischen dem der Schnecke und dem des Kampffisches liegt, ist über beide Tiere hinaus ins Extreme verlängerbar: Im Jahresmenschen gelangt der Schneckenmoment, im Sekundenmenschen der des Kampffisches zur Anschauung.

S. R.

Seegigel

Die menschliche Embryologie bedient sich in ganz erheblichem Maße der Ergebnisse, die bei der Erforschung von Embryos von Hühnern, Schweinen und anderen Tieren erzielt wurden. Wissenschaftliche Veröffentlichungen zu Verdauung, Atmung, Kreislauf, endokriner Sekretion und anderen physiologischen Prozessen befassen sich mit Versuchen an Ratten, Hamstern, Kaninchen usw., obgleich das Interesse dabei primär dem Menschen gilt.

Skinner 1973, 44

Salvador Dalís Gemälde *El Descubrimiento de América por Cristóbal Colón/Die Entdeckung Amerikas durch Christoph Kolumbus* (1958/59) zeigt Kolumbus als einen jungen Mann, gehüllt in eine Tunika, der gerade das Schiff verlassen hat und nun das Land betritt. Vorherrschend ist das Symbol des Kreuzes, Dalí selbst hat sich als knienden Mönch mit Kruzifix abgebildet. Der junge Kolumbus hält eine Fahne in den Händen, auf der Dalís Frau Gala als die Jungfrau Maria abgebildet ist. Das Bild inszeniert die Entdeckung Amerikas damit vor allem als seine Christianisierung. Verstörend wirkt allerdings ein im Vordergrund des Bildes abgebildeter übergroßer Seeigel, dessen Bedeutung immer wieder Rätsel aufgegeben hat. Eine Bedeutungskomponente dieser Darstellung besteht in der Verbindung der Entdeckung der neuen Welt mit der Entdeckung der ebenfalls neuen Welt der Tiefsee, die von Jules Vernes *Vingt mille lieues sous les mers* (1870) bis zu Filmen wie *Deep Blue Sea* (1999) phantastisch in Szene gesetzt wird. Darüber hinaus verweist der mit dem Seeigel zu assoziierende Ausdruck der »Laterne des Aristoteles«, die in die Zoologie eingegangene Bezeichnung für den Kauapparat bestimmter Seeigel, auf eine weitere Entdeckung, nämlich die der Wahrheit: Die kulturhistorisch so bedeutende Metapher des »Lichts« (Blumenberg 2001) faßt Dalís Bild metaphorisch zusammen, verweist es doch auf die Entdeckung dunkler und unbekannter Konti-

Abb. 1: Salvador Dalí, Die Entdeckung Amerikas durch Christoph Kolombus (1958-59).

nente, ob es sich dabei um Amerika, die Tiefsee, die Wahrheit oder das Unbewußte handeln mag. Eine weitere, eher komische Komponente erhielt die Verbindung von Kolumbus und Seeigel schließlich noch einmal durch Dalí selbst: Der Geschäftsmann A. Reynolds Morse, einer der wichtigsten Sammler von

Dalís Arbeiten, soll gegen den Seeigel protestiert und Dalí um Übermalung gebeten haben. Dalí aber, so die Anekdote, soll darauf bestanden haben, daß es sich um ein sehr wichtiges Element in dem Gemälde handele und Morse müsse eben darüber nachdenken, um es zu verstehen. Dieser kam erst zehn Jahre später zu Ergebnissen, nämlich als er im Fernsehen sah, wie Apollo 11 auf dem Mond landete und damit eine neue Welt entdeckte. Morse soll daraufhin sofort Dalí angerufen haben, um ihm mitzuteilen, daß er nun die Bedeutung des Seeigels verstanden habe.

Was auch immer in Dalís Seeigel gesehen werden mag, für die Biologie ist der Seeigel seit dem 19. Jahrhundert zu einem zentralen Forschungsobjekt geworden, wobei dieses Tier nicht nur epistemologische Funktionen erfüllt, sondern, und das teilt es mit Dalís Seeigel, selbst zum Ort phantasmatischer Zuschreibungen geworden ist. Während Dalís Seeigel allegorisch auf die Entdeckung realer und imaginärer Kontinente verweist, steht der Seeigel in der Biologie vor allem für die Klärung der individuellen Entwicklungsvorgänge. Damit verweist das Tier auf einen weiteren unbekannten Kontinent, auf die Erforschung der letzten Geheimnisse des Lebens, seine Entstehung selbst. Was beim Menschen verborgen bleibt, seine Herkunft aus dem biologischen Prozeß der Befruchtung, wird am Seeigel einsehbar.

Der Seeigel rückte mit dem im 19. Jahrhundert einsetzenden verstärkten Interesse an der Fauna der Meere in das Blickfeld der Forscher. Für die zoologische Erforschung der komplexen Anatomie und Morphologie der Echinodermen (Stachelhäuter), zu denen der Seeigel zählt, waren die Arbeiten des Bonner Physiologen Johannes Müller (1801-1858) wegweisend. Müller hat in über 60 Artikeln verschiedene Echinodermenformen beschrieben und wichtige Beiträge zu ihrer systematischen Ordnung geleistet. Vor allem aber hat er deren Metamorphose und damit den Übergang von der bilateral-symmetrischen Larvenform (Pluteus) in die radiär-symmetrische Erwachsenenform aufgeklärt. Dies war insofern eine bedeutende zoologische Leistung, weil aus den Eiern Larven schlüpfen, die noch nicht den erwachsenen Formen ähnlich sind: Bei keiner anderen Tiergruppe verwandelt sich die frei im Wasser schwebende bilateral-symmetrische Larve in eine am Meeresboden lebende radiär-symmetrische Erwachsenenform.

Müller reiste 1845 ausgerüstet mit Mikroskopen nach Helgoland und fand dort *Pluteus paradoxus*, seine erste Echinodermenlarve. Müller dachte sich eine Fangmethode aus, bei der mit feinen Mullnetzen die Wasseroberfläche abgefischt wird, und nannte, nach Rücksprache mit dem berühmten Sprachwissenschaftler Jakob Grimm (1785-1863), den so erbeuteten Fang »pelagischer Auftrieb«. Um die Entwicklung dieser Organismen zu klären, verwendete Müller noch nicht die später übliche Methode, bei der man mit Hilfe zweier geschlechtsreifer Echinodermen künstliche Befruchtung durchführt. Müller sammelte und mikroskopierte, und nach Jahren und Reisen nach Helsingör, Nizza, Triest und Messina konnte er die Entwicklungsstadien bei verschiedenen Echinodermen rekonstruieren.

Bedeutsam für die Erforschung der Meeresfauna waren nicht nur die Küstenstädte, sondern auch Expeditionsschiffe, die seit dem 18. Jahrhundert die Tier- und Pflanzenwelt der Meere sammelten. (→ Zitteraal) Die berühmteste Expedition, die die Ozeanographie begründen sollte, war die Challenger-Expedition. Im Jahr 1872 brach das Schiff der britischen Marine von Portsmouth auf, die Kosten des gesamten Unternehmens sollten nach heutiger Rechnung über zehn Millionen Pfund betragen. Die Challenger war damit das teuerste und bisher größte Schiff, das sich physikalischen, chemischen, geologischen und biologischen Fragen der bisher kaum bekannten Tiefsee widmen sollte. Die Kosten legitimierten sich jedoch nicht nur durch die wissenschaftliche Aufgabe, sondern, abgesehen von dem Anspruch, die führende Nation auf den Meeren zu sein, standen die britischen Telegraphengesellschaften vor dem Problem, daß für die Kabelverlegung Daten über den Meeresgrund notwendig waren. Die Forscher konnten mit Spezialnetzen erstmals Tiere aus einer Tiefe von 5700 Metern abfischen und loteten im Marianengraben eine Tiefe von 8200 Metern aus. Der Abschlußbericht der Expedition umfaßte 50 Bände mit insgesamt 29 552 Seiten, darunter auch ein Band zu den Seeigeln.

Außer Expeditionen war vor allem die Gründung zahlreicher zoologischer Stationen an der Küste von wissenschaftlicher Bedeutung: Gegründet wurden solche etwa in Concarneau (1859), in Sewastopol (1871) oder in Triest (1875). Die wohl bedeutendste zoologische Station war in Neapel. 1872 von Anton Dohrn gegründet, wurde die Station zu einem zentralen Ort für zoologische und physiologische Arbeiten, vor allem aber zu einem Zentrum der Entwicklungsforschung. Wissenschaftler wie Theodor Boveri, Hans Driesch, Ernst Haeckel, Oscar Hertwig, Jacques Loeb, Thomas H. Morgan, Wilhelm Roux, Jakob von Uexküll, Otto Warburg, August Weisman, Edmund Wilson, Erich von Holst und viele andere besuchten immer wieder die Station und nutzten die einzigartigen Arbeitsbedingungen.

Beliebtes Forschungsobjekt (nicht nur in Neapel) waren die Seeigel, die gegen Ende des 19. Jahrhunderts zum zentralen Objekt einer großangelegten und immer aufwendiger betriebenen Entwicklungsforschung geworden waren. (→ Molch) In einem Vortrag über das *Problem der Befruchtung* vermerkte Theodor Boveri (1862-1915), einer der sogenannten »Väter« der Genetik (→ Drosophila), daß die Forschungen zum Befruchtungsvorgang noch heute kein günstigeres Objekt als Seeigel kennen würden, um diese wunderbaren Vorgänge zu verfolgen. Die Seeigeleier sind zwar sehr klein, kaum $^1/_{10}$ mm im Durchmesser, aber dabei so durchsichtig, daß ihre gesamte Struktur und deren Veränderungen deutlich wahrnehmbar sind. Mit bloßem Auge und ohne Färbung ist zu sehen, daß jedes Ei eine Zelle ist, die aus körnigem Protoplasma besteht, welches den Zellkern enthält. Weiblichen Seeigeln kann man zu fast jeder Jahreszeit Millionen reifer Eier entnehmen, männlichen Seeigeln ebenso Spermien. Damit verfügt man nicht nur zu jeder Zeit über ausreichendes Untersuchungsmaterial, Spermien und Eier sind auch problemlos im Seewasser zusammenzubringen. Die Spermien versammeln sich dann um die Eizelle und dringen durch die wasserreiche Schleimhülle der Eier vor, wobei nur das erste der Spermien, das die Eioberfläche erreicht, von dem Eiprotoplasma aufgenommen wird. In diesem Moment verändert sich die Eioberfläche, eine Membran entsteht, die durch Wasseraufnahme aufgebläht wird und den übrigen Spermien den Weg versperrt. Der Kern der Spermienzelle bewegt sich sodann auf den Eikern zu und verschmilzt mit diesem, aus dem Ei und Spermium ist eine Zelle entstanden, der Befruchtungsvorgang abgeschlossen, die befruchtete Eizelle beginnt sich zu teilen, das heißt die Embryonalentwicklung beginnt. (Boveri 1902, 6-8)

Die Klärung dieses komplexen Vorganges erfolgte durch Oscar Hertwig (1849-1922), der 1876 im *Morphologischen Jahrbuch* den ersten Teil seiner *Beiträge zur Kenntnis der Bildung, Befruchtung und Theilung des thierischen Eies* veröffentlichte. Hertwig beabsichtigte zuerst, seine Untersuchungen an verschiedenen Tierklassen durchzuführen, doch er beschränkte sich schließlich auf den im Mittelmeer weitverbreiteten Seeigel *Toxopneustes lividus*, weil sich hier ohne größeren Aufwand künstliche Befruchtung durchführen ließ, die Entwicklung relativ schnell geschieht, die Eier klein und durchsichtig sind und ausreichend Material zur Verfügung stand. Hertwigs Versuche waren denkbar schlicht. Mit der einfach zu vollziehenden künstlichen Befruchtung konnte der Zeitpunkt, zu dem Spermium und Ei aufeinandertreffen, genau bestimmt werden, die weiteren Untersuchungen bestanden aus nichts anderem als einer genauen Beobachtung der Befruchtungsvorgänge unter dem Mikroskop. Somit kam es weniger auf die technische Apparatur an als auf die Aufmerksamkeit des Beobachters. Zuerst hatte Hertwig nur beobachtet, wie die Spermien an der Eihaut anhafteten, weshalb er die Vorgänge im Ei selbst nicht sah. Erst als er darauf »aufmerksam« geworden war, erkannte er die eigentlichen Prozesse der Befruchtung (Hertwig 1876, 379). Damit war von vornherein auch der Nachvollzug der Untersuchungen gewährt, konnten doch selbst Laien sich solche Seeigel besorgen und unter dem Mikroskop beobachten. (→ POLYP)

Was jahrhundertelang ein geradezu fundamentalistischer Streit war, im 17. Jahrhundert darüber, ob der erwachsene Organismus im weiblichen Ei (Ovisten) oder im Spermium (Spermisten) vorgebildet sei, fand durch das geeignete Studienmaterial und die Aufmerksamkeit eines geschulten Beobachters

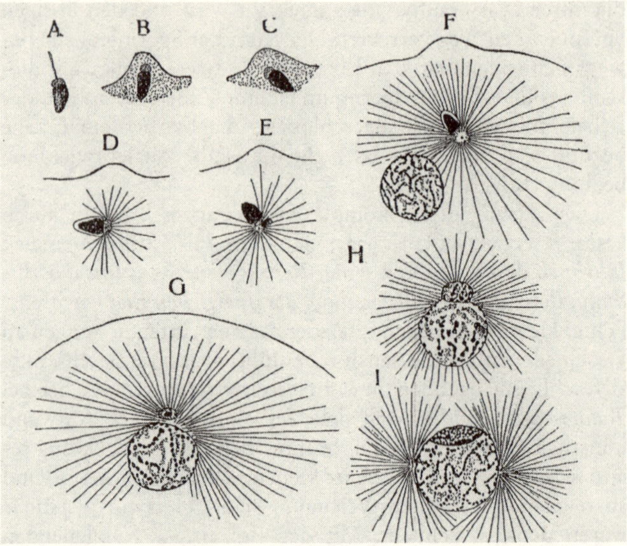

Abb. 2: Innerer Befruchtungsakt: Eintritt des Spermatozoenkopfes in das Ei eines Seeigels (Toxopneustes). In B-F ist die Eintrittstelle als Empfängnishügel markiert. B-E Rotieren des Spermatozoenkopfes. F Trennung vom Mittelstück. G-I Vereinigung des kleineren Spermakerns mit dem umfangreicheren Ei-Kern nach Hertwig 1910.

seine Klärung. So schildert Hertwig seine Erforschung des Befruchtungsvorganges denn auch geradezu als eine Schule des Sehens, Aufmerksamkeit, das heißt die ans Auge gerichtete Evidenz, wird zum Leitbegriff der Entdeckung eines der grundlegendsten biologischen Vorgänge: Die sich bildenden Strukturen entdecken sich dem aufmerksamen Beobachter, interessante Phänomene »fesseln« sein Auge, »man sieht«, wie sich der Spermienkern mit »deutlich wahrnehmbarer Geschwindigkeit« auf den Eikern zubewegt, die »Deutlichkeit« der Anordnung der Dotterkörnchen nimmt bei dieser Wanderung zu. Die Bewegungen des Eikerns jedoch sind langsam, weshalb sie »leicht übersehen werden, wenn man nicht ein Object gewählt hat, in welchem der Eikern recht peripher gelagert

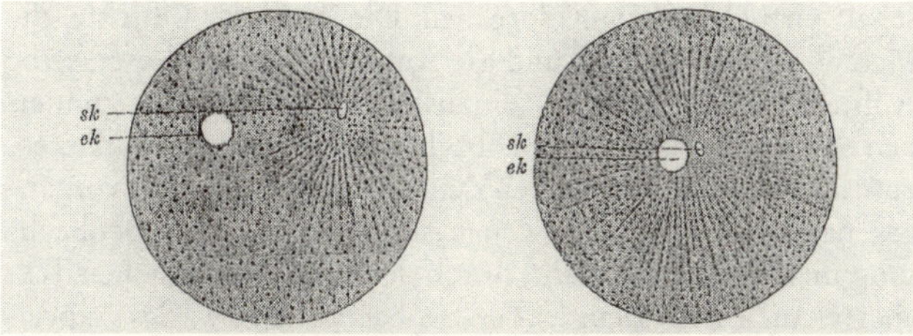

Abb. 3: »Jetzt beginnt ein interessantes Phänomen das Auge des Beobachters zu fesseln«: Samenkern (sk) und Eikern (ek) bewegen sich aufeinander zu nach Hertwig 1910.

ist.« (Hertwig 1876, 380) Deshalb muß die Beobachtung des bloßen Auges nun doch durch Messungen mit dem Mikrometer kontrolliert werden. Wenn sich schließlich die beiden Kerne vereinigt haben, entziehen sich die weiteren Vorgänge »bald vollständig der Beobachtung«. (Hertwig 1876, 381) Weil sich die Vorgänge bis dahin jedem Beobachter erschließen, verdeutlichen nach Hertwig denn auch die Abbildungen besser als jede Beschreibung die Anordnung der Dotterkörnchen in den verschiedenen Stadien. Nachdem Hertwigs Text solchermaßen aufgezeigt hat, daß selbst der größte Laie, wenn er sich Seeigel besorgen und das Mikroskop bedienen kann, das beobachten wird, was Generationen von Biologen nicht sehen konnten, eben weil ihre »Aufmerksamkeit« nicht auf die eigentlichen Prozesse gerichtet war, werden nun doch etwas aufwendigere Versuchsanordnungen nötig, etwa die Behandlung der Eier mit Osmiumsäure (zur Fixierung der Eier) und Beale'schem Carmin (zur Färbung).

Hertwigs Schilderung des Befruchtungsvorganges bei *Toxopneustes lividus* ist ein Meilenstein der Entwicklungsbiologie. Dabei inszeniert sein Aufsatz durch die Verwendung geeigneter Objekte, die durchsichtigen und leicht zu beobachtenden Eier des Seeigels, sowie das leicht verfügbare Mikroskop zuallererst eine Evidenz, die die Leser von der Richtigkeit der Beobachtung überzeugen soll. Mit Steven Shapin und Simon Schaffer (1985) läßt sich von der Herstellung einer Gemeinschaft virtueller Zeugen sprechen: Die Wahl der Objekte, die Metaphorik des Sehens und die Anleitung an den Leser, seine Aufmerksamkeit »richtig« einzustellen, soll die Leser zum einen zur Nachstellung der Beobachtung animieren und anleiten, zum anderen sie zu virtuellen Zeugen des Befruchtungsvorganges machen. Der virtuelle Zeuge ist derjenige, der die Beobachtung nicht selbst vollzieht, durch den wissenschaftlichen Text aber virtuell zum Zeugen der Beobachtung bzw. des Experiments wird, was voraussetzt, daß sich dieser Text einer *literary technology* bedient, das heißt, er muß dem Leser das, was dieser nicht selbst gesehen hat, so vor Augen stellen, als ob er dabeigewesen wäre. Die »virtuelle Zeugenschaft« ist deshalb von größter Bedeutung, weil durch diese die Multiplikation von Zeugen prinzipiell unbegrenzt ist: »It was therefore the most powerful technology for constituting matters of fact.« (Schaffer/Shapin 1985, 60) Der virtuelle Zeuge verkörpert die Funktion, eine experimentelle Gemeinschaft zu etablieren, um den Diskurs zu stabilisieren und bestimmte soziale Relationen herzustellen. Denn letztlich geht es um die Leser wissenschaftlicher Texte, das heißt das wissenschaftliche Publikum, das von der Realität der wissenschaftlichen Fakten überzeugt werden muß. (→ ORNITHOPTER)

So wird denn der Seeigel zum Paradigma einer Sichtbarkeit, die nicht zuletzt die Herkunft des Menschen, *seine* Zeugung selbst, sichtbar machen soll – womit der »Seeigel« schließlich zur Allegorie der empirisch-transzendentalen Dublette wird, die man *den Menschen* nennt.

B. B.

Steinlaus

Stein|laus: (engl.) *stone louse*; syn. Petrophaga lorioti; kleinstes einheimisches Nagetier (Größe 0,3-3 mm) aus der Fam. der Lapivora mit den Subspecies Nieren-St. (Petrophaga lorioti nephrotica), Blasen-St. (P. lorioti vesicae), Gallen-St. (P. lorioti cholerica) u. Gemeine St. (P. lorioti communis); Erstbeschreibung 1983;

Pschyrembel 2004, s. v. Steinlaus

Brehm: von dessen 13 Bänden hat mich immer am meisten interessiert der Band »Fische«. Danach die »Niederen Tiere«. (Am scheußlichsten stets »Insekten«)

Schmidt 1987, 317

Dem Denken der Kritischen Theorie wird eine menschliche Schwäche nachgesagt. Diese hat, aller von ihr betriebenen Kritik an den Massenmedien zum Trotz, ausgerechnet etwas mit den Trivialitäten des Fernsehens zu tun. Theodor W. Adorno soll, so jedenfalls will es die Fama, ein ausgesprochener Fan der amerikanischen Unterhaltungssendung Daktari gewesen sein, die seit 1969 auch in Deutschland ausgestrahlt wurde. (Dazu Müller-Doohm 2003, 709f.) In den Geschichten um eine afrikanische Tierstation und die Belange der im Busch lebenden Tiere stechen neben allen menschlichen Mitläufern vor allem zwei Tiere besonders ins Auge: der schielende Löwe Clarence und eine hektische Schimpansin namens Judy, die durch ihre aufdringliche Agilität den phlegmatischen Löwen um seine in der betulichen Hitze Afrikas benötigte Ruhe bringt. Die Affinität zum Tier und zu dem, was es verkörpert, scheint beim Philosophen Adorno hoch. In einem Brief an den Direktor des Frankfurter Zoos Prof. Dr. Dr. h. c. Bernhard Grzimek (1909-1987) vom 23. April 1965 beschwört er mit den Tieren seiner Kindheit einen Raum biographischer Erinnerung. Es sind die Register der Vertrautheit, der Liebenswürdigkeit, der Possierlichkeit und der Bizarrerie, in die Adornos Erkundigung eingetragen ist.

> Wäre es nicht schön, wenn der Frankfurter Zoo ein Wombat-Pärchen erwerben könnte? Ich kann mich an diese freundlichen Tiere mit viel Identifikation aus meiner Kindheit erinnern und wäre sehr froh, wenn ich sie wiedersehen dürfte. [...] Dann darf ich auch an die Existenz des Babirusa, oder, wie er wohl auf deutsch heißt, des Hirschebers erinnern, der ebenfalls zu den Vertrauten meiner Kindheit gehört; ein liebenswürdig bizarrer kleiner Dickhäuter. Er wird doch nicht, auf den Malayischen Inseln, ausgestorben sein. Und schließlich, wie steht es mit den Zwergnilpferden, die es einmal in Berlin gab? Aber ich will Sie nicht mit gar zu vielen Fragen dieser Art belästigen. (Adorno nach Schütte 2003, 290)

Mit Bernhard Grzimek wird eine Tierberichterstattung adressiert, die für die Fernsehunterhaltung der Nachkriegszeit typisch werden sollte. Dieser Typus erfährt die wohl schärfste Konturierung und Grzimek die wohl trefflichste Parodie ebenfalls im Fernsehen. Anläßlich jener Steinlaus, die Loriot alias Vicco von Bülow einführt, erscheint der Zoodirektor als drolliger älterer Herr im gelben Pullunder, der nicht vom Tierstaat der fernen Serengeti und den dort bedrohten Arten redet, sondern der den Blick durch das Mikroskop auf einen *possierlichen kleinen Nager* mit durch und durch menschlichen Zügen richtet, wobei die Frage nach seiner Existenz offenbleibt. Wenn es Läuse gibt, die auf Blättern, oder solche, die in Haaren leben, warum soll es dann nicht auch eine Steinlaus geben?

Der Weg zur Unterhaltung führt über die Wissenschaft. Grzimek ist ausgewiesener Spezialist für Geflügelkrankheiten und Mitarbeiter des Reichsernährungsministeriums, als wissenschaftlicher Direktor steht er viele Jahre dem Zoologischen Garten in Frankfurt vor. Er ist Herausgeber von *Grzimeks Tierleben. Enzyklopädie des Tierreiches in 13 Bänden*, das die Fachvertreter der Biologie in ihrer großen Breite versammelt (Irenäus Eibl-Eibesfeldt, Adolf Portmann und viele andere). Seine außerordentliche Bekanntheit und damit seine besondere Parodietauglichkeit verdankt er, neben vielen populär ausgerichteten Büchern über den Wolf Dschingis und die Schimpansin Ulla, vor allem seiner Präsenz im deutschen Nachkriegsfernsehen. Seine Sendung *Ein Platz für Tiere* mit dem

Abb. 1: Steinlaus nach *Pschyrembel* 2004.

heimischen Fernsehschreibtisch (und den gelegentlich ins Studio mitgeführten Tieren) ist Legende – brachte sie dem Publikum doch eine andere Ferne nahe als die des reisetechnisch bereits erschlossenen Italien. Sein Engagement für bedrohte Arten und Lebensräume ließ ihn gar in die Nähe der Ökologiebewegung geraten. (→ AUSTER)

Mit Grzimek erreicht ein Narrativ im Umgang mit dem Tier seinen Höhepunkt, dem Adornos Nachfrage ebenso geschuldet ist wie Loriots Laus: Es ist ein Narrativ von Vertrautheit und von Vermenschlichung, das, lange vorbereitet, im Fernsehen vollends zur Geltung gelangen sollte. Die Vermenschlichung ist Effekt einer Zurichtung der Tiere und der Weise, wie diese ihren Eingang in den Diskurs haben finden können. Serien wie die von Heinz Sielmann (*1917) oder Bernhard Grzimek haben einen Blick auf das Tier gerichtet und gefestigt, der vor allem Menschliches zutage fördert. Im Modus der das Gezeigte kommentierenden Erzählung wird die Anthropologisierung des Tieres nachgerade planmäßig betrieben. Fast scheint es, als ob diese Form der Fernsehunterhaltung Zielpublikum und Gegenstand zu einer eingeschworenen Gemeinschaft verschweißt. Es ist die Menschenfamilie, deren Mitglieder mit dem Blick auf das Tier noch einmal und gemeinsam in die Frühstadien des eigenen Sehens regredieren dürfen. Der Hochmut des Menschen gegenüber dem Tier, wie ihn Montaigne beschreibt, hat so eine nicht kategoriale, sondern eine auf die menschliche Lebensgeschichte selbst bezogene Rückseite: Im Blick auf das Tier begegnet sich der Mensch als Kind. Ontogenese und Phylogenese verschieben sich in diesem Blick und durch diesen Blick – im Zeichen von Vermenschlichung und Verniedlichung wird gesehen, aber nicht auf gleicher Augenhöhe. Mögen die Tiere noch so fern sein, mag der Preis eines Umgangs mit ihnen noch so teuer bezahlt sein (wie im Fall des Todes von Grzimeks Sohn Michael bei den großen Tierzählungen in der Serengeti), mag der Aufwand an Geduld und Mitteln noch so groß sein – der Blick lohnt, denn was es zu sehen gibt, ist scheinbar ein Spiegel ohne Flecken. Tiere, die nach gemeinsam eingenommener Mahlzeit zum Sonntagnachmittagsspaziergang antreten, die fürsorglich eingespielte Väter- und Mütterrollen übernehmen, die auf die Jagd gehen oder die Brutpflege übernehmen, während die Tierkinder für das Spiel zuständig sind, dem Kindchenschema folgend Drolligkeit und Possierlichkeit verkörpern. Weil Institutionen und Gewohnheiten gleichermaßen übernommen werden, kann von Elefantenschule und Kinderstube ebenso die Rede sein wie von Mittagsschlaf und Liebesleben.

Die Form der Berichterstattung, die das zu leisten vermag, ist keine genuine Erfindung des Fernsehens. Vielmehr ist sie, wen sollte es wundern, eine Parallelaktion zur Geschichte des Menschen und dessen Leben: Im Zeichen des Lebens gerät am Ende des 18. Jahrhundert zunehmend auch das Tier unter den Druck der Individualisierung, wie der Mensch steht es unter dem Zwang, Individuum werden, und das heißt, sich unterscheiden zu müssen. Vor diesem Hintergrund müssen Typenzuschreibungen, wie sie von der Fabel geleistet wurden und wie sie in der Heraldik Verwendung fanden, einem Trend weichen, der gerade das Besondere am einzelnen Tier dingfest zu machen sucht. Wie der Mensch wird auch das Tier auf ein Leben und mit diesem an das Paradigma der Biographie verwiesen – in jener Doppelgestalt von Verpflichtung und Befähigung, die

Foucault lesbar gemacht hat. (→ HOMO-NIX-SAPIENS) Der Weg dahin verläuft über Schaltstellen, wie sie schon dem Menschen zur Einmaligkeit seines Lebens verhalfen. Dort ist es etwa die alte Erfahrungsseelenkunde, und es sind Autoren wie Karl Philipp Moritz, die Menschen (aber gelegentlich eben auch Tiere) in all ihren Belangen beobachten, aufschreiben und so ein entsprechendes Individuationswissen bereitstellen. Ihre *Magazine* werden zum nichts auslassenden Ort der Kasuistik menschlicher Seins- und Verhaltensweisen. (Moritz 1986)

Ähnlich verfährt auch die Tierseelenkunde. Mit Textsorten, die der Tierberichterstattung gelten, und vor allem im Genre der Anekdote schlägt die veränderte Aufmerksamkeit für das Tier buchstäblich zu Buche: Die *Animal Biography* des Engländers William Bingley von 1803 kann als Pars pro toto für eine Fülle vergleichbarer Bemühungen gelten. Die kurz darauf erschienene deutsche Übersetzung durch Johann Adam Bergk (1804/05), einer jener Orthopäden der menschlichen Individualität, stellt klar, wie es zu dieser Sattelzeit um die Tiere bestellt ist: *Biographien der Thiere oder Anekdoten von den Fähigkeiten, der Lebensart, den Sitten und der Haushaltung der thierischen Schöpfung. Nach dem Engl. mit Zusätzen bearb. und mit einer Einleitung über die Psychologie der Thiere versehen von J. A. Bergk.* Die Frage ist zu Zeiten Bingleys und Bergks also nicht mehr, ob die Tiere des Teufels und psychologisch unerschließbar seien, sondern die, welche Seelenkunde für die Belange der tierischen Psyche zuständig ist. Weil derlei Psychologisierung universal angelegt ist und nicht nur für ausgewählte Tiere gilt, beginnt eine großangelegte Kartierung animalischer Seelenlandschaften. In voller Breite findet sich diese 1840 im *Versuch einer vollständigen Thierseelenkunde* von Peter Scheitlin – vom philosophischen Storch bis hin in die Welt von Insekten und Reptilien scheint nichts seiner Aufmerksamkeit zu entgehen. Scheitlins umfänglicher Versuch gilt als konzeptuelles Vorbild für einen Klassiker der Tierberichterstattung: für das *Thierleben* Alfred Brehms (1829-84), das mit seinen zahlreichen Auflagen und nicht zuletzt wegen seiner Bebilderung für eine bestimmte Tierberichterstattung kanonisch werden sollte. Das Tier wird so einem breiten Publikum zugänglich gemacht und untersteht einer Tendenz zur Popularisierung, wie sie auch von anderer Seite betrieben wird. Veröffentlichungen über das Liebesleben der Tiere im allgemeinen und der Hirsche im besonderen gerieten so populär, daß ihnen auf ihre Weise stimmig eine verbreitete Form der Wohnzimmerbebilderung entsprechen konnte. Ein Regelkreis von Individualisierung, Popularisierung und Anthropologisierung ist geschlossen, in dessen Eigenlogik das Tier den Menschen erreicht: in Berichten und Illustrationen, in Tierdokumentationen und im Zuge der Unterhaltung, in Sendungen, in denen die Tiere direkt in die menschlichen Fernsehfamilien integriert sind: wie in der seit 1995 ausgestrahlten Serie *Unser Charly*, in der ebenfalls ein hektisch hin und her springender Schimpanse für angenehme Turbulenzen sorgt. In der Fernsehunterhaltung, die Adorno privat so sehr schätzte, hat Judy im Gender-Crossing überlebt.

Das Tier erreicht die Moderne vielgestaltig, weil im Zeichen der dieser Moderne eigenen Ausdifferenzierung: Es erreicht die Moderne als Wissenschaftsobjekt und Wissensfigur, als Menschenersatz und Übertier, weniger abstrakt, es erreicht die Moderne als zunehmend industriell gefertigtes Nahrungsmittel und Plüschtier, als Gegenstand von Unterhaltung und Forschung, in Schlachthöfen und im Zirkus, in den Labors und in den Kinderzimmern, in Pet-Shops und in Taubenschlägen, als Objekt der Erinnerung und als Subjekt bloßen Lebens, als Haupttext und als Fußnote des Menschen. So vielfältig seine Erscheinungsformen sind, so artenreich sind die Formen der Berichterstattung: Diese reichen von den Tierlebensbeschreibungen der Literatur, in denen fiktive Tiere wie E. T. A. Hoffmanns *Kater Murr* zu Biographien gelangen, die denen des Menschen in nichts nachstehen, bis hin zu den Protokollen der Verhaltensforschung, die das Verhalten auf Serien gleicher Daten reduzieren. (→ RATTE)

In Erscheinung tritt das Tier auch immer wieder im Zeichen der Zahl. So unternimmt die Tierberichterstattung den Vergleich animalischer Leistungen mit denen des Menschen. In einer Art animalischem Dreisatz wird das Tier als sportives Ereignis und als Verhältnis lesbar: Diese Denkfigur konstatiert ein

Leistungsverhältnis des Tieres – daß es etwa das Vierfache seines Körpergewichts tragen kann, daß es sich ein Vielfaches seines Körpergewichts als Nahrung zuführen muß, daß es fünfmal so weit springt, wie seine eigene Körperlänge mißt, um es dann auf den Menschen zu übertragen. Auch in diesen Zahlenspielen kommt das *Über* zur Geltung. Im Modus der Zahl werden Vorstellbarkeiten und Vergleichbarkeiten hergestellt, die das Unvorstellbare des Tieres um so deutlicher nach außen treten lassen. Anders gesagt: Die jeweils andere Daseinsart von Mensch und Tier wird in dieser Ordnung von Relativität und Absolutheit sowohl betont als auch eingeebnet.

Im Zuge dieser Erscheinungsvielfalt geraten Phänomene in den Blick, die das anthropologische Selbstverständnis des Tieres stören und als Befunde gängigen Narrationen im Wege stehen, da sie nicht oder nur schwer in diese einzupassen sind: Kloakenkannibalismus bei Hühnern, das Töten und der Verzehr des eigenen Nachwuchses bei Ratten, Formen radikaler, weil tödlich endender Arbeitsteilung bei Ameisen, all das paßt nur wenig zum Bild, erzeugt einen Schauder, weil es den Menschen nicht zu betreffen scheint und ihn doch betrifft. Hinzu kommt aber auch eine eigenwillige Ignoranz tierischen Verhaltens gegenüber den Konventionen menschlicher Scham – wie sie anläßlich einer Safari sichtbar wurde, bei der in Jeepnähe ungeniert kopulierende Elefanten einer amerikanischen Präsidentenfamilie sämtliche Blicke verschlugen. Weil die Reduktion auf Bizarrerie und Possierlichkeit, auf Anthropologisierung und Popularisierung nie bruchlos aufgegangen ist, erhält das Tier in seiner Sperrigkeit die Option theoretischer Stärke.

Diese erreicht auch den Philosophen Adorno, für den das Tier nicht nur die Organisation privater Erinnerungsräume im Zeichen von Kindheitsidyllen und ihrer so fern klingenden Namen übernehmen sollte. Was aus der Tierwelt zurückgespiegelt wird, bei Daktari, Sielmann oder Grzimek, ist nicht das Andere, das nicht Beherrschbare, das Animalische, das Triebhafte, sondern ein merkwürdig domestizierter Mensch, ein Mensch, der im Wirtschaftswundertaumel eine Zeit vergißt, die nun ihrerseits immer wieder im Namen des Tieres, weil als größte

Bestialität beschrieben wurde. Vor dem Hintergrund dieser Bestialität gerät dem Philosophen Adorno das Tier noch einmal in den Blick, diesmal anders, verstörend, als Moment nicht des biographischen Einvernehmens, sondern als Moment radikaler Trennung. Mit seiner Einschätzung, *das Tier sei dem Idealisten, was dem Faschisten der Jude* ist, läßt er dem Tier eine politische Positionierung zukommen, deren Radikalität schwer zu überbieten ist: Diese wird in ihrer philosophischen Verlängerung nicht mehr den Erinnerungsraum der Biographie adressieren, sondern eine Biopolitik und mit dieser eine Philosophie des nackten Lebens. (→ GRAUGANS, ZECKE)

Damit ist das Einvernehmen in der Regression des Sehens, zwischen Wombat und Kindheit gebrochen. Und gerade das setzt die Steinlaus noch einmal in Szene. Loriots im Fernsehen vorgeführter Blick durch das Mikroskop auf die Steinlaus zitiert unterschwellig eine Geschichte der optischen Medien und ihren Vorstoß in eine Welt kleiner Dinge, eine Welt, die ständig vor Augen liegt und doch nicht gesehen wird. (→ POLYP) Er greift auf, was im Umfeld der frühen Mikroskopie spielt und dort zu einem Kurzschluß von Kleinheit, Possierlichkeit und Unterhaltung führt: einen Blick, den etwa Robert Hooke (1635-1703) mit seiner *Micrographia* oder der Nürnberger Miniaturenmaler Johann Rösel von Rosenhof (1705-1759) mit seiner *Insectenbelustigung* von 1740 vor Augen stellen. Zutage tritt unter dem Mikroskop eine Welt für sich.

Loriot führt diesen Blick vor, er setzt ihn gerade in jenem Medium in Szene, das so sehr zu seiner Etablierung beigetragen hat. Mit seiner Steinlaus führt er eine zoologische Novität ein, ein Tier, das es nicht oder nur dem Fernsehen geschuldet gibt und das zu einem Emblem der Spaßwissenschaftsgesellschaft werden sollte. Als solches mäandert sie in der literarischen Gattung des Nihilartikels durch die jeweiligen Auflagen des Klinischen Wörterbuchs *Pschyrembel.* Anläßlich der Laus betreibt der Mensch mit einigem Aufwand Spaßforschung am Tier, indem er etwa ihre Rolle für das Krankenversicherungssystem untersucht oder über ihre Verbreitung in wissenschaftlichen Bibliotheken arbeitet. (Dazu stellvertretend http://www.florian-seiffert.de/doc/steinlaus.pdf [1])

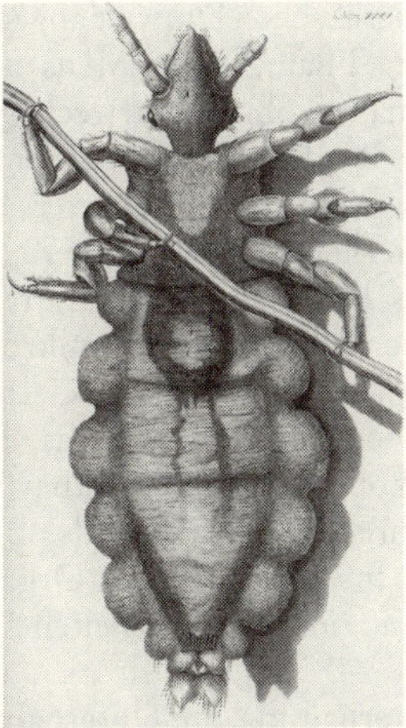

Abb. 2: Floh nach Hooke 1667.

Mit der Steinlaus ist aber nicht nur das Wissen auf den Hund gekommen. Zugleich ist mit ihr ein Stück Fernsehgeschichte an seinen Höhepunkt gelangt und mit diesem jenes Narrativ, das die Tiere so sehr den Menschen anzugleichen suchte. Die Berichterstattung, wie sie Loriot anläßlich seiner Laus nachstellt, hat mit einer *technischen* Mediengeschichte des Tierfilms wenig zu tun, für die der Name Grzimek auch steht. Das Genre des Tierfilms setzt an mit einer Kulturfilmbewegung in den 30er Jahren, der es vor allem um technische Aspekte zu tun war: Das Filmen unter Wasser und die Langzeitbeobachtungen an irgendwelchen Nistplätzen stellten große Anforderungen an die technische Ausrüstung, hinzu kommen die Entlegenheit der Aufenthaltsorte und die Scheu der Tiere gegenüber den Dispositiven der Beobachtung – alles Herausforderungen, die der Blick auf die Steinlaus unterschlägt.

Loriots Laus adressiert nicht die Vertrauten der Kindheit, sondern die Vertrauten eines anthropologischen Klischees. Loriots Laus braucht niemandem über die Leber zu laufen, und sie ist ebensowenig Stein eines Anstoßes: Sie erscheint als Einzelgänger, in ihrer mineralischen Umwelt abgedichtet von den Belangen anderer Tiere, Pflanzen oder Menschen. Sie ist Teil eines Lapidariums, zermalmt ohne Stoffwechsel und Exkrement, ohne das, was die Biologie Sättigungshemmung nennt. Der Steinhaufen ist weggeputzt, verzehrt, zersetzt, ohne daß dem Tier in seiner Possierlichkeit von dieser Zersetzung etwas eignete. Die Steinlaus hinterläßt keine Spuren, macht auf dem Fernseh-Schreibtisch und im Fernsehmikroskop rasant *tabula rasa*. Sie ist frei von Widerspenstigkeit, anarchisch subversiv, sie zersetzt, ohne zersetzend zu sein. Was, im Fernsehen und durch das Mikroskop betrachtet, sichtbar wird, ist eine Welt ohne Spuren, auf ihre Weise steril, so als ob sich Walter Benjamins Befund von der Auflösung alles Organischen durch den Zeichentrickfilm endgültig bewahrheiten sollte. (→ MICKEY MOUSE)

Am Tier der Unterhaltung, am Unterhaltungstier der Trickanimation wird das Denken über den Menschen virulent. Im Zeichen des Tieres verdrängt der Mensch seine eigene Animalität, und umgekehrt ist die Vermenschlichung des Tieres so weit getrieben, daß auch hier Gegenbewegungen nicht ausbleiben. In *Madagaskar*, einem Film von 2005, sind es die Tiere, die ihrer Vermenschlichung müde geworden sind und aus einem Tiergarten, der viel mehr ein Menschenpark ist, ausbrechen. Erstmalig geraten die zivilisationsmüden Tiere an eine Natur, die sie selbst bisher nur vom Hörensagen kennen. Die Folge ist ein veritabler Naturschock der Tiere und mit diesem die Welt der Unterhaltung wieder um einen Plot reicher – nicht aus Gründen von Erfindung, sondern als Effekt einer Ordnung der Tiere, die immer auch eine Ordnung des Wissens ist. Wie Foucault einmal schrieb, ist es der Blick auf die Geschichte des Wissens, der durch die Vermenschlichung verstellt ist. Der Einsatz ist so hoch wie der Anspruch seiner *Ordnung der Dinge*, höher jedenfalls, als es der Blick auf die Unterhaltung sichtbar macht. Am Ort des Tieres entscheidet sich die Verortung des Menschen, am Wissen um das Tier entscheidet sich das Wissen des Menschen.

Die geringste Abweichung im Verhältnis zu diesen strengen Ebenen läßt das Denken in das von den Humanwissenschaften besetzte Gebiet stürzen. Daher rührt die Gefahr des ›Psychologismus‹, des ›Soziologismus‹ – dessen, was man mit einem Wort als ›Anthropologismus‹ bezeichnen könnte –, die sofort bedrohlich wird, sobald man die Beziehungen des Denkens und der Formalisierung nicht korrekt reflektiert oder sobald man die Seinsweisen des Lebens, der Arbeit und der Sprache nicht wie notwendig gebraucht. Die ›Anthropologisierung‹ ist heutzutage die große innere Gefahr der Wissenschaften. (Foucault 1990, 417)

S. R.

Zecke

> Diese Desorientierung hat ihren expressiven Höhepunkt in Uexkülls Beschreibung der Umwelt des Ixodes ricinus erreicht – besser bekannt als Zecke –, die sicherlich zusammen mit Ubu roi und Monsieur Teste den Gipfel des modernen Antihumanismus darstellt.
>
> *Agamben 2002, 54*

> Der Begriff der Umwelt darf nicht als eine Art Restkategorie mißverstanden werden. Vielmehr ist das Umweltverhältnis konstitutiv für Systembildung. [...] Auch ist die Umwelt nicht nur für die »Erhaltung« des Systems, für Nachschub von Energie und Information bedeutsam. Für die Theorie selbstreferentieller Systeme ist die Umwelt vielmehr Voraussetzung der Identität des Systems, weil Identität nur durch Differenz möglich ist.
>
> *Luhmann 1999, 242f.*

Als Überträger der Frühsommer-Meningo-Encephalitis (FSME) und der Borreliose ist der Ruf der Zecke heute kein sonderlich guter. Als dieser Zusammenhang jedoch noch nicht bekannt war, fand die Zecke, der sogenannte Holzbock, in Karl von Frischs Bericht über die »kleinen Hausgenossen« des Menschen (1966) noch als relativ harmloses Tier ihre Erwähnung. (→ Steinlaus) Zur artenreichen Gruppe der Milben zählend, war ihm die Zecke ein Schmarotzer unter vielen. Etwa ist die Mehlmilbe ein bekannter Vorratsschädling; die Krätzmilbe ruft die gleichnamige Hauterkrankung hervor; die Bienenmilbe haust in den Atemwegen der Honigbienen und kann ganze Bienenvölker vernichten, während die Käsemilbe zur Käsebereitung gezüchtet wurde. Zwar führt auch von Frisch vom Erstikken bis zum Abfackeln diverse Techniken ihrer Entfernung an (von denen heute jeder Apotheker abraten würde), doch im Grunde könne man auch einfach abwarten, bis sich die blutsaugenden und dabei ihr Gewicht um mehr als das Zweihundertfache vergrößernden Weibchen mit gefüllten Mägen von selbst losließen.

Frischs wohlwollend-großzügigem Blick auf die Zecke zum Trotz war sie jedoch, wie Meyers Großes Konversations-Lexikon von 1909 berichtet, als Überträgerin von *Piroplasmen*, die Haustiere befallen, längst bekannt. Die Entdeckung der *Piroplasmose*, auch als Zeckenkrankheit bezeichnet, markiert ein zentrales Datum in der Geschichte der Parasitologie – so wäre, wie W. D. Foster schreibt, keine Geschichte der Parasitologie vollständig, die nicht auf die Untersuchungen von Theobald Smith zur Epidemiologie des Texas-Fiebers, einer in Nord- und Südamerika verbreiteten Rinderkrankheit, eingehe. Dessen 1893 gemeinsam mit dem Veterinär F. L. Kilborne verfaßte Arbeit sollte zu einem Standardwerk der wissenschaftlichen Feldforschung werden. Erst nach dieser Arbeit konnte erkannt werden, daß die *Piroplasmose* unter unterschiedlichen Namen in der ganzen Welt verbreitet war: so in Europa als die verbreitete Hämoglobinurie der Rinder, in Südafrika als das bei Rindern auftretende Küstenfieber (neben der Rinderpest die verheerendste Rinderseuche) oder als die ebenfalls in Südafrika verbreitete Pferdepiroplasmose, die fälschlich als Pferdemalaria bezeichnet worden war. Um herauszufinden, wie das Texas-Fieber hervorgerufen und übertragen wurde, richtete Smith 1889 eine Forschungsstation in der Nähe von Washington ein. Ausgangspunkt war die Vermutung der Rinderbesitzer, daß Zecken für die Erkrankung verantwortlich seien. Über diese war allerdings so wenig bekannt, daß Smith zuerst deren Biologie erforschen mußte, bis er damit anfangen konnte, Zecken zu züchten und auf Rinder anzusetzen. Smith klärte schließlich in zahlreichen Experimenten die Rolle der Zecken als Überträger des parasitischen Krankheitserregers *Babesia bigeminum*. (Foster 1965, 153)

Die Rolle der Zecke im 20. Jahrhundert liegt jedoch nicht nur in ihrer Bedeutung für die Parasitologie oder für die Metaphorologie des »Blutsaugers«. Vielmehr erhielt sie durch das Werk Jakob von Uexkülls den Status eines *Exempels* für ein bestimmtes Verhältnis von Organismus und Umwelt. Es ist diese Uexküllsche Zecke – jenseits von Kategorien der Ansteckung oder des Schmarotzertums – die bei Philosophen wie Erich Rothacker und Arnold Gehlen, bei Gilles Deleuze/Felix Guattari und Giorgio Agamben als philosophische Zecke wieder auftauchen wird – und doch ist es bereits nicht mehr dieselbe Zecke, wie im folgenden zu zeigen ist.

Uexkülls Umwelt-Lehre, in der die Zecke ihren prominenten Auftritt haben wird, steht im Kontext der um 1900 einsetzenden Experimentalisierung des Verhaltens. Konzentrierte sich im 19. Jahrhundert der experimentelle Zugriff der Physiologen auf den lebenden Körper und dessen Vitalfunktionen, wurde um 1900 der Komplex des Verhaltens zum Gegenstand der Experimentwissenschaftler. So etablierten sich eine Vielzahl theoretischer Ansätze, deren Gemeinsamkeit darin lag, das Verhalten von Tieren objektiv, und das heißt experimentell, zu untersuchen, wobei die Beschäftigung mit dem Tier stets nur den Vorlauf für die Fassung menschlichen Verhaltens bildete. Dabei konstituierten sich Theorien wie die Verhaltensphysiologie, Tropismus-Lehre, Gestalttheorie, Behaviorismus oder später die Kybernetik zuallererst in Gegenwendung zur zeitgenössischen Tierpsychologie, die menschliche Eigenschaften auf den Menschen übertrug. Wissenschaftler wie Iwan Pawlow (1849-1936), Jacques Loeb (1859-1924) oder Jakob von Uexküll (1864-1944) suchten dagegen eine neue, objektive Perspektive auf das Verhalten von Tier und Mensch. Dazu mußte die Verhaltensphysiologie geradezu neu erfunden werden, etwa entwickelten Theodor Beer, Albrecht Bethe und Jakob von Uexküll in dem Aufsatz *Vorschläge zu einer objektiven Nomenklatur in der Physiologie des Nervensystems* (1899) eine neue Terminologie, die nicht zuletzt für die Behavioristen wegweisend wurde. Damit sollte zum einen das Verhalten der Tiere auf wissenschaftliche Grundlagen gestellt, zum anderen eine anthropomorphe Betrachtung des Tieres vermieden werden. Gleichwohl blieb das Tier das Substitut und damit Vorbild des Menschen: Ob Iwan Pawlows Reflexologie das Feld einer objektiven Psychologie konstituierte, die Phänomene des Verhaltens und des »Geistes« mit den Termini der Mathematik und Physik zu beschreiben versuchte und die aus Versuchsanordnungen wie dem Hund im Gestell oder der Katze im Käfig die anthropologische Konsequenz zogen, nämlich die Nivellierung der Unterschiede von Tier und Mensch (→ HUND), ob der amerikanische Behaviorismus ein Programm entwarf, das die beliebige Formbarkeit und Manipulation tierischen und menschlichen Verhaltens in den Vordergrund stellte (→ RATTE), ob Konrad Lorenz (1903-1989) die Degenerationserscheinungen des modernen Menschen über den Vergleich von Wild- und Hausgans diagnostizierte und entsprechende eugenische Maßnahmen forderte (→ GRAUGANS) oder ob Edward O. Wilson (*1929) den sozialen Menschen am Modell der Ameise erfand (→ AMEISE).

Uexkülls Umwelt-Lehre versuchte sich gegen die klassische Tierpsychologie, Pawlows Verhaltensphysiologie, die Gestalttheorie und den aufkommenden Behaviorismus zu positionieren. Gerade weil in der Frage, wie Verhalten zu beschreiben sei, eine heftige Debatte entbrannt war, mußte Uexküll »seine« Umwelt-Lehre dem wissenschaftlichen sowie dem nichtwissenschaftlichen Publikum nahebringen. Denn die Frage nach dem Verhalten der Tiere ist immer bezogen auf den Menschen, also darauf, ob dessen »Seinsweise« vom im Gestell eingespannten Hund, der durch das Labyrinth irrenden Laborratte oder den kistenstapelnden Schimpansen abgeleitet wird.

Im Falle Uexkülls sollte der Zecke eine bedeutende Rolle zukommen und zwar nicht als Experimentalobjekt, sondern als Gegenstand einer *Narration*. Die Erzählung der sukzessiven Abfolge von Reizen und Reaktionen führt in idealer Weise das Zusammenspiel von Bauplan und Umwelt vor: Die Hautdrüsen eines Säugetieres bilden Buttersäure, die von der Zecke als Reiz aufgenommen wird. In der Terminologie von Uexkülls heißt das: Der Reiz der Buttersäure löst im Merkorgan der Zecke spezifische Merkzeichen aus. Diese bilden zum einen die Merkmale des Objekts, des Säugetieres. Zum anderen werden Impulse ausgelöst, durch welche das Wirkorgan der Zecke tätig wird. Mit diesem Wirkorgan beherrscht das Tier die Bewegungen der Effektoren, die die Antworten des Tiersubjekts an die Außenwelt erteilen. In diesem Fall läßt sich die Zecke auf das Säugetier fallen. Die herabfallende Zecke stößt nun die Haare des Tieres an. Dieses Wirkmal des Anstoßes löst ein Tastmerk-

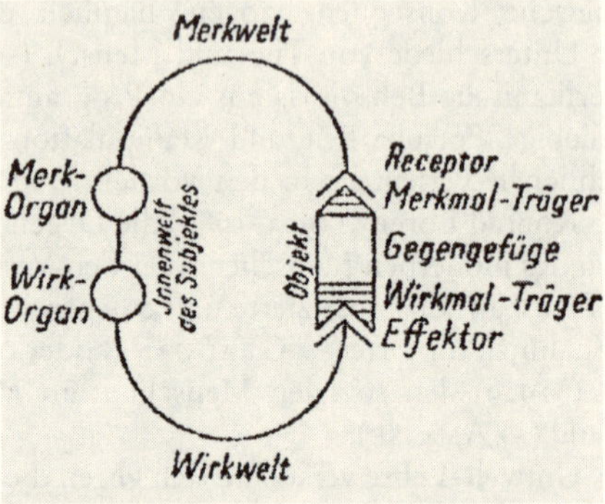

Abb. 1: Funktionskreis nach Uexküll/Kriszat 1956.

mal aus, durch welches das Geruchsmerkmal der Buttersäure gelöscht wird. Das neue Tastmerkmal löst dann ein Herumlaufen aus, bis die Zecke auf eine haarlose Stelle trifft und das Tastmerkmal durch das Merkmal Wärme abgelöst wird. Die Zecke bohrt sich in die Haut.

Auf zwei Dinge kommt es Uexküll an: zum einen, daß sich diese beschränkte Umwelt der Zecke aus ihrer spezifischen Sinnes- und Bewegungsorganisation ergibt, zum anderen, daß Wahrnehmung und Bewegung in einem Funktionskreis miteinander verkoppelt sind, d. h. das Verhalten der Zecke ist bestimmt durch einen Rückkopplungsprozeß. Bestimmte Reize lösen Bewegungen des Tiers aus, die auf den auslösenden Reiz verändernd einwirken, ihn »löschen«. Dadurch kommt es zu einer neuen Reizsituation, welche neue Bewegungen auslöst usw., bis das endgültige Ziel erreicht ist: Das Verhalten der Zecke wird durch ein bestimmtes Ziel gesteuert.

Dieses Verhältnis von Organismus und Umwelt veranschaulicht das Schema des Funktionskreises, der nichts anderes ist als die schematische Fassung dessen, was Uexküll als das Tier-Subjekt beschrieben hat. Uexkülls Zeckenerzählung führt die Kernbegriffe und -konzepte der Umwelttheorie vor, so die zentrale These, daß jedes Tier in einer eigenen Umwelt lebt, welche durch seinen Bauplan, den Bau seiner Sinnes- und Be-

Dorfstraße photographiert

Dorfstraße durch ein Gitter aufgenommen

Abb. 2: Wahrnehmungsweisen nach Uexküll/Kriszat 1956.

Dieselbe Dorfstraße für ein Fliegenauge

Dorfstraße für ein Molluskenauge

Abb. 3: Wahrnehmungsweisen nach Uexküll/Kriszat 1956.

wegungsorgane bestimmt ist: Die Organisation des Organismus konstituiert seine Umwelt, ein »festes, aber unsichtbares Glashaus«. (Uexküll 1920, 58) Weiterhin grenzt sich Uexküll anhand der Zecke von der These ab, daß Tiere nur Maschinen seien: Während die Zecke für den Physiologen eine Maschine mit Rezeptoren und Effektoren ist, die durch einen Steuerapparat im Zentralnervensystem verbunden sind, setzt Uexküll dem eine biologische Betrachtungsweise entgegen, gemäß der Lebewesen Subjekte sind, die in einer spezifischen Umwelt leben: Während die Maschine eine heteronome, von außen bestimmte Entität ist, sind Organismen autonome Entitäten, die in einer Umwelt leben, welche sie selbsttätig durch ihre Organisation erzeugen und innerhalb deren sie ihr Verhalten selbst steuern und koordinieren, d. h. es sind, nach Uexküll, Subjekte – weshalb die Zecke nicht als eine Maschine, sondern mit einem die Maschine lenkenden Maschinisten zu vergleichen sei.

Hatte von Uexküll die Umwelt-Lehre mit experimentellen Untersuchungen an marinen Invertebraten wie Seeigeln, Katzenhaien oder Schlangensternen begonnen, ihr in Büchern wie der *Theoretischen Biologie* eine theoretische Fassung gegeben und sie in der Erziehung von Blindenhunden praktisch umgesetzt, so übertrug er in seiner Monographie *Staatsbiologie. Anatomie – Physiologie – Pathologie des Staates* (1920/33) die Umwelt-Lehre direkt auf den Staatsorganismus, ein »vielgestaltige[s] Wabenwerk[es] von Umweltzellen«. (Uexküll 1933, 37) Entsprechend ergibt sich die Organisation des Staates aus der Organisation der Tiere – wird hier das Funktionieren der Gesamtheit der Organe durch eine »straffe Zentralisierung durch das Nervensystem« gewährleistet, so müsse die Zentralisierung im komplexeren Menschenstaat noch ausgeprägter sein. Mit dem Nervensystem der Tiere als Ordnungsorgan des Körpers vergleicht von Uexküll nun das Beamtentum im Staate, denn: »Die Obrigkeit ist es, die die Ordnung im Staate gewährleistet. Und ein Staat ohne Obrigkeit ist eine ebensolche Unmöglichkeit wie ein Tier ohne Nervenssystem«. (Uexküll 1933, 31)

Aus diesem Grunde ist für den Monarchisten Uexküll die einzige Organisationsform des Staates die Monarchie, jeder

Staat gipfele in einem höchsten Beamten, der den »Gesamtrhythmus« der staatlichen Funktionen beherrsche. (Uexküll 1933, 29) (→ Barsch) Nachdem Uexküll die Idealform eines harmonischen Staatsorganismus entworfen hat, stellt er in dem Kapitel »Pathologie des Staates« fest, daß diese perfekte Staatsform gegenwärtig nicht erreicht sei. Uexküll schreibt die Stereotype einer Kulturkritik weiter, die in der Moderne nichts als Degeneration und Fäulnis erkennt, hervorgerufen durch die Amerikanisierung, die antistaatliche Presse, Niedergang des Pflichtgefühls gegenüber staatlichen Organen oder durch Parasiten, nämlich fremdrassigen Einwohnern des Staates, die sich zu einer Organisation innerhalb der Staatsorganisation zusammenschließen und somit einen Staat im Staat bilden. Für den Staatsbiologen ist die Diagnose denn auch eindeutig: »Es ist somit ein Zustand eingetreten, der auch in unserem Körper eintreten würde, wenn an Stellen der Großhirnzellen die Mehrzahl der Körperzellen zu beschließen hätte, welche Impulse den Nerven zu übermitteln sind. Einen solchen Zustand nennt man ›Blödsinn‹«. (Uexküll 1933, 67) Eine Heilung dieses Zustandes sei nur möglich durch eine »naturwissenschaftlich betriebene Staatsbiologie«. (Uexküll 1933, 79) In Deutschland hat nach Uexküll der Nationalsozialismus den Weg hierzu vorbereitet: Für Deutschland nämlich sei die Gefahr der Auflösung des Staatsgewebes durch Adolf Hitler gebannt worden.

Was die Erzählung von der Zecke anschaulich vorgeführt hat, nämlich das Verhältnis von Organismus und Umwelt, wird in Uexkülls Staatsbiologie radikal auf den Menschen appliziert. Damit hat von Uexküll den Schritt von den tierischen Umwelten zu den menschlichen Umwelten vollzogen, der für die Philosophischen Anthropologen zentral werden sollte, ließen sich doch anhand des Organismus-Umwelt-Verhältnisses die Unterschiede von Tier und Mensch bestimmen. Etwa entwickelte Erich Rothacker seine kulturanthropologischen Überlegungen zum Verhältnis von Mensch und Umwelt in direktem Anschluß an Uexküll. Dabei ist es die Zecke, die in ihrem simplen Umweltverhältnis pointiert die »Umwelteinengung durch die Organe« veranschaulicht. (Rothacker 1948, 159) Was an der Zecke evident wird, gilt nach Rothacker prinzipiell auch für die feste Relation von Mensch und Umwelt. So zeige sich die anthropologische Relation an dem Beispiel des Waldes, der für den Bauern ein Gehölz, für den Förster ein Forst, für den Jäger ein Jagdgebiet, für den Wanderer kühler Waldesschatten, für den Verfolgten Unterschlupf oder für den Dichter Harzduft sei. (Rothacker 1948, 161)

Auch wenn Rothacker nicht wie Uexküll eine Staatsbiologie entwirft, sondern eine Kulturanthropologie, die in die menschliche Umwelt kulturgeschichtliche Tatsachen einführt, bleibt er doch dessen Schema verpflichtet. Auch Arnold Gehlen kann von Uexkülls Zecke über die Stachelbewegungen des Seeigels als Reaktion auf einen vorbeischwimmenden Fisch, die Fluchtreaktion der Pilgermuschel auf den Seestern Asterias, die auf Blütenformen ausgerichtete Sinneswahrnehmung von Bienen und die auf die Lautäußerungen von Fledermäusen ausgerichtete akustische Wahrnehmung von Nachtschmetterlingen bis zu den höheren Tieren vordringen. (Gehlen 1986, 74f.) Im Gegensatz zu Rothacker grenzt sich jedoch Gehlen von Uexkülls direkter Übertragung der Umwelt-Lehre auf den Menschen ab. Denn an der Stelle, an der beim Tier die Umwelt stehe, stehe beim Menschen die »zweite Natur«, d. i. die Kultursphäre: Der Mensch ist von Natur aus ein Kulturwesen, wie die prägnante Formel der Philosophischen Anthropologie lauten sollte. (→ Pferd)

Die Kultur tritt dabei allerdings nicht an die Stelle der tierischen Umwelt, sondern die Beziehung Mensch-Umwelt ist nach Gehlen dadurch charakterisiert, daß der Mensch im Gegensatz zum Tier ein »nicht festgestelltes« Wesen ist, das Unfertigsein gehört zu seinen physischen Bedingungen, weshalb er ein Wesen der Zucht sei: »Selbstzucht, Erziehung, Züchtung als In-Form-Kommen und In-Form-Bleiben gehört zu den Existenzbedingungen eines nicht festgestellten Wesens.« (Gehlen 1986, 32) Der Mensch muß sich und seine Umwelt, die Kultur, selbst herstellen. Wenn dies aber geschehen ist, benötigt er vor allem Sicherheit: »Man muß darüber hinaus sehen, daß die Institutionen eine Verhaltenssicherheit und gegenseitige Einregelung möglich machen, wie sie von den verunsicherten Instinktresiduen gerade nicht geleistet wird, so daß man in stabilen Gefügen lebt, wie das Tier in seiner Umwelt.« (Gehlen 1969, 96) Damit ist Gehlen wieder zu Uexküll zurückgekehrt.

Wie sich die Philosophische Anthropologie, die weitgehend Uexkülls Konzept der Konstitution der Umwelt durch den Bauplan des Organismus folgt, mit der Systemtheorie Niklas Luhmanns, in der sich Systeme durch ihre Unterscheidung von einer Umwelt konstituieren und in der die Umwelt stets komplexer als das System ist, koppeln läßt, hat der Literaturwissenschaftler Karl Eibl in seinen neueren Versuchen einer biologischen Fundierung der Kulturtheorie gezeigt. Wie den Philosophischen Anthropologen geht es auch Eibl, nun im Anschluß an die Genetik, um die Beschreibung der »Zweistämmigkeit des menschlichen Verhaltens«, d. h. der Kopplung von genetischen Dispositionen und kultureller Konditionierung. (Eibl 1995, 12) Aus Perspektive der Systemtheorie lasse sich hierbei festhalten, daß die Entwicklung von Organismen nicht nur durch passive Selektion geschehe, sondern auch das Verhältnis der Organismen gegenüber ihrer Umwelt sei selektiv: »Erst diese doppelte Selektion konstituiert das Verhältnis von System und Umwelt in der Geschichte, wobei die Umwelt ›in letzter Instanz‹ das Sagen hat und Organismen mit unpassender Selektion ausmerzt.« (Eibl 1995, 14)

Die spezifische Position des Menschen zwischen Natur und Kultur ergibt sich dabei ex negativo – nämlich aus der Erzählung von der Zecke, die nun die Bühne der Kulturtheorie betritt: Bei der Zecke, einem »genetisch spezialisierten Organismus«, bestimme allein die biologische Festlegung die relevante Umwelt. So konstruiere die Zecke ihre Welt mit der simplen Unterscheidung Buttersäure/Nichtbuttersäure, Blut/Nichtblut und reduziere durch diese Selektion die Komplexität der Welt. Die Zecke sei demnach ein System, das sich durch seine Unterscheidung von der Umwelt und durch problemlösende Selektivität diese Umwelt konstituiere. Während die Zecke ein System auf der Ebene der Organismen sei, komme bei sinnkonstituierenden Systemen etwas Neues hinzu, denn Sinn sei eine Selektivität, die von sich wisse oder ahne und »damit auch immer Sinngrenzen und Verweisungsüberschüsse zu verwalten habe«. (Eibl 1995, 15) Was in Eibls systemtheoretischer Deutung der Zecke zum Vorschein kommt, ist noch einmal Uexkülls Schema, das sich an der System-Umwelt-Differenz von Tier und Mensch abarbeitet. Eibls Verbindung der Zecke mit Luhmanns Systemtheorie führt insofern in die Genealogie der Systemtheorie selbst – stößt diese doch von scheinbar extrem spezialisierten Wissensbereichen (wie der Umwelt-Theorie) »in das Grundsätzliche von Organismen und ihrer Komplexität« vor (Rieger 2003, 294) und kommt zu einer Theorie selbstreferentieller Systeme, gemäß der gilt, daß Systeme »mindestens die Differenz von System und Umwelt systemintern als Orientierung und als Prinzip der Erzeugung von Information verwenden können.« (Luhmann 1988, 25)

Während Eibls bio-kulturelle Fundierung der Poesie die biologische Seite des System-Umwelt-Schemas in den Vordergrund rückt, zielt die Soziologin Gesa Lindemann auf die soziale Seite dieses Schemas. Was bei Uexküll noch eine Theorie des Tiers war, ist somit zu dem geworden, was Lindemann im Anschluß an Luhmann und Helmuth Plessner als »reflexive Anthropologie« beschreibt. Gemäß dieser gelte nicht mehr, daß anthropologische Annahmen Vergesellschaftungsprozesse fundieren, sondern umgekehrt enthalte jede Vergesellschaftung eine Grenzregulierung, »durch die entschieden wird, wer in den Kreis personaler Akteure gehört, die den Prozeß der Vergesellschaftung tragen, und was aus diesem Kreis ausgeschlossen ist.« (Lindemann 2004, 26f.) Das heißt, das sichere Wissen, wer und was ein Mensch ist, ist ersetzt durch kontingente Deutungsverfahren: »Es wird in Prozessen gesellschaftlicher Deutung entschieden, wie die Fragen *wer* und *was* Menschen sind, beantwortet werden.« (Lindemann 2004, 26) Mit der Verknüpfung von Philosophischer Anthropologie und Systemtheorie wird damit das Uexküllsche Schema neu gefaßt: Der Blick liegt nicht mehr auf dem Bauplan, der die Umwelt konstituiert, sondern auf der komplexeren Umwelt, die die Identität sozialer Personen konstituiert. (→ HOMO-NIX-SAPIENS)

Während nach Uexküll der jeweilige Bauplan eines beliebigen Tiers (worunter auch der Mensch zu zählen ist) seine spezifische Umwelt bestimmt, hat sich nach dem Durchgang der Umwelt-Lehre durch die Philosophische Anthropologie, die

Kybernetik und Systemtheorie die Blickrichtung schlagartig umgekehrt: Nicht das System bestimmt nunmehr seine Umwelt, sondern die jeweilige natürliche und/oder kulturelle Umwelt konstituiert die Identität des jeweiligen Systems: Tiere und Menschen *haben* in diesem Diskurs nicht eine Identität, sondern ihr jeweiliges Umwelt-Verhältnis *konstituiert* ihre Identität. Das Verhältnis von System und Umwelt liefert in diesem Sinne nicht nur ein Kriterium zur Differenzierung von Entitäten wie Tieren und Menschen, sondern auch eine Theorie der historischen Konstruktion des Menschen bzw. der Kultur. Eine Herkunft dieser Überlegungen aber liegt in der Umwelt-Lehre Jakob von Uexkülls, und es ist die Erzählung von der Zecke, die dem System-Umwelt-Verhältnis ihre Evidenz verleiht – ob als positives oder negatives Vorbild für den Menschen.

Die Erzählung von der Zecke im Glashaus führt vor, wie die Umwelt-Theorie des Tieres in eine Kulturtheorie des Menschen transformiert wurde. Deutlich wird dies nicht nur im Kontext der Luhmannschen Theorie sozialer Systeme. So hat Uexkülls Zecke auch in Gilles Deleuzes und Félix Guattaris *Tausend Plateaus*, dem poststrukturalistischen Standardwerk, ihren Auftritt erhalten. Deleuze und Guattari widmen sich hier ausführlich dem »Tier-Werden«, worunter sie ein Molekular-Werden verstehen, »mit dem Gewimmel der Ratten, der Meute, die die großen molekularen Kräfte Familie, Beruf und Eheleben unterminiert«. (Deleuze/Guattari 1992, 318) Uexkülls Zecke ist für die Autoren nun deshalb interessant, weil Uexküll die Tiere nicht durch Gattungs- oder Arteigenschaften beschreibe, sondern »nach den aktiven und passiven Affekten, zu denen das Tier fähig ist, [sucht], und zwar in einem individuierten Gefüge, dessen Teil es ist.« (Deleuze/Guattari 1992, 350) Diese die klassische Biologie überwindende Perspektive auf Tiere wird nun mit der Erzählung von der Zecke veranschaulicht: »Zum Beispiel klettert die Zecke, angezogen vom Licht, auf die Spitze eines Zweiges; empfänglich für den Geruch eines Säugetiers, läßt sie sich fallen, wenn dieses unter dem Zweig entlanggeht; dann bohrt sie sich an einer möglichst wenig behaarten Stelle in die Haut.« (Deleuze/Guattari 1992, 350) Was für von Uexküll noch Merkmale und Wirkmale waren, sind hier Affekte. Es ist nicht der Bauplan, um den es geht, denn zwar könne man sagen, daß die drei Affekte der Zecke artspezifische und gattungsmäßige Eigenschaften, Organe und Funktionen, Beine und Rüssel voraussetzen, doch nicht die organischen Eigenschaften konstituieren aus der Sicht von Deleuze und Guattari die Umwelt der Zecke, sondern sie entwickeln sich aus den Beziehungen, in denen die Zecke steht, und aus dem Vermögensgrad ihrer Affekte. Die Erzählung von der Zecke rückt damit in eine Serie von Beispielen dafür, daß ein Körper nicht durch seine Form oder Substanz bestimmt wird, sondern durch die Gesamtheit der materiellen Elemente unter bestimmten Verhältnissen von Bewegung und Ruhe sowie die Gesamtheit der intensiven Affekte, zu denen ein Körper bei einem bestimmten Grad von Macht oder Vermögen fähig ist. (Deleuze/Guattari 1992, 354) Uexkülls Zecke hat sich damit verwandelt, sie steht nicht mehr für eine eindeutige, feste Relation von System und Umwelt, sondern für das Netzwerk von Beziehungen, das Körper, ob Maschinen, Tiere oder Menschen, allererst konstituiert.

Während in Deleuzes und Guattaris postmoderner Universalgeschichte der Kontingenz Uexkülls Zecke zu einem Exempel für eine Theorie von Mannigfaltigkeiten wird, die sämtliche klassischen Oppositionen wie Natur/Kultur oder Tier/Mensch überfluten, erkennt Giorgio Agamben in Uexkülls Zecke den »Gipfel des modernen Antihumanismus«. (Agamben 2002, 54) Agamben geht es um Uexkülls Auskunft über eine Zecke aus Rostock, die über achtzehn Jahre lang in einem Laboratorium ohne Nahrung und in absoluter Isolierung, abgekoppelt von jeglichem Verhältnis zur Umwelt, am Leben erhalten worden sei. (Agamben 2003, 56) Da der Biologe keine Erklärung für diesen Sachverhalt finde bzw. nicht die Konsequenz daraus ziehe, daß es »ohne lebendes Subjekt [...] weder Zeit noch Raum geben« (Agamben 2003, 56) könne, sucht der Philosoph die Antwort in einer ausführlichen Heidegger-Lektüre zu finden. Darin geht es nicht um das *Tier-Werden*, sondern um die schon Derrida umtreibende These Heideggers: »Der Stein ist weltlos, das Tier ist weltarm, der Mensch ist weltbildend«, das heißt, um deren Differenzierung anhand des jeweiligen System-Umwelt-Verhältnisses, vor allem aber um die Abtrennung des Menschen von jeglichen nicht-menschlichen Entitäten. Im Durchgang durch (u. a.) Heideggers Vorlesung *Die Grundbegriffe der Metaphysik* (1929/20) arbeitet Agamben heraus, daß auch bei Heideggers Versuch der Abhebung des Menschen vom Tier die Zäsur von Tier und Mensch im Inneren des Menschen stattfindet. Es ist die anthropologische Maschine der Moderne, die er festmacht, die ein »Schon-Humanes als (noch) Nicht-Humanes aus sich ausschließt, das heißt sie animalisiert den Menschen, indem sie das Nicht-Humane im Menschen absondert.« (Agamben 2002, 47) Einfacher gesagt: Die durch den Menschen laufende Zäsur von Tier und Mensch erzeugt eine Figur, die weder Tier noch Mensch ist, sondern bloßes Leben. Die anthropologische Maschine kann nach Agamben nur funktionieren, indem sie eine Zone der Ununterschiedenheit einrichtet, die gleichwohl völlig leer sei –, so daß das, was sich hier ereigne, Ort einer ständig erneuerten Entscheidung, einer Dezision sei. Was nach Agamben durch diese Dezision entsteht, ist »ein von sich selbst abgetrenntes und ausgeschlossenes Leben – bloß ein *nacktes Leben*.« (Agamben 2003, 48) (→ STEINLAUS)

Die Trennung von Tier und Mensch zielt nach Agamben auf die Herstellung eines »nackten Lebens«, das den Gegenstand moderner Biopolitik bildet. Uexkülls Zecke, die achtzehn Jahre in einem Zustand der Isolierung verharrt habe, »ohne deswegen aufzuhören, ein Tier zu sein, und ohne ein Mensch zu werden« (Agamben 2003, 80), wird hierfür zum Exempel. Es ist weder die Eingefügtheit des Tieres in seine Umwelt noch dessen Komplexitätsreduktion und auch nicht die Mannigfaltigkeit seiner Umwelt-Beziehungen, sondern gerade die Aufhebung des System-Umwelt-Verhältnisses, die die Zecke hier zum Exempel für den modernen Menschen schlechthin werden läßt.

B. B.

Zitteraal

Die Augen waren schon geschlossen, das Thierchen lag auf dem Rücken, und mechanisches Prickeln mit einer Nadel am After brachte keine Spur einer Bewegung hervor. Ich eilte nun, ihm ein Zinkplättchen zwischen den Schnabel und Silber in den After zu stecken. Beide Metalle verband eine eiserne Kette, und wie groß war mein Erstaunen, als der Hänfling im Moment des Contacts die Augen öffnete, sich aufrichtete und mit den Flügeln schlug! Er athmete nun wieder 6 bis 8 Minuten ungehindert, bis er von neuem umsank und ruhig starb.

Humboldt nach Rothschuh 1959, 209

Dies ist der Innhalt der Untersuchungen und Entdeckungen des Hrn. Galvani in Beziehung auf die thierische Elektrizität. Diese Entdeckung ist nicht nur wichtig, sondern auch neu, obgleich man schon wusste, dass der Krampffisch (Raja Torpedo Lin.) und der Zitteraal (Gymnotus electricus L.) die Eigenschaft der Leidner Flasche, einen elektrischen Stoss hervorzubringen, besassen.

Volta 1900, 12

Lange Zeit galt die Elektrizität als animalische Ressource. Ob das Reiben mit Katzenfell Ladungsverschiebungen hervorruft oder elektrische Fische Stromstöße austeilen – das Tier steht im Zentrum sowohl eines entsprechenden Wissens als auch seiner bloßen Unterstellung. Effekte, wie sie Menschen erst durch Apparaturen künstlich herzustellen vermochten, waren einigen Tieren als ihr natürliches Vermögen immer schon zu eigen. Die Rede ist vom Zitterrochen, vom Krampfrochen oder vom elektrischen Aal (*gymnotus electricus*), von Tieren, die mit ihren elektrischen Organen in der Lage sind, sich zu verteidigen, Feinde zu attackieren und Beute zu machen. Das Phänomen selbst war lange bekannt. Die Ägypter hatten im Nil ihren Zitterwels, und Griechen wie Römer berichteten über die Schockwirkung im Mittelmeer schwimmender Rochen. Selbstredend

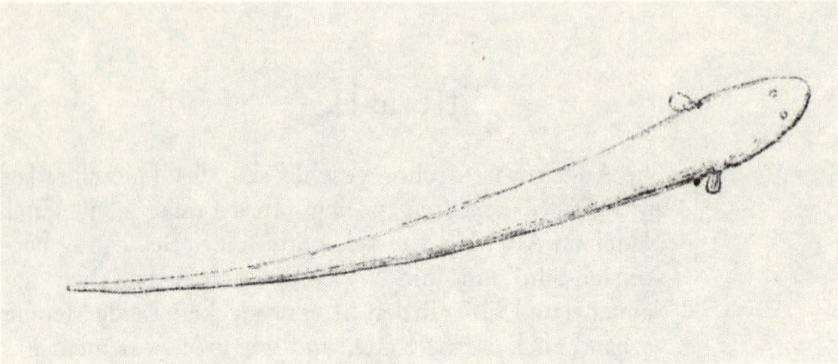

Abb. 1: Faradays Skizze eines Zitteraals nach Sachs 1881.

wurde mit der tierischen Elektrizität auch experimentiert. Bereits in der Antike findet man ihre Heilkraft erwogen, und im Wort Narkose lebt die Bezeichnung *narce* für den Zitterrochen etymologisch bis heute fort.

Über diese sonderbare, weil den menschlichen Sinnen entzogene Kraft herrscht Uneinigkeit – ebenso über ihre Herkunft und Regeneration. Die Mutmaßungen, welcher Laune der Natur die Tiere ihre Lebenskraft schulden, sind entsprechend vielfältig. So situiert sie im Barock der Jesuitenpater Athanasius Kircher in größter Nähe zum Magnetismus, während andere Forscher lange Zeit einen bloßen Muskelschlag in ihr erblicken, ein Befund, der durch anatomische Untersuchungen in der zweiten Hälfte des 18. Jahrhunderts schließlich als widerlegt galt. Der Physiologiehistoriker Karl E. Rothschuh konstatiert für die Zeit um 1770 einen Einschnitt, der für den Weg *Von der Idee bis zum Nachweis der tierischen Elektrizität* folgenreich sein sollte.

Um 1770 erhält die Idee der thierischen Elektrizität einen neuen Anstoß durch die Identifizierung des Schlages der elektrischen Fische mit dem elektrischen Schlage. John Walsh konnte 1772 den Schlag des Torpedo durch mehrere Menschen hindurch schicken, und 1775 beobachtete er bei der Entladung des elektrischen Organes vom Zitteraal (Gymnotus) sogar einen elektrischen Funken. (Rothschuh 1960, 31)

Mit dieser Identifizierung werden elektrische Tiere Teil jener Anordnungen, welche die Elektrizitätsforschung immer wieder variieren wird. Walshs animalische Torpedisierung des Menschen folgt dabei dem Bauplan jenes Stromkreises, wie ihn die Kleistsche Flasche sowohl möglich als auch notwendig gemacht hat. (→ FROSCH) Die Bandbreite reicht von Anordnungen, bei denen der elektrische Aal seine Kraft durch mehrere Menschen hindurch erzittern lassen konnte, bis hin zu solchen, bei denen die Kraft der Tiere nicht aus experimentellen Beweggründen zum Einsatz gelangt, sondern als natürliche Waffe im Tierkampf beobachtet wird. Wie Alexander von Humboldt aus dem stromreichen Südamerika berichtet, sollen die elektrischen Aale in der Lage gewesen sein, ganze Pferde ins Jenseits zu befördern – so jedenfalls beschreibt er es 1807 in den *Ansichten der Natur*.

Aber nicht die Krokodile und der Jaguar allein stellen den südamerikanischen Pferden nach, auch unter den Fischen haben sie einen gefährlichen Feind. Die Sumpfwasser von Bera und Rastro sind mit zahllosen elektrischen Aalen gefüllt, deren schleimiger, gelbgefleckter Körper aus jedem Teile die erschütternde Kraft nach Willkür aussendet. Diese Gymnoten haben 5 bis 6 Fuß Länge. Sie sind mächtig genug, die größten Tiere zu töten, wenn sie ihre nervenreichen Organe auf einmal in günstigster Richtung entladen. (Humboldt 2004, 28f.)

Um lebende Gymnoten zu untersuchen, muß man ihrer zuvor habhaft werden – ein Problem, vor dem nicht nur Humboldt stand. Am 27. September 1876 startet eine großangelegte Unternehmung mit der doppelten Zielsetzung, die Gymnoten sowohl vor Ort zu untersuchen als sie eben auch nach Europa zu verbringen. Auf Anregung des berühmten Elektrophysiologen Emil du Bois-Reymond, im Auftrag der Berliner Universität und ausgestattet mit Mitteln der Humboldt-Stiftung macht sich der Wissenschaftler Carl Sachs auf den Weg nach Calabozo in den Llanos von Venezuela, um auf den Spuren des großen Naturforschers vor Ort Klarheit über jene Tiere zu liefern, von denen es bei Humboldts Aufenthalt nur so wimmelte. Ziel war es, endlich am lebenden Gymnoten in der ganzen Fülle der Möglichkeiten zu experimentieren und ihn ohne Rücksicht auf sein seltenes Vorkommen in den europäischen Labors zu Untersuchungszwecken beschädigen, zerschneiden und unters Mikroskop legen zu können.

Die Reise zu den Gymnoten wird zu einer Reise in die Epistemologie der Stromforschung. Im Gegensatz zu klassischen Reiseberichten generiert sie ein ihr eigenes Wissen. Was wäre darüber nicht alles zu erzählen, der Anlaß, die Ausstattung, das eigens mitgeführte mobile elektrophysiologische Labor, von den auftretenden Schwierigkeiten mit den in Südamerika lebenden Fröschen, die sich so schlecht in die mitgeführten Froschwecker oder Froschunterbrecher haben einsetzen lassen; Details von der abenteuerlichen Jagd auf die Tiere, ein Kapitel, bei dem dann auch der Rolle von Poesie und Ästhetik bei Humboldt ausführlich gedacht wird, der mit seiner legendären Version einer Pferdejagd Eingang in Europas Lesebücher fand, die vor Ort allerdings eher auf Unverständnis stieß. Warum überhaupt sollte man einen solchen Aufwand betreiben, warum sollte man Pferde in die Gewässer treiben, die Aale sich an ihnen ermüden lassen, um ihrer im Anschluß habhaft zu werden? Warum sollte überhaupt Jagd auf ein Tier gemacht werden, dessen Fleisch so übelschmeckend war, daß es dann noch nicht einmal verzehrt wurde? Sachs, der die Aale nicht essen, sondern an ihnen forschen will, ergeht sich im Detail der Jagd: welche Vorrichtungen zum Einsatz gelangten, aber vor allem auch die aberwitzigen Anstrengungen, die unternommen wurden, um die Tiere lebend nach Europa zu verfrachten. Mit Bestürzung müssen der Leser (und die Humboldt-Stiftung) zur Kenntnis nehmen, daß zwar der tagelange Transport durch die Steppe und die Schiffspassage den Tieren wenig abträglich war, daß sie dann aber eine Bahnfahrt von Bremerhaven nach Berlin nicht überleben sollten. Von Schutzvorrichtungen oder Isolierungen wird berichtet, die beim Umgang und beim Reisen mit *Gymnotus electricus* zu beachten sind, so etwa, daß Tabak angeblich gegen Stromschläge schützen soll, wie die Kisten mit den Biobatterien zu tragen und am besten anzuordnen sind – an Seilen hängend und nicht etwa auf dem Boden stehend.

Es war Carl Sachs nicht vergönnt, die Auswertung seiner Ergebnisse selbst vorzunehmen und zu veröffentlichen. Weil er im August 1878, knapp 25jährig und nur kurze Zeit nach seiner Rückkehr aus Südamerika im Juli 1877, bei einer Bergbesteigung ums Leben kommt, müssen andere Hände zusammenfassen und unter die Leute bringen, was Sachs in Sachen *Gymnotus electricus* zusammengetragen hat. Die Aufgabe fällt keinem geringeren zu als Emil du Bois-Reymond. Unter dem Titel *Dr. Carl Sachs Untersuchungen am Zitteraal Gymnotus Electricus. Nach seinem Tode bearbeitet von Emil du Bois-Reymond* liegt 1881 der Sachstand der Zitteraalforschung als Monographie vor. Wortreich beschwört du Bois-Reymond den Verlust des vielversprechenden Histologen und Physiologen, der den Gefahren und den Tieren der Ferne trotzte, der *Cayman und Jaguar, Caribenfisch und Stachelrochen* überlebte, um dann in Tirol bei einer Erholungsreise einfach abzustürzen – auch über das Bergsteigen im allgemeinen, über das Anseilen in den Alpen und die Verantwortung der Bergführer ist in *Dr. Carl Sachs Untersuchungen am Zitteraal* zu lesen. (Sachs/du Bois-Reymond 1881, IX)

Die Geschichten der Elektrizität haben eine besondere Affinität zum Leben. Auch hier ist Alexander von Humboldt zur Stelle. Er treibt die praktische Forschung voran, wenngleich er theoretisch auf das falsche Pferd gesetzt hat und Galvanis Lehre von der tierischen Elektrizität anhing – jener Lehre, die schon zu Humboldts Zeit durch die Kontakttheorie Voltas als widerlegt galt. Was wurden in Europa gegen Ende des ausgehenden 18. Jahrhunderts nicht Tiere ersäuft oder sonstwie ums Leben gebracht, um dann wieder galvanisiert und reanimiert zu werden, was wurden nicht für Experimente mit der Elektrizität angestellt, um zu klären, ob sie heilt oder zum Leben erweckt, ob sie Leben verlängert oder den Scheintod nachweist, ob sie die Sinne schärft oder die Fruchtbarkeit fördert, ob sie Wachstumsprozesse beschleunigt oder von der Gicht heilt. Der Entzug des Lebens ist Teil ihrer Geschichte – und das nicht nur für den Vertreter eines deutschen Humanismus, der ausgesprochen materialintensiv zur Sache ging. Laut Selbstbericht will Humboldt an die 4000 Experimente an 3000 Tieren durchgeführt haben. Ob dieser Artenvielfalt hat der Frosch jenes Monopol verloren, das seine Karriere als besonderes Objekt der Elektrizitätsforschung begründete. Bereits Galvani und Volta, die dem Frosch epistemologisch auf die Sprünge halfen und so seine Karriere als Figur des Wissens bescherten, betreiben die Übertragung auf andere Lebewesen, von kaltblütigen Fröschen auf Tiere mit warmem Blut und anderer Größe, berichten von Testreihen, die über kleine Säugetiere bis hin zu Schafen und Rindern führen. Später wurden sogar amputierte Kinderbeine unter Strom gesetzt – um anläßlich eines Bestiariums von Untersuchungen an hingerichteten Menschen gar nicht erst zu reden.

Wegen ihrer besonderen Affinität zum Leben kann nur eine dieser ungezählten Geschichten ihrerseits nicht unerzählt bleiben: Es ist die Geschichte des Elefanten Topsy, der im Luna Park auf Coney Island als Attraktion für die New Yorker Großstadtbevölkerung lebte und 1903 auf spektakuläre Weise ums Leben gebracht wurde. Schuld waren nicht irgendwelche elektrischen Tiere, sondern ein sehr menschlicher Interessenskonflikt. Mit der Hinrichtung Topsys erreicht eine Werbeschlacht ihren Höhepunkt, deren Ergebnis heute in jeder Steckdose haust – der Kampf zwischen Nikolo Tesla und George Westinghouse auf der einen und Thomas Alva Edison auf der anderen Seite, zwischen Vertretern von Wechsel- und Gleichstrom, zwischen AC/DC. Um die Gefahr des Wechselstroms unter Beweis zu stellen und so den Gleichstrom als überlegen zu empfehlen, hat die Fraktion Edisons immer wieder Tiere, Hunde, Katzen und angeblich auch Pferde mit Wechselstrom getötet. Als Topsy straffällig geworden war, konnte die Gefahr am größten Landsäugetier vor Augen gestellt und so eindrucksvoll ein weiteres Exempel statuiert werden. Der Elefant, der drei seiner Wärter ums Leben gebracht hat, endet 1903 wie menschliche Mörder auch, allerdings auf einer eigens seiner Größe angepaßten Vorrichtung. Seiner Größe wegen mußte Topsy im Stehen sterben. Jener Film, auf dem Topsys *Electricution* festgehalten wird, mag einen Eindruck davon geben, wie qualvoll und wie langsam auf jenen frühen elektrischen Stühlen gestorben wurde, deren Einführung ein gutes Dezennium früher die Hinrichtungspraxis modernisieren und humanisieren sollte. Auf Grundlage eines entsprechenden Gesetzes vom 1. Januar 1889 war es William Kemmler, verurteilt wegen Axtmordes an seiner Frau, der am 6. August 1890 ebenfalls in New York mittels Strom zu Tode gebracht wurde – allerdings erst in einem zweiten Anlauf, bei dem die Spannung von anfänglich

1000 auf 2000 Volt erhöht wurde und der nach über einer Minute endlich zum Tode führte.

Jenseits der großen Zurschaustellung und ihrer Theatralität gibt es aber noch einen anderen Zugang zum Strom – ein Zugang, der wenig spektakulär, der sperrig ist und damit auch einer anderen Narration bedarf. Diese Geschichte handelt davon, wie aus dem Strom der Tiere der Strom des Menschen hat werden können, welche Rolle den Tieren bei der Herstellung künstlicher Elektrizität und eines Wissens über sie zukam – in welchem Verhältnis also künstliche und natürliche elektrische Organe zueinander stehen. Als integraler Bestandteil dieser Geschichte dient die Voltaische Säule, jene Säule, die als materialer Beweis zur Widerlegung von Galvanis Theorie einer tierischen Elektrizität galt. Beobachtet man einige der Schaltstellen dieses Bauplans, so gerät auf mehrfach verwirrende Weise der Begriff der Imitation in den Blick.

Am Ende des 18. Jahrhunderts, vor Volta und Galvani, arbeitet der englische Physiker Henry Cavendish an einem künstlichen Torpedofisch. Dieser sollte simulieren, was im Torpedofisch als natürliche Elektrizität veranschlagt wurde – die Gleichsetzung des Torpedoschlages mit der Entladung einer Kleistschen Flasche. Damit fordert jene Lage ihr Recht, die in der Rekonstruktion bei Rothschuh mit John Walshs Abhandlung *Of the electric Property of the Torpedo* von 1773 gegeben war. Bei Walsh scheint mit der Rede von der Imitation das Versprechen einer Erhellung auf, mit der Natur und Technik sich im Wortsinn wechselseitig erleuchten: »That as artificial electricity had thrown light on the natural operation of the Torpedo, this might in return, if well considered, throw light on artificial electricity«. (Walsh 1773, 468)

Jene Rede von der Imitation, die Walsh in seiner Abhandlung für den Prozeß wechselseitiger Erhellung bemüht, steht bei Cavendish als Verb gleich im Titel seines *Account of Some Attempts to Imitate the Effects of the Torpedo by Electricity.* Dieser Zielsetzung ist auch der Bauplan geschuldet. »In order to examine more accurately, how far the phenomena of the torpedo would agree with electricity, I endeavoured to imitate them by means of the following apparatus.« (Cavendish 1967,

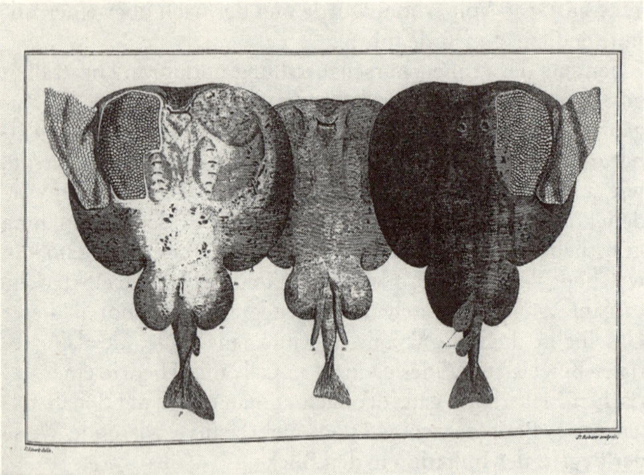

Abb. 2: Männliche und weibliche Torpedos nach Walsh 1773.

200) Der dort beschriebene Aufbau des *Artificial Torpedo* imitiert, und das gleich in mehrfacher Hinsicht: zum einen folgt er dem Vorbild in Größe und Gestalt, wird die Fischgestalt doch nach Maßgabe seines natürlichen Vorbilds aus Holz ausgeschnitten; zum anderen wird sie dann auch noch mit der Haut eines Landsäugetieres überzogen, so daß gleich ein doppelt künstliches Mischwesen entsteht: »The whole part ABCD is covered with a piece of sheep's leather.« (Cavendish 1967, 201) (→ MOLCH) Zum Strom gelangt der künstliche Torpedo mittels Reibungselektrizität, die im Kondensator, also der Kleistschen Flasche, gespeichert ist. Die natürlichen elektrischen Organe des Tieres werden von Kondensatoren simuliert, die zur Verstärkung des Effekts in sogenannten Batterien gebündelt werden. Es ist eines der Mißverständnisse in den Großwetterlagen der Stromforschung, zwischen Galvanis Lehre von der tierischen Elektrizität und Voltas Kontakttheorie, das am Bauplan des *Artificial Torpedo* zu greifen ist und das die Simulation gelingen läßt.

So ausgestattet, taugt der künstliche Nachbau für alle mög-

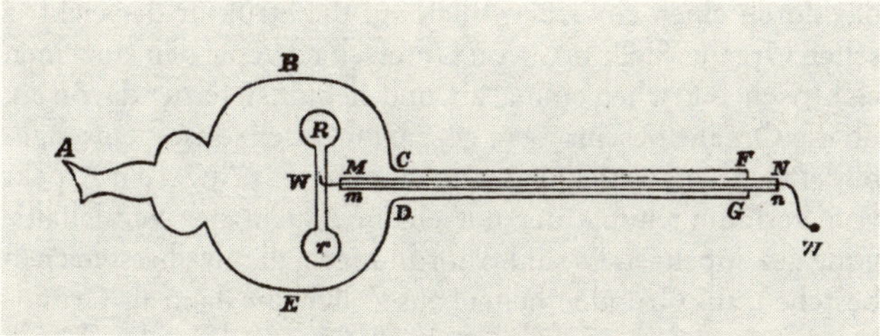

Abb. 3: Künstlicher Fisch nach Cavendish 1967.

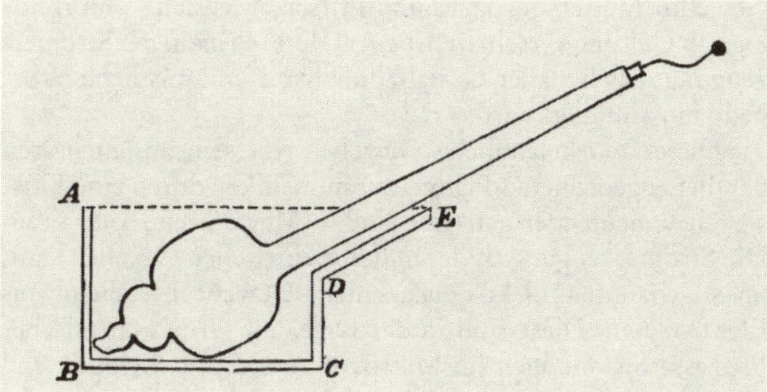

Abb. 4: Künstlicher Fisch nach Cavendish 1967.

lichen Experimente, die die Wirkung des Stroms, nicht aber dessen Erzeugung betreffen. Die Experimente führen Cavendish zu Beschreibungen der subjektiv wahrgenommenen Stromstärke, fördern etwa Unterschiede zutage, die dem Salzgehalt und damit der Leitfähigkeit des Wassers geschuldet sind. Die Simulation gelingt – unter Preisgabe eines bestimmten Prinzips der Stromerzeugung, das dem natürlichen Torpedofisch ebenso zu eigen ist wie dann der Voltaischen Säule als Vorbild aller Batterien. Es ist die irgendwelchen Reibungselektrisiermaschinen entnommene und entsprechend kondensierte Kraft, die dem künstlichen Torpedo zu einer Elektrizität verhilft, die gerade nicht seine eigene ist, die also nicht dem entspricht, was im natürlichen Torpedo der Fall ist. Deutlich wird das durch einen einfachen Blick auf die Struktur der elektrischen Organe: Sieht man von Unterschieden bei den einzelnen elektrischen Fischen einmal ab, und sieht man ferner davon ab, ob die Organe beschrieben, gezeichnet oder sonstwie nachgebildet werden, so sticht eines doch immer ins Auge: ein Aspekt von Verräumlichung, der mit einem Aspekt der Vervielfältigung gekoppelt ist. Es sind Anordnungen, die aus ihresgleichen bestehen, aus Grundeinheiten, aus Zellen, die dann als Grundbausteine größere Einheiten wie Platten, Säulen oder Waben formieren. Es ist jene Formation, die den Blick auf die elektrischen Tiere organisiert: ob bei Walsh und Hunter, ob in den Gewebeschnitten bei Sachs und Fritsch. Was sich so morphologisch Geltung verschafft, ist ein anderes Prinzip der Stromerzeugung, das bei aller Gestaltähnlichkeit im künstlichen Torpedo nur simuliert wird.

»Dieses muskelähnliche Gewebe setzt sich aus mehreren parallel angeordneten Platten zusammen, die durch eine Flüssigkeit voneinander getrennt sind.« (Meya/Sibum 1987, 126) Die Stromerzeugung findet in den elektrischen Organen statt, im sogenannten Elektroplax, einem Gewebe bestehend aus Elektrozyten. Diese sind in der Lage, auf Grund chemischer Prozesse Spannungen im Mikrovoltbereich zu erzeugen und diese durch ihre Verschaltung aufzusummieren. Wie einfache Rechenexempel zeigen, werden so, abhängig von Zahl und Stärke der Elektrozyten, Spannungen von bis zu mehreren hundert Volt möglich. Dem trägt das Organ Rechnung, es stellt eine gewisse Regelmäßigkeit vor Augen, die entsteht, wenn eine große Zahl von kleineren Grundeinheiten zu einem Gebilde mit großer Wirkung gefügt wird. Der Aufbau ist der Eigenlogik dieses chemischen Prozeßes geschuldet. Als Volta an den Bau seiner Säule ging und damit das Prinzip eines Stromflusses zwischen unterschiedlichen Elementen einer Spannungsreihe umsetzte, folgt er diesem Aufbau. Endlich lassen sich Spannungsstärken durch die entsprechende Zahl der Plattenpaare einfach manipulieren. Dennoch betreibt er eine Imitation der natürlichen Gestalt des Tieres. In einem ersten Schritt fragt Volta rhetorisch, womit die tierische Elektrizität am besten zu vergleichen sei.

Mit welcher Elektricität, mit welchem Instrument muss nun das Organ des Zitterrochens verglichen werden, der nach dem neuen Prinzip gebaut ist? Mit dem Apparat, den ich vor einigen Jahren entdeckt habe und den meine Versuche; besonders diejenigen, welche mich jetzt beschäftigen, so schön bestätigt haben, nämlich nach dem Princip, dass die Leiter in gewissen Fällen auch Erreger der Elektricität sind, sobald sie nämlich von verschiedener Beschaffenheit sind und sich berühren; mit diesem Apparat, den ich künstliches elektrisches Organ genannt habe und das daher im Grunde genommen derselbe ist, wie das natürliche Organ des Rochens, ihm sogar, wie ich bereits mitgetheilt habe, der Form nach gleicht. (Volta 1900, 97)

Die Voltaische Säule folgt also ihrerseits einer tierischen Vorgabe, die in den räumlichen Anordnungen, in Platten, Säulen, in Waben ihren Niederschlag finden: Sie folgt der Struktur des entsprechenden Organs des Elektrofisches – wie sie nach anatomischen Untersuchungen durch den Engländer John Hunter und bei John Walsh ersichtlich wurde und wie sie in den Untersuchungen zum Zitteraal zur Anschrift oder Ansicht gelangten. Im Bau seiner Säule wechselt Volta die technische Paradigmatik für die natürliche Organisation der Tiere: nicht nach Maßgabe Kleistscher Flaschen, wie es das Mißverständnis der tierischen Elektrizität wollte und wie es zu Simulationszwecken im Torpedofischbau bei Henry Cavendish angelegt war, sondern nach Maßgabe einer Berührungselektrizität gelangt der elektrische Fisch zum Strom. Die Säule, mit der Volta die These von der tierischen Elektrizität widerlegt zu haben glaubte, partizipiert selbst auf eigenwillige Weise am Tier – auf eine Weise, die dem Unterschied von Reibungselektrizität (und ihrer Speicherung im Kondensator) zu jener anderen Form der Elektrizität entspricht, die in jeder Primär- und Sekundärzelle, also in jeder Batterie und in jedem Akku umgesetzt ist.

Die Geschichte um den künstlichen Torpedo und die Batterie ist damit ein Zwischenstück zu beiden Möglichkeiten, Wissen zu modellieren, die anläßlich der vom Ingenieur Eichler gebauten Schildkröte und anhand der dort verhandelten Naturhunde und den künstlichen Hunden bemüht werden. (→ Schildkröte) Dieser Zugang zielt weder auf die mechanische Imitation eines Organismus, noch bleibt er auf ein bloßes und als solches nachstellbares Verhalten konzentriert. Zwi-

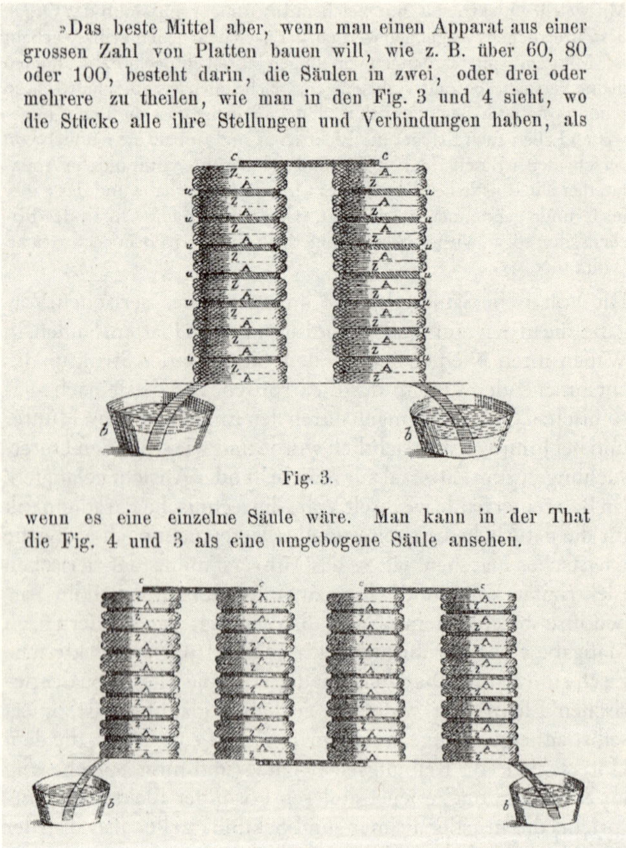
»Das beste Mittel aber, wenn man einen Apparat aus einer grossen Zahl von Platten bauen will, wie z. B. über 60, 80 oder 100, besteht darin, die Säulen in zwei, oder drei oder mehrere zu theilen, wie man in den Fig. 3 und 4 sieht, wo die Stücke alle ihre Stellungen und Verbindungen haben, als

Fig. 3.

wenn es eine einzelne Säule wäre. Man kann in der That die Fig. 4 und 3 als eine umgebogene Säule ansehen.

Abb. 5: Säule nach Volta 1900.

schen der Imitation in der falschen Ente und den Modellen der Verhaltensforscher, also zwischen der Nachahmung einer Gestalt und der schwarzen Box, findet so eine weitere Option ihren Ort, eine Option, die auf komplizierte Weise das Tier in Szene setzt, die von der Gestalt oder der Gestaltähnlichkeit handelt, die theoretische Mißverständnisse zu Bauplänen wer-

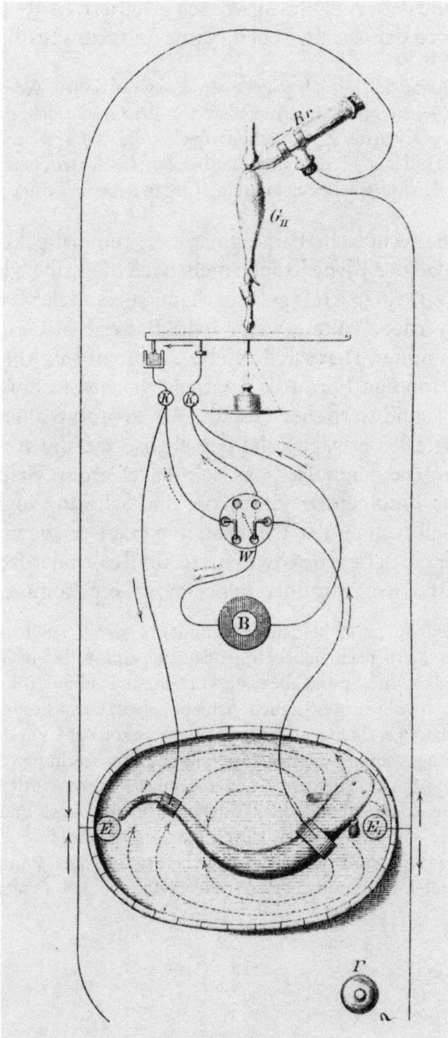

Abb. 6: Untersuchungen am Zitteraal nach Sachs 1881.

den läßt und dabei unablässig Wissen generiert. In der Namensgebung wird der Ort zwischen Natur und Kunst explizit.

Diesen Apparat, der, wie ich zeigen werde, sowohl seinem Wesen nach als auch sogar, wie ich ihn construiert habe, in der Gestalt dem natürlichen elektrischen Organ des Zitterrochens, des Zitteraals u. s. w. viel ähnlicher ist, als der Leidener Flasche und den bekannten elektrischen Batterien, möchte ich ein künstliches elektrisches Organ nennen. (Volta 1900, 77)

Ist aber die technische Paradigmatik erst einmal geklärt, steht also fest, daß der Torpedo eben nicht nach Maßgabe Kleistscher Flaschen zu seiner Kraft gelangt, kann auch an der Gestalt gearbeitet werden. Volta erwägt, seine Batterie in Gestalt eines ganz bestimmten Tieres in Betrieb zu nehmen – als Mischwesen aus Funktion und Form, als Zwitter zwischen technischer Paradigmatik und tierischer Gestalt. Als Prototyp aller (chemischen) Batterien erwägt Volta den ebenso wendigen wie weltgewandten Aal, jenes Tier, das, selbst vielgereist, vieler Reisen Anlaß war. Wohlgeformt, mit Kopf und Schwanz ausgestattet, kann so selbst noch der Überzug mit Haut erwogen werden. Der Zitteraal, der es so schwer hatte, im Realen der Reisen Europa zu erreichen, war dort immer schon angekommen.

Man hat die Bequemlichkeit, diese Cylinder bei den Versuchen nicht nur aufrecht, sondern nach Belieben geneigt, liegend, selbst in Wasser getaucht, so dass ihre Spitze allein hervorragt, anwenden zu können; sie könnten auch völlig untergetaucht Schläge geben, wenn sie eine grössere Zahl von Platten enthielten, oder wenn mehrere solcher Cylinder mit einander vereinigt wären: wäre noch irgendeine Unterbrechung vorgesehen, welche man nach Belieben entfernen könnte u. s. w., so würden sie ziemlich gut einen Zitteraal vorstellen; um einem solchen auch im Auesseren ähnlicher zu sein, könnten sie durch biegsame Metalldrähte oder Spiralfedern verbunden werden, mit einer Haut überzogen und mit einem wohlgeformten Kopf und Schwanz versehen sein u. s. w. (Volta 1900, 89)

S. R.

Homo-nix-sapiens

Sind die Menschen nicht eminente Gewohnheitstiere?

Buytendijk/Plessner 1935, 156

»Frösche ohne Großhirn und Zwischenhirn weichen noch Hindernissen aus«.

Köhler 1963, 13

Auch taxonomisch ist der Mensch ein Gewohnheitstier. Träge bleibt er jener Klugheit verpflichtet, die ihm der Naturforscher Carl von Linné (1707-1778) mit der Formel vom *Homo sapiens* zugeschrieben hat. Diese Zuschrift ist labil, und so wird es einer bloßen Signifikantenoperation vorbehalten sein, die Karriere des *Homo Sapiens Sapiens* zu annullieren. Bei Signifikantensachverständigen wie dem Schriftsteller Arno Schmidt kann der Mensch mit einem Federstrich aus der Ordnung der *sapientia* gestrichen und zum *Homo-nix-sapiens* erklärt werden. (Schmidt 1976, 120) Diese Operation geht allerdings in der Kasuistik bloßer Hoch- oder Geringschätzungen ebensowenig auf wie in jener Ironie, mit der bei Linné die Kopplung von Mensch und *sapientia* erfolgte – so jedenfalls die Lesart Giorgio Agambens. Der Philosoph Agamben zeichnet das Zustandekommen jener Formel nach und beschreibt diese als *klassifikatorische Anomalie*. Anstelle eines Adjektivs war dem Menschen in Linnés *Systema naturae* der Zusatz *nosce te ipsum* zugewiesen, der erst in der zehnten Auflage von 1758 durch das Epitheton *sapiens* ersetzt wurde. Abweichend vom sonstigen Schema definiert Linné den Menschen nicht durch eine spezifische Differenz, sondern verpflichtet ihn auf eine Tätigkeit. Diese Abweichung begründet Agamben kommunikationsstrategisch: Sie ist, so der Philosoph, einer Ironie geschuldet, mit der Linné sich gegen mögliche Kritiker richtet. Als der Taxonomie eingeschriebenes *Argumentum ad hominem* soll jeder, der sich selbst nicht als Mensch zu erkennen vermag, unter die Ordnung eben jener Affen fallen, von denen er sich ja zu unterscheiden sucht. Das *Argumentum ad hominem* ist als Argument an den Affen, als *Argumentum ad simiam* lesbar. Wie schwierig die Lage des Affen in den Bestimmungsbemühungen des Menschen ist, zeigt seine Positionierung in der Philosophie, namentlich bei Descartes. Wie Agamben rekonstruiert, ist es vor allem eine mangelnde Sachkenntnis, die Linné Descartes mit dem Gestus einer gewissen Ungehaltenheit in Abrede stellt: »Eine Fußnote zum *Systema naturae* widerspricht der cartesianischen Theorie und ihrer Annahme, daß Tiere als *automata mechanica* zu betrachten seien, indem sie etwas verärgert festhält: ›Offenbar hat Descartes nie einen Affen gesehen‹.« (Agamben 2002, 33)

Zwischen dem *homo sapiens* und dem *homo-nix-sapiens* ist in der Bestimmung des Menschen etwas geschehen, wovon die Taxonomie bei allen kommunikationsstrategischen Scharmützeln nicht handelt und nicht zu handeln vermag. Als Hinweis dafür kann eine Formulierung dienen, die der Primatenforscher und Gestaltpsychologe Wolfgang Köhler an das Ende seiner legendären *Intelligenzprüfungen an Menschenaffen* gestellt hat. In dieser Arbeit aus dem Jahr 1921, die für die Bestimmungsbemühungen um den Menschen so zentral sein sollte, ist die Rede vom Affen als dem *Systemnachbarn* des Menschen. (Köhler 1963, 191) Köhlers Kopplung ist dabei bestens informiert. Im Gegensatz zu Descartes hat Köhler Affen nicht nur gesehen, sondern er hat sie systematisch beobachtet. Damit gerät nun ihrerseits jene Forschungsstation für Anthropoiden in den Blick, die eine *Preussische Akademie der Wissenschaften* in den Jahren 1912-1920 auf Teneriffa unterhielt – ein Ort, an dem Köhler mit den vielleicht individualisiertesten aller Tiere zu tun haben wird: mit den Schimpansen Nueva und Koko, mit Sultan, Rana und den anderen namentlich bekannten Bewohnern der Station.

Der Affe steht im Zeichen von Nachahmung und Imitation. Diese betrifft alles, was Menschen tun. So ist es nicht weiter verwunderlich, daß nicht nur solche Primaten Aufmerksamkeit erregen, die allgemein menschliche Züge ihres Vorbildes nachäffen, die auf Varietébühnen oder im Zirkus Kleidung tragen oder andere Rituale menschlicher Kulturwerdung nachahmen.

Abb. 1: Werkzeuggebrauch nach Köhler 1963.

Darüber hinaus verschaffen sie sich Gehör, um ebenso kritisch wie selbstreflexiv die Praxis ihrer eigenen Verwissenschaftlichung zu begleiten – wie Franz Kafka am Beispiel des Affen Rotpeter belegt. Lakonischer und treffender könnte *Ein Bericht für eine Akademie* gar nicht überschrieben sein, in dem ein Affe der ehrenvollen Aufforderung einer Akademie nachkommt, einen Bericht über sein *äffisches Vorleben* einzureichen. An die Adresse der hohen Herren von der Akademie gerichtet erzählt Rotpeter auf wenigen Seiten, wie menschlich nahe Mensch und Tier sich inzwischen gekommen sind.

Doch Wolfgang Köhlers Rede von der *Systemnachbarschaft* spielt eben nicht nur auf die anthropologisierende Gewohnheit nachbarschaftlicher Wohnwelten an. Sie ist exemplarisch für jene theoretische Biologie, die im Zuge der Systemtheorie ihre Wirkmacht unter Beweis stellt und damit deutlich macht, daß sich die moderne Ordnung des Wissens nicht in bloßen Redeweisen erschöpft. Im Gegensatz zu den Systemen, die Köhlers Formel eher zufällig bemüht und mit einem anthropologischen Rest versieht, wohnen die Systeme der Systemtheorie nicht – weder in Höhlen noch in Häusern, weder in Käfigen noch in Kaschemmen. Als Gedankenkonstruktionen steuern sie vielmehr Umwelten aus, deren Jeweiligkeit gerade von der theoretischen Biologie konzeptuell gefaßt und als Systemtheorie den Denkarchitekturen des letzten Jahrhunderts folgenreich hinzugefügt wurde. (→ ZECKE)

Eine Systemtheorie und ihre Verwurzelung in der Biologie gilt es daher als Forum stark zu machen, um so Köhlers Formel von der Systemnachbarschaft auch theoretisch Raum zu schaffen – nicht als abschließendes Bonmot am Ende eines Affenbuchs, nicht als bloße Option, nicht als Wiedergutmachung der philosophischen Ignoranz, sondern als Notwendigkeit, die in der Ordnung des Wissens selbst begründet liegt. Die Rede von der Systemnachbarschaft ist nicht Ausdruck einer womöglich ökologisch motivierten Selbstbescheidung des Menschen (→ AUSTER), der mit anderen Wesen fortan in guter Nachbarschaft zu leben beschließt – und das vielleicht aus dem wenig altruistischen und in Mandevilles Bienenfabel beschriebenen Grund eines erkannten Eigennutzes. (→ AMEISE) Sie ist vielmehr Ausdruck einer Lage in der Ordnung des Wissens, die zu ignorieren nicht nur den Wissenschaften (vom Menschen) unmöglich geworden ist. Diese Lage gründet in der modernen Physik, und sie hat in ihrer Übertragung auf die Wissenschaften vom Menschen und von den Tieren zumindest eines ganz manifest werden lassen: ein Auseinandertreten von Physik und Biologie, ein Auseinandertreten ihrer jeweiligen Gegenstände und schlußendlich ein Auseinandertreten der diesen Gegenständen geschuldeten Modellbildungen. Wie immer dabei Mensch und Tier konzeptualisiert wurden, es machte sich die Einsicht breit, daß Modellbildungen, die das Leben nach Maßgabe eines bloßen Physikalismus fassen – ob in Descartes' seelenlosen Tierautomaten (→ SCHILDKRÖTE), in Pawlows reflexgesteuerten Hunden (→ HUND) oder den bei Watson und Skinner durch irgendwelche Labyrinthe irrenden Ratten (→ RATTE) –, für die Beschreibung biologischer Systeme ungeeignet sind.

Aber noch etwas anderes kommt mit der modernen Physik zum Tragen. Immer wieder haben Wissenschaftler in deren Namen darauf hingewiesen, daß das Faktum des Bildens von Modellen selbst nicht länger ignoriert werden kann und wie unzulässig es daher ist, Modell und Modelliertes zu verwechseln. Was immer Wissenschaftler tun, ob sie etwas beobachten oder diese Beobachtung modellieren – es bleibt für das zu Beschreibende nicht ohne Folgen. Es ist vor allem das Anerkennen des Beobachterstandpunkts, wie ihn Werner Heisenberg für die Physik erhoben hat, mit dem eine Relativität ihr Recht fordert, die positiv gewendet als Relativität unterschiedlicher Seinsarten gerade auch die Denkveranstaltungen um den Menschen betrifft. Damit ist für das letzte Jahrhundert ein Sachstand bezeichnet, der innerhalb bestimmter Wissenschaften selbst nur noch mit wenig verhaltener Ironie zur Anschrift gelangt – etwa in der Rede davon, wie naiv es ist, zu glauben, man könne jenen Status von Brillen und Sonden ausblenden, der dem Faktum des menschlichen Beobachtens eben zukommt, um statt dessen anzunehmen, man habe es mit der Wiedergabe objektiver Sachbestände zu tun. Für die Erhebung dieses Befundes steht eine eindrucksvolle Liste von Namen, die sich aus ganz unterschiedlichen Fachgebieten zu Wort melden. So hält Norbert Wiener anläßlich seiner Kybernetik fest, daß es aus zwei Gründen gerade für die Sozialwissenschaften schwierig ist, das Faktum der Beobachtung zu bagatellisieren.

> Auf der einen Seite ist der Beobachter in der Lage, einen beträchtlichen Einfluß auf die Phänomene auszuüben, die seine Aufmerksamkeit erregen. Bei aller Hochachtung vor der Intelligenz, Geschicklichkeit und Lauterkeit der Absichten meiner Freunde von der Anthropologie kann ich mir nicht denken, daß irgendeine Gemeinschaft, die sie untersucht haben, hinterher jemals wieder die gleiche sein wird. [...] Auf der anderen Seite hat der Sozialwissenschaftler nicht den Vorteil, auf seine Gegenstände von den kalten Höhen der Ewigkeit und Allgegenwart herunterzuschauen. Es kann sein, daß es eine Massensoziologie menschlicher Tierchen gibt, die sie wie die Bevölkerung der *Drosophila* in einer Flasche beobachtet, aber dies ist keine Soziologie, an der wir, selbst menschliche mikroskopische Tierchen, besonders interessiert wären. (Wiener 1968, 201)

Das Autorenduo Frederik J. J. Buytendijk und Helmuth Plessner schwimmt in ähnlichem Fahrwasser und führt anläßlich einer *Kritik an der Theorie Pawlows* die Eigenlogik solcher Modellbildungen ins Feld. »Denn solange wir das Verhalten durch die Brille der Reflexmechanik betrachten, werden wir die Verzerrungen, welche die Brille an den beobachteten Phaenomenen bereits hervorruft, nicht als Verzerrungen erkennen. Wir werden dann immer glauben, dass die verwickelten Probleme, die uns die Phänomene stellen, allein an den Phaenomenen liegen und nicht an unserer Brille.« (Buytendijk/Plessner 1935, 160) Und etwas später schreiben sie das Verhältnis von Physiologie und Physik im Namen Heisenbergs fest: »In der Physik lässt sich, wie HEISENBERG gezeigt hat, die durch die Beobachtung selbst hervorgebrachte Störung berechnen und durch eine entsprechende Umformung in der mathematischen Darstellung neutralisieren. In der Physiologie genügt das nicht.« (Buytendijk/Plessner 1935, 167) Der Gestaltkreistheoretiker Viktor von Weizsäcker zeichnet anläßlich eines Textes mit dem Titel *Der Begriff des Lebens. Über das Erforschliche und das Unerforschliche* die Geschichte des Physikalismus in der Biologie ebenso wie den Biologismus in der Physik nach, um ausgehend von der Physik eine neue Lage der Lebenswissenschaften zu konstatieren. »Der Beobachter muß den Vorgang bereits stören, um ihn beobachten zu können, und dieser sogenannte Indeterminismus zusammen mit dem Relativismus der Physik hat die Einführung des Subjektes in das physikalische Weltbild erzwungen. Die Wissenschaft von lebenden Wesen hat es mit Objekten zu tun, welche selbst ein Subjekt enthalten.« (von Weizsäcker 1987, 36)

Was all diesen Stellungnahmen zugrunde liegt, ist die Einsicht in eine nicht aufhebbare Differenz von Biologie und Physik. Gerade auf der Ebene der Modellbildung wird dieses Auseinandertreten so unterschiedlicher Gegenstandsbereiche deutlich – Autoren wie Konrad Lorenz werden nicht müde, darauf auch immer wieder hinzuweisen. Es ist die Komplexität, die die Modelle der klassischen Physik von denen der Biologie rasiermesserscharf trennt, und es ist die Anerkenntnis, daß jede Beobachtung zugleich auch Teil jenes Lebens ist, das beobachtet und damit zugleich auch verändert wird. Der Satz Viktor von Weizsäckers, *um Lebendes zu erforschen, muß man sich am Leben beteiligen*, ist weniger ein gesellschaftlicher Appell, der Wissenschaftler zum Verlassen ihrer Elfenbeinlaboratorien auffordert, sondern er bezeichnet eine erkenntnistheoretische Lage – induziert durch die moderne Physik. Mit der Konkurrenz zwischen alten physikalischen Modellen und denen der neuen Physik verliert ein dominantes Schema, eine dominante Narration über den Menschen ihre Allgemeingültigkeit – jene Teilung in einen geistigen und einen körperlichen Teil, der scheinbar jede Seinsart zu unterstehen hat und die im cartesianischen Dualismus zum philosophiegeschichtlichen Allgemeinplatz festgeschrieben wurde (und dessen Preis, die Ignoranz gegenüber den Affen, Linné seinerzeit so sehr auf die Palme brachte). Die grundlegende Dichotomie, die den Menschen von einem im Modell eines bloßen Mechanismus gedachten Tieres unterscheiden kann, ist hinfällig geworden. (Dazu Perler/Wild 2005) (→ ORNITHOPTER) Damit hat sich die Technik, die Descartes als Modellieferant zur Konturierung von Mensch und Tier benutzte, aber keineswegs erledigt. Das darin angelegte Verfehlen bestimmter Komplexitätsstandards hat noch eine andere Seite, die in den Hegungen zwischen Natur und Kultur nachgerade obsessiv als deren Latenz übersehen wird: Die Technik, oder was immer man bis dato dafür gehalten hat, hat gegenüber der Natur nicht an Bedeutung verloren. Unter veränderter Ausrichtung agiert sie auf einer Bühne des Wissens, von der sie nie abgetreten war.

Der Befund, daß physikalische Modelle für die Beschreibung von menschlichem und tierischem Verhalten unzureichend sind, nicht zuletzt weil sie eben (nur) Modelle sind, verabschiedet die Technik also mitnichten – auch wenn das gelegentlich im Überschwang neo-vitalistischer Denkansätze nahegelegt wird. Statt dessen nimmt die Technik eine neue Systemstelle ein, die von Autoren wie Martin Heidegger und Max Bense auch eigens bedacht wird. Bense, der so viel von Tieren schrieb, beschreibt diesen Systemplatz als den einer *Metatechnik* – in Anlehnung an Norbert Wiener, dessen Kybernetik in ihrem Titel vom Menschen wenig, von Maschine und Tier sehr explizit und dabei ganz anders handelt, als es der cartesianischen Formel von den *automata mechanica* zugrunde liegt. Als und mit der Metatechnik, so lautet Benses Befund, trifft eine zunehmend veränderte Natur auf eine ebenfalls zunehmend veränderte Vernunft. Jener Technik, wie Bense sie rekonstruiert und mit einer regelrechten Ontologie überzieht, wird gegenüber der Natur ein höheres Maß an Grundsätzlichkeit eingeräumt. »Technik liegt im Feld *idealer*, aber auch im Feld *realer Seinsverhältnisse* und sie gehört ebenso der subjektiven wie der objektiven Sphäre des Seins an. Ontologisch gesprochen bedeutet das, daß die *Technik weiter reicht als die Natur*: sie überstreicht ebenso sehr die Bereiche des idealen wie die Bereiche des realen Seins.« (Bense 1998, 433) Nicht die Preisgabe der Technik, sondern deren Ausweitung als *Technische Existenz* ist daher die Konsequenz, die Bense aus der so erhobenen Lage zieht.

Die Feststellung, daß der Mensch nicht vollständig aus der Natur expliziert werden könne, daß der Mensch, wie Nietzsche es ausdrückt, das ›noch nicht festgestellte Tier‹ sei, formuliert einen wichtigen Ausgangspunkt moderner Anthropologie. Unter dem Eindruck des Eindringens technischer Phänomene in die tieferen Schichten menschlicher Seinsverhältnisse, wie es gerade die kybernetischen Maschinen offenbar gemacht haben, sieht man sich gezwungen, die Technik als eine mögliche Lösung jenes anthropologisch fixierbaren Mißverhältnisses aufzufassen. Durch die Technik schafft sich der Mensch eine *Umwelt*, die seiner Doppelrolle als naturhaftes und geistiges Wesen angemessen ist. (Bense 1998, 446)

Jener Mensch, so Bense, der aus der Natur eben nicht vollständig zu erschließen ist, erfährt in der Technik die Möglichkeit, eine ihm gemäße Umwelt zu schaffen. Technik hat den Menschen aus ihrer Systemnachbarschaft nie entlassen. »Das Ergebnis ist die technische Intelligenz, die uns sukzessive in einer technischen Welt etabliert. Beide, Intelligenz und Welt, bedingen einander, und das ist ebenso ein kybernetischer wie auch ein anthropologischer Satz.« (Bense 1998, 445) Mit diesem Satz scheint zumindest für Bense das, was es vom Menschen als dem vernunftbegabten Tier zu sagen gibt, gesagt. Dessen Karriere hat in wundersam kombinatorischer Erschöpfung die Stationen seiner schieren Zwangsläufigkeit durchlaufen. In den Spielen und in der Ordnung des Wissens figurierte der Mensch vielfältig – entlang der Formel, die Linné ihm verhieß, erschien er als Vertreter verallgemeinerbarer Aussagen ebenso wie als Vertreter hochgradig individualisierter Aussagen, als Tier unter Tieren ebenso wie als Krone der Schöpfung, als Garant von Unverwechselbarkeit ebenso wie als Ausbund von Symptomkomplexen und Typenmerkmalen. Inzwischen liegen die Baupläne weitgehend offen: Baupläne, die ausgerechnet jene von Bense skizzierte technische Vernunft erschlossen hat. Das Wissen um die Physiologie von Organismen, das Wissen um die Genetik, das Wissen um das Leben scheint unmittelbar in der Logik von Kontrolle und Steuerung aufzugehen. Im Populismus irgendwelcher Hoffnungen und Befürchtungen sollen ihrerseits Kontrolle und Steuerung jene Maßgaben sein, in denen Formen von Rationalität Anwendung finden oder finden können sollen. Es war vielleicht der Eigenlogik in der Biologie geschuldet, daß diese zwar Systemnachbarschaften benennen, Technik hingegen kaum anders als in irgendwelchen Hantierungen mit Werkzeugen zu denken vermochte. Auch daran wurde auf Teneriffa ausgiebig gearbeitet.

Die Frage des Biologen Adolf Portmann, ob mit dem zunehmenden Verlauf der Evolution die Natur den Menschen entläßt, verliert bei Bense ihre Berechtigung. (Portmann 1970) Die

Kontur, die Mensch und Natur gegeneinander positioniert, folgt Eigenlogiken, in denen Technik eine Rolle spielt, die nicht herauszurechnen ist und vielleicht auch nie herauszurechnen war. Damit erhält auch jener Dualismus einen anderen Stellenwert, der im Namen Descartes' und zur Entrüstung Linnés die Affen um ihre Seele, weil den Automaten nahe rückte. Aus dem starren Dualismus ist ein Geflecht dynamischer Beziehungen geworden: Nicht in der Abgrenzung vom Tier, sondern im Einbezug der Technik wird für Bense der Mensch beschreibbar. Er erscheint dabei als Wesen, das mit der Technik den Status seiner eigenen Rationalität verändert hat – so sehr, daß diese als spezifische Differenz und daher zur Abgrenzung nicht mehr taugt. Mit dieser Ausrichtung gerät auch eine veränderte Zeitordnung in den Blick. Was es über Menschen und Tiere zu sagen gibt, ist nicht mehr nur in eine Vergangenheit gerichtet, es erschöpft sich weder in den Befunden von Paläontologie oder denen der allgemeinen Morphologie. Weniger im Auffinden irgendwelcher Knochenreste, sondern im Bezug auf die Technik zeichnen sich die Seinsarten voreinander ab – Benses Dissertation ist dafür ein eindrucksvoller Beleg. Ihr Titel *Quantenmechanik und Daseinsrelativität. Eine Untersuchung über die Prinzipien der Quantenmechanik und ihre Beziehung zu Schelers Lehre von der Daseinsrelativität der Gegenstandsarten* nennt eine Ordnung der Dinge beim Namen, die sich in einer binären Klassifikation nicht erschöpft. (Dazu Bense 1998)

Damit scheint eine Schlacht geschlagen, die oft nur ein Scheingefecht war – wie aufgeregt es auch immer geführt wurde: Unter jenen Wettkampfbedingungen, die Michel Foucault einmal als den anthropologischen Schlaf bezeichnet hat, konnte der Mensch gegenüber dem Tier nicht nicht gewinnen. (Foucault 1990) Fatal an dieser Ausgangslage war nur, daß sie selbst Natur und Kultur verwechselte, um ein vermeintliches Menschenwesen dort gegen das Tier an den Start zu schicken, wo dessen historische Gemachtheit ebenso wie dessen epistemische Bedingtheit laut und wenig verhalten nach Decodierung ruft. Was immer man also vom Menschen aussagen und allenthalben auch halten mag: Er ist jene junge Erfindung, als die Foucault ihn beschrieben und mit dieser Beschreibung ins Zentrum des Wissens gestellt hat. Und gerade diese Jugendlichkeit ist es auch, die sein Verhältnis zum Tier prägt. Der Mensch begegnet dem Tier im Zustand seiner Adoleszenz – in pubertärer Aufgeregtheit und getragen von der Annahme, die eigene Jugendlichkeit mit einem natürlichen (!) Status quo zu verwechseln. In dieser Lage waren Tiere wenig satisfaktionsfähig – ihre Alterität wurde mit welcher Attitüde auch immer zur Kenntnis genommen, als Kuriosität gewertet und höchstens von einer Kunst verwertet, die im Tier die Menschwerdung des Menschen karikiert: typisierend in der Fabel, individualisierend dort, wo das Leben die Literatur überhaupt erst zum Vorschein gebracht hat. Mit dem Infamwerden des menschlichen Lebens, wie es Foucault im *Leben der infamen Menschen* beschrieben hat, konnten auch die Tiere endlich an einem anderen Aussagesystem teilhaben, das, so jedenfalls in der Lesart Foucaults, mit der Möglichkeit von Literatur zusammenfiel. (Foucault 2001) In dieser Literatur haben feste Charakterzuschreibungen wie in der Fabel ihre Zuständigkeit verloren. Statt dessen haben jetzt auch die Tiere so individuell zu sein wie ihre menschlichen Vorbilder. Kafkas Affe Rotpeter wußte ein Lied davon zu singen.

Dieser Blick hat sich verändert – nicht zufällig, sondern, gerade, und für die Kultur- und Geisteswissenschaften irritierend, ausgehend von einer Lage, die den Naturwissenschaften geschuldet ist. Wer, wie der philosophische Anthropologe Scheler oder der Semiotiker Bense, das Prinzip der Relativität von der Quantenphysik auf eine Relativität der Seinsarten überträgt, wird auch die Rede über das Tier relativieren. Das Tier ist daher mehr als die einer menschlichen Adoleszenz vorgelagerte Kindheit – zwar evolutiv ausgereift, aber immer noch voller unverstandener und unterhaltsamer Rituale. (→ Graugans, Steinlaus) Der Tierbezug selbst läßt sich als Episode des Anthropologicums veranschlagen und damit wie auch die Technik seiner jungen Geschichte zuordnen. Die Verrechnungen bleiben zumeist dem anthropologischen Traum verpflichtet, weil im Paradigma der Menschheitsgeschichte angesiedelt. Alternative Denkansätze, wie sie in Systemtheorie und Technikphilosophie angelegt sind, können sich auf die klassifikatorische Halbwertszeit irgendwelcher Epitheta nicht verlassen.

Abb. 2: Abstammung des Menschen nach Ernst Haeckel.

Relativ sind in diesen Konstellationen nicht nur die Seinsarten, sondern auch die Jeweiligkeiten der historischen Bezüge. Gegenüber diesen Auseinandersetzungen sind auch all die Aufgeregtheiten über die technische Ersetzung von Menschen und Tieren Scharmützel. Als Simulationen werden Cyborgs, Androiden und Tiermutanten von einer Medien- und Kulturwissenschaft zwar begierig aufgegriffen – in ihrer Fixierung auf Inhalte bleibt die Technik allerdings auf das Äußere beschränkt, um vielleicht desto nachhaltiger nicht erreicht zu werden.

S. R.

Literaturverzeichnis

Adorno, Theodor W. an Bernhard Grzimek, 23. April 1965, zit. in Wolfgang Schütte (Hg.), *Adorno in Frankfurt*, Frankfurt a. M. 2003, S. 289f.

Agamben, Giorgio, *Das Offene. Der Mensch und das Tier*, Frankfurt a. M. 2002.

Agamben, Giorgio, *Homo sacer. Die souveräne Macht und das nackte Leben*, Frankfurt a. M. 2002.

Agde, Günter, *Flimmernde Versprechen. Geschichte des deutschen Werbefilms im Kino seit 1897*, Berlin 1998.

Allen, Garland E., »T. H. Morgan and the split between embryology and genetics, 1910-35«, in: Timothy J. Horder/Jan A. Witkowski/Christopher C. Wylie (Hg.), *A history of embryology: The eighth Symposium of the British Society for Developmental Biology*, Cambridge u. a. 1986, 113-146.

Alverdes, Friedrich, *Tiersoziologie*, Leipzig 1925.

Aretin, Johann C. Freiherr von, *Systematische Anleitung zur Theorie und Praxis der Mnemonik, nebst den Grundlinien zur Geschichte und Kritik dieser Wissenschaft*, III. Buch (Geschichte der Mnemonik), Sulzbach 1810.

Aristoteles, *Tierkunde*, 2. Aufl., Paderborn 1957.

Auersperg, Alfred Prinz, »Landschaft und Gegenstand in der optischen Wahrnehmung«, in: *Archiv für die gesamte Psychologie*, 99. Bd., 1937, 129-141.

Axelrod, Robert, *Die Evolution der Kooperation*, 4. Aufl., München/Wien 1997.

J. B., »Die künstliche Schildkröte«, in: *Radiotechnik*, 2, 1955, 75-76.

Baer, Karl Ernst von, »Die Abhängigkeit unseres Weltbilds von der Länge des Moments«, in: *Grundlagenstudien aus Kybernetik und Geisteswissenschaft*, 3. Bd., 1962, Beiheft, 251-275.

Barthelmess, Alfred, *Vererbungswissenschaft. Orbis academicus*. Bd. II/2, Freiburg/München 1952.

Becker, Alexander u. a. (Hg.), *Gene, Meme und Gehirne. Geist und Gesellschaft. Eine Debatte*, Frankfurt a. M. 2003.

Beer, Theodor/Albrecht Bethe/Jakob von Uexküll, »Vorschläge zu einer objektivierenden Nomenklatur in der Physiologie des Nervensystems«, in: *Zoologischer Anzeiger* 22, 1899, 275-280.

Benjamin, Walter, »Das Kunstwerk im Zeitalter seiner technischen Reproduzierbarkeit« (Zweite Fassung), in: ders., *Gesammelte Schriften*, I.2, Frankfurt a. M. 1980, 471-508.

Benjamin, Walter, »Erfahrung und Armut«, in: ders., *Gesammelte Schriften*, II.1, Frankfurt a. M. 1980, 213-219.

Bense, Max, *Quantenmechanik und Daseinsrelativität. Eine Untersuchung über die Prinzipien der Quantenmechanik und ihre Beziehung zu Schelers Lehre von der Daseinsrelativität der Gegenstandsarten*, in: ders., *Ausgewählte Schriften*, 2. Bd. (Philosophie der Mathematik, Naturwissenschaft und Technik), Stuttgart/Weimar 1998, 1-101.

Bense, Max, »Kybernetik oder die Metatechnik einer Maschine«, in: ders., *Ausgewählte Schriften*, 2. Bd. (Philosophie der Mathematik, Naturwissenschaft und Technik), Stuttgart/Weimar 1998, 429-446.

Benveniste, Emile, »Animal Communication and Human Language. The Language of the Bees«, in: *diogenes* 1-4, 1952/53, 1-7.

Bertalanffy, Ludwig von, *Zur Geschichte theoretischer Modelle in der Biologie*, Studium Generale 18, 1965.

Bertalanffy, Ludwig von/Walter Beier/Reinhard Laue, *Biophysik des Fließgleichgewichts*, 2., bearb. und erw. Aufl., Berlin 1977.

Bierens de Haan, Johan A., *Labyrinth und Umweg. Ein Kapitel aus der Tierpsychologie*, Leiden 1937.

Bingley, William, *Biographien der Thiere oder Anekdoten von den Fähigkeiten, der Lebensart, den Sitten und der Haushaltung der thierischen Schöpfung. Nach dem Engl. mit Zusätzen bearb. und mit einer Einleitung über die Psychologie der Thiere versehen von J. A. Bergk*, Leipzig 1804-1805.

Bischof, Hans-Joachim, »Instinkt, Prägung und frühes Lernen«, in: *Enzyklopädie der Psychologie*, hg. von Niels Birbaumer u. a., Themenbereich C: Theorie und Forschung, Serie I: Biologische Psychologie, Bd. 7: Vergleichende Psychologie, hg. von Eva Irle/Hans J. Markowitsch, Stuttgart 1998, 307-372.

Bois-Reymond, Emil du, *Untersuchungen über thierische Elektricität*, 1. Band, Berlin 1848.

Boveri, Theodor, *Das Problem der Befruchtung*, Jena 1902.

Brecher, Gerhard A., *Die Entstehung und biologische Bedeutung der subjektiven Zeiteinheit – des Moments. (Aus dem Institut für Umweltforschung)*, Kiel 1932.

Brockman, John (Hg.), *Die dritte Kultur. Das Weltbild der modernen Naturwissenschaft*, München 1996.

Brookes, Martin, *Drosophila. Die Erfolgsgeschichte der Fruchtfliege*, Reinbek 2002.

Buchner, Jutta, *Kultur mit Tieren. Zur Formierung des bürgerlichen Tierverständnisses im 19. Jahrhundert*, Münster u. a. 1996.

Buckley, Kerry W., *Mechanical Man. John Broadus Watson and the Beginnings of Behaviorism*, New York/London 1989.

Bühler, Karl, *Sprachtheorie. Die Darstellungsfunktion der Sprache*, Stuttgart 1982.

Buytendijk, Frederik J. J., *Reaktionszeit und Schlagfertigkeit*, Kassel 1932.

Buytendijk, Frederik J. J., *Allgemeine Theorie der menschlichen Haltung und Bewegung als Verbindung von physiologischer und psychologischer Betrachtungsweise*, Berlin u. a. 1956.

Buytendijk, Frederik J. J., *Mensch und Tier. Ein Beitrag zur vergleichenden Psychologie*, Hamburg 1958.

Buytendijk, Frederik J. J., *Wege zum Verständnis der Tiere*, Zürich/Leipzig o. J.

Buytendijk, Frederik J. J. u. a., *Über den Zeitsinn der Tiere*, Amsterdam 1935.

Buytendijk, Frederik J. J./Helmuth Plessner, »Die physiologische Erklärung des Verhaltens. Eine Kritik an der Theorie Pawlows«, in: *Acta biotheoretica*, Volumen I, 1935, 151-172.

Buytendijk, Frederik J. J./Paul Christian/Herbert Plügge, *Über die menschliche Bewegung als Einheit von Natur und Geist*, Schorndorf bei Stuttgart 1963 (Beiträge zur Lehre und Forschung der Leibeserziehung, Bd. 14).

Canguilhem, Georges, *La connaissance de la vie*, deuxième édition revue et augmentée, cinquième tirage, Paris 1975. (Zum Kapitel über Tierexperimente vgl. die Übersetzung von Henning Schmidgen: http://www.mpiwg-berlin.mpg.de/Preprints/P189.PDF)

Carus, Carl Gustav, *Vergleichende Psychologie oder Geschichte der Seele in der Reihenfolge der Tierwelt*, Nachdruck der 1. Aufl., Wien 1886, Hildesheim u. a. 1986.

Cavendish, Henry, »An Account of Some Attempts to Imitate the Effects of the Torpedo by Electricity«, in: James Clerk Maxwell (ed.), *The Electrical Researches of the Honourable Henry Cavendish, first published 1879*, Guilford/London 1967, 194-215.

Christian, Paul, *Die Willkürbewegung im Umgang mit beweglichen Mechanismen*, Berlin/Heidelberg 1948.

Christian, Paul, »Vom Wertbewußtsein im Tun. Ein Beitrag zur Psychophysik der Willkürbewegung«, in: ders./Frederik J. J. Buytendijk/Herbert Plügge, *Über die menschliche Bewegung als Einheit von Natur und Geist*, Schorndorf bei Stuttgart 1963 (Beiträge zur Lehre und Forschung der Leibeserziehung, Bd. 14), 19-44.

Couffer, Jack, *Bat Bomb. World War II's Other Secret Weapon*, Austin 1992.

Darwin, Charles, *Gesammelte Werke*. Bd. 5: *Die Abstammung des Menschen und die geschlechtliche Zuchtwahl*, 5. Aufl., Stuttgart 1899.

Darwin, Charles, *Die Entstehung der Arten durch natürliche Zuchtwahl*, Stuttgart 1963.

Darwin, Charles, *Sind Affen Rechtshänder? Notizhefte M und N und die ›Biographische Skizze eines Kindes‹*, Berlin 1998.

Dawkins, Richard, *Das egoistische Gen*, Berlin u. a. 1978.

Deleuze, Gilles/Félix Guattari, *Kapitalismus und Schizophrenie. Tausend Plateaus*, Berlin 1992.

Derrida, Jacques, »The Animal That Therefore I Am (More to Follow)«, in: *Critical Inquiry* 28, Winter 2002, 369-418.

Driesch, Hans, »Entwicklungsmechanische Studien I. Der Werth der beiden ersten Furchungszellen in der Echinodermenentwicklung. Experimentelle Erzeugung von Theil- und Doppelbildungen. II. Über die Beziehungen des Lichtes zur ersten Etappe der thierischen Forbildung«, in: *Zeitschrift für wissenschaftliche Zoologie* 53, 1891-92, 160-178.

Driesch, Hans, »Entwicklungsmechanische Studien. III. Die Verminderung des Furchungsmaterials und ihre Folgen (weiteres über Theilbildungen). IV. Experimentelle Veränderungen des Typus der Furchung und ihre Folgen (Wirkungen der Wärmezufuhr und von Druck). V. Von der Furchung doppeltbefruchteter Eier. VI. Über einige allgemeine Fragen der theoretischen Morphologie«, in: *Zeitschrift für wissenschaftliche Zoologie* 55, 1892/93, 1-62.

Eibl, Karl, *Die Entstehung der Poesie*, Frankfurt a. M./Leipzig 1995.

Eichler, Ewald, »Die künstliche Schildkröte. Ein umweltabhängiger Automat«, in: *Radiotechnik* 5/6, 1955, 173-179.

Eichler, Ewald, »Aufbau und Verhalten der künstlichen Schildkröte«, in: *Radiotechnik* 7/8, 1955, 239-244.

Föger, Benedikt/Klaus Taschwer, *Die andere Seite des Spiegels. Konrad Lorenz und der Nationalsozialismus*, Wien 2001.

Forel, Auguste, *Die psychischen Fähigkeiten der Ameisen und einiger anderer Insekten mit einem Anhang über die Eigenthümlichkeit des Geruchsinnes bei jenen Tieren. Vorträge gehalten den 13. August 1901 am V. internationalen Zoologen-Kongreß zu Berlin*, 3. und 4. Aufl., München 1907.

Forel, Auguste, *Über die Zurechnungsfähigkeit des normalen Menschen. Ein Vortrag gehalten in der Schweizerischen Gesellschaft für ethische Kultur in Zürich* [1900], 5. und 6. Aufl., München 1907.

Foucault, Michel, *Der Wille zum Wissen. Sexualität und Wahrheit I*, Frankfurt a. M. 1983.

Foucault, Michel, *Die Ordnung der Dinge. Eine Archäologie der Humanwissenschaften*, Frankfurt a. M. 1997.

Foucault, Michel, *In Verteidigung der Gesellschaft. Vorlesungen am Collège de France (1975-76)*, Frankfurt a. M. 1999.

Foucault, Michel, *Das Leben der infamen Menschen*, Berlin 2001.

Foucault, Michel, »Nietzsche, die Genealogie, die Historie«, in: ders., *Dits et Ecrits. Schriften in vier Bänden. Band II: 1970-1975*, Frankfurt a. M. 2002, 166-191.

Foucault, Michel, *Geschichte der Gouvernementalität I. Sicherheit, Territorium, Bevölkerung. Vorlesung am Collège de France 1977-1978*, Frankfurt a. M. 2004.

Freud, Sigmund, »Bemerkungen über einen Fall von Zwangsneurose«, in: ders., *Gesammelte Werke*, Bd. 7: *Werke aus den Jahren 1906-1909*, hg. von Anna Freud u. a., Frankfurt a. M. 1999, 381-463.

Friederichs, Karl, *Ökologie als Wissenschaft von der Natur oder Biologische Raumforschung*, Leipzig 1937.

Frisch, Karl von, »Methoden sinnesphysiologischer und psychologischer Untersuchungen an Bienen«, in: Emil Aberhalden u. a. (Hg.), *Handbuch der biologischen Arbeitsmethoden. Abt. VI: Methoden der experimentellen Psychologie. Teil D: Methoden der vergleichenden Tierpsychologie*, Berlin/Wien 1932, 121-78.

Frisch, Karl von, *Tanzsprache und Orientierung der Bienen*, Berlin u. a. 1965.

Frisch, Karl von, »Symbolik im Reich der Tiere«, in: Klaus R. Scherer u. a. (Hg.), *Psychobiologie. Wegweisende Texte der Verhaltensforschung von Darwin bis zur Gegenwart*, München 1987, 237-259.

Galvani, Aloisius, *Abhandlung über die Kräfte der Electricität bei der Muskelbewegung (1791)*, hg. von Arthur J. von Oettingen, Leipzig 1894 (Ostwald's Klassiker der exakten Wissenschaften, 52).

Gehlen, Arnold, »Über einige Kategorien des entlasteten, zumal des ästhetischen Verhaltens«, in, ders.: *Studien zur Anthropologie und Soziologe*, Neuwied am Rhein/Berlin 1963, 64-78.

Gehlen, Arnold, *Moral und Hypermoral. Eine pluralistische Ethik*, Frankfurt a. M./Bonn 1969.

Gehlen, Arnold, *Der Mensch. Seine Natur und seine Stellung in der Natur*, 13. Aufl., Wiesbaden 1986.

Giese, Fritz, *Psychoanalytische Psychotechnik*, Leipzig u. a. 1924.

Giese, Fritz, *Girlkultur. Vergleiche zwischen amerikanischem und europäischem Rhythmus und Lebensgefühl*, München 1925.

Goethe, Johann Wolfgang von, »Naturwissenschaftlicher Entwicklungsgang«, in: *Gedenkausgabe der Werke, Briefe und Gespräche*, 16. Bd., Zürich 1949, 904-906.

Goeze, Johann August Ephraim, *Des Herrn Trembley Abhandlungen zur Geschichte einer Polypenart des süßen Wassers mit hörnerförmigen Armen aus dem Französischen übersetzt und mit einigen Zusätzen herausgegeben von Johann August Ephraim Goeze*, Quedlinburg 1791.

Gruithuisen, Franz von Paula, »Ueber die Zertheilbarkeit des Ich's im Menschen«, in: ders., *Beyträge zur Physiognosie und Eautognosie, für Freunde der Naturforschung auf dem Erfahrungswege*, München 1812, 37-44.

Habermas, Jürgen, »Philosophische Anthropologie (ein Lexikonartikel)« (1958), in: ders., *Kultur und Kritik. Verstreute Aufsätze*, Frankfurt a. M. 1973, 89-111.

Haeckel, Ernst, *Die Welträthsel. Gemeinverständliche Studien über Monistische Philosophie*, neue unveränd. Aufl. 6. u. 7. Tsd., Bonn 1899.

Haeckel, Ernst, *Anthropogenie oder Entwicklungsgeschichte des Menschen. Keimes- und Stammes-Geschichte*, Bd. 2, 5. Aufl., Leipzig 1903.

Hagner, Michael/Hans-Jörg Rheinberger/Bettina Wahrig-Schmidt, »Objekte, Differenzen, Konjunkturen«, in: dies. (Hg.), *Objekte, Differenzen, Konjunkturen. Experimentalsysteme im historischen Kontext*, Berlin 1994, 7-22.

Hahn, Alois, *Konstruktionen des Selbst, der Welt und der Geschichte*, Frankfurt a. M. 2000.

Hamburger, Viktor, *The heritage of experimental embryology. Hans Spemann and the organizer*, New York/Oxford 1988.

Hamilton, William D., »The Genetical Evolution of Social Behaviour I and II«, in: *Journal Theoret. Biol.* 7, 1964, 1-52.

Harrington, Anne, *Die Suche nach Ganzheit. Die Geschichte biologisch-psychologischer Ganzheitslehren: Vom Kaiserreich bis zur New-Age-Bewegung*, Reinbek 2002.

Hegel, Georg Wilhelm Friedrich, *Grundlinien der Philosophie des Rechts, Theorie Werkausgabe*, Band 7, Frankfurt a. M. 1970.

Helbig, Hans, »Freiwillige Arbeitsgemeinschaften für Flugphysik an Gymnasien«, in: *Luftfahrt und Schule. Zeitschrift zur Förderung der Luftfahrt und des Luftschutzes an deutschen Schulen. In Zusammenarbeit mit dem Reichsministerium für Wissenschaft, Erziehung und Volksbildung und dem Reichsluftfahrtministerium*, 6. Jg., Heft 3, 1940, 21.

Hertwig, Oscar, »Beiträge zur Kenntnis der Bildung, Befruchtung und Theilung des thierischen Eies«, in: *Morphologisches Jahrbuch* 1, 1876, 347-434; 3, 1877, 1-86, 271-279; 4, 1878, 156-175, 177-213 (als Monographie: Leipzig 1875).

Hobbes, Thomas, *Leviathan oder Stoff, Form und Gewalt eines kirchlichen und bürgerlichen Staates*, Frankfurt a. M. 1966.

Hoff, Hans/Otto Pötzl, »Über eine Zeitrafferwirkung bei homonymer linksseitiger Hemianopsie«, in: *Zeitschrift für die gesamte Neurologie und Psychiatrie*, 151. Bd., 1934, 599-641.

Hölldobler, Bert/Edward O. Wilson, *The Ants*, Berlin/Heidelberg 1990.

Hölldobler, Bert/Edward O. Wilson, *Ameisen. Die Entdeckung einer faszinierenden Welt*, Basel u. a. 1995.

Holst, Erich von, »Über das Laufen der Hundertfüßer (Chilopoden)«, in: *Zoologische Jahrbücher, Abteilung für allgemeine Zoologie und Physiologie*, 54. Bd., 1934, 157-179.

Holst, Erich von, »Über den Prozeß der zentralnervösen Koordination«, in: *Pflügers Archiv für die gesamte Physiologie des Menschen und der Tiere*, 236. Bd., 1935, 149-158.

Holst, Erich von, »Neue Versuche zur Deutung der relativen Koordination bei Fischen«, in: *Pflügers Archiv für die gesamte Physiologie des Menschen und der Tiere*, 240. Bd., 1938, 1-43.

Holst, Erich von, »Über relative Koordination bei Säugern und beim Menschen«, in: *Pflügers Archiv für die gesamte Physiologie des Menschen und der Tiere*, 240. Bd., 1938, 44-59.

Holst, Erich von, »Tierflug und Modellflug. Sinn und Bedeutung des Vollschwingen-Flugmodellbaus«, in: *Luftfahrt und Schule. Zeitschrift zur Förderung der Luftfahrt und des Luftschutzes an deutschen Schulen. In Zusammenarbeit mit dem Reichsministerium für Wissenschaft, Erziehung und Volksbildung und dem Reichsluftfahrtministerium*, 6. Jg., Heft 3, 1940, 24-27.

Holst, Erich von, »Von der Mathematik der nervösen Ordnungsleistung«, in: *Experientia*, Vol. IV/10 1948, 374-381.

Holst, Erich von, »Die Rolle des Modells in verschiedenen Gebieten der Physiologie. Kurzes Autoreferat«, in: *Verhandlungen der Deutschen Zoologischen Gesellschaft*, 18. Bd., 1951, 273-275.

Holst, Erich von, »Über ›künstliche Vögel‹ als Mittel zum Studium des Vogelflugs« (1943), in: ders., *Zur Verhaltensphysiologie bei Tieren und Menschen. Gesammelte Abhandlungen*, Bd. II, München 1970, 84-131.

Holst, Erich von, »Vom Flug der Tiere und vom Menschenflug der Zukunft«, in: ders., *Zur Verhaltensphysiologie bei Tieren und Menschen. Gesammelte Abhandlungen*, Bd. II, München 1970, 139-159.

Holst, Erich von, »Der Physiologe und sein Versuchstier«, in: ders., *Zur Verhaltensphysiologie bei Tieren und Menschen. Gesammelte Abhandlungen*, Bd. II, München 1970, 247-252.

Hooke, Robert, *Micrographia or some physiological descriptions of minute bodies made by magnifying glasses*, London 1667.

Horder, Timothy J./Paul J. Weindling, »Hans Spemann and the organiser«, in: Timothy J. Horder/Jan A. Witkowski/Christopher C. Wylie (Hg.), *A history of embryology: The eighth Symposium of the British Society for Developmental Biology*, Cambridge u. a. 1986, 183-242.

Hülsmeyer, Christian, Patentschrift Nr. 165546 vom 30. April 1904.

Humboldt, Alexander von, *Ansichten der Natur*, hg. von Adolf Meyer-Abich, Stuttgart 2004.

Ischikawa, C., »Trembley's Umkehrungsversuche an Hydra nach neuen

Versuchen erklärt«, in: *Zeitschrift für wissenschaftliche Zoologie*, 49. Bd., 1890 (Diss. Freiburg i. B. 1889), 433-460.

Jünger, Ernst, *Gläserne Bienen*, Stuttgart 1957.

Jünger, Ernst, *Der Arbeiter. Herrschaft und Gestalt*, in: ders.: *Sämtliche Werke*. 2. Abt., Bd. 8: Essays II. *Der Arbeiter*, Stuttgart 1981, 9-317.

Kafka, Gustav, »Tierpsychologie«, in: ders. (Hg.), *Handbuch der vergleichenden Tierpsychologie*, 1. Bd. (*Die Entwicklungsstufen des Seelenlebens*), München 1922.

Karneth, Rainer, *Anthropo-Biologie und Biologie. Biologische Kategorien bei Arnold Gehlen – im Licht der Biologie, insbesondere der vergleichenden Verhaltensforschung der Lorenz-Schule*, Würzburg 1991.

Keller, Evelyn Fox, *Das Leben neu denken. Metaphern der Biologie im 20. Jahrhundert*, München 1998.

Kittler, Friedrich A., *Draculas Vermächtnis. Technische Schriften*, Leipzig 1993.

Kittler, Friedrich A., *Aufschreibesysteme 1800/1900*, 3., vollst. überarb. Aufl., München 1995.

Kittler, Friedrich A., *Eine Kulturgeschichte der Kulturwissenschaft*, München 2000.

Kittler, Friedrich A., »Die Tiere des Krieges. Ein historisches Bestiarium«, in: Johannes Bilstein/Matthias Winzen (Hg.), *Das Tier in mir. Die animalischen Ebenbilder des Menschen*, Köln 2002, 153-158.

Kittler, Friedrich A., »Der Mensch, ein betrunkener Dorfmusikant«, in: Renate Lachmann/Stefan Rieger (Hg.), *Text und Wissen. Technologische und anthropologische Aspekte*, Tübingen 2003 (Literatur und Anthropologie, 16), 29-43.

Kleist, Heinrich von, »Über das Marionettentheater«, in: ders., *Werke und Briefe in vier Bänden*, Band III (Erzählungen, Gedichte, Anekdoten, Schriften), Frankfurt a. M. 1986, 473-480.

Klüber, Johann Ludwig, *Compendium der Mnemonik oder Erinnerungswissenschaft aus dem Anfange des siebenzehnten Iahrhunderts von Lamprecht Schenckel und Martin Sommer. Aus dem Lateinischen mit Vorrede und Anmerkungen von D. Johann Ludwig Klüber*, Erlangen 1804.

Köhler, Wolfgang, *Intelligenzprüfungen an Menschenaffen. Unveränderter Nachdruck der zweiten, durchgesehenen Auflage der »Intelligenzprüfungen an Anthropoiden I«. Aus den Abhandlungen der Preuss. Akademie der Wissenschaften Jahrgang 1917, Physikal.-Mathem. Klasse, NR. 1, 1921. Mit einem Anhang zur Psychologie des Schimpansen*, Berlin u. a. 1963.

Kohler, Robert E., *Lords of the Fly. Drosophila Genetics and the Experimental Life*, Chicago/London 1994.

Koller, Gottfried, *Das Leben des Biologen Johannes Müller 1801-1858*, Stuttgart 1958.

Kropotkin, Peter A., *Gegenseitige Hilfe in der Entwicklung*, Leipzig 1904.

Küchemann, Dietrich/Erich von Holst, »Zur Aerodynamik des Tierfluges«, in: *Luftwissen*, 8. Bd., Nr. 9, 1941, 277-282.

Lachmann, Renate, *Erzählte Phantastik. Zur Phantasiegeschichte und Semantik phantastischer Texte*, Frankfurt a. M. 2002.

Lenhoff, Sylvia G., *Hydra and the birth of experimental biology – 1744. Abraham Trembley's Mémoires concerning the polyps*, Pacific Grove, CA, 1986.

Lichtenberg, Georg Christoph, *Schriften und Briefe*. Bd. 1: *Sudelbücher*, Darmstadt 1968.

Lilienthal, Otto, *Der Vogelflug als Grundlage der Fliegekunst. Ein Beitrag zur Systematik der Flugtechnik*, Reprint der Originalausgabe, Berlin 1889, Friedland i. Meckl. 2003.

Lindauer, Martin, *Botschaft ohne Worte. Wie Tiere sich verständigen*, München/Zürich 1990.

Loeb, Jacques, *Forced Movements, Tropisms, and Animal Conduct*, Philadelphia u. a. 1918 (Monographs on Experimental Biology; 1).

Lorenz, Konrad, »Durch Domestikation verursachte Störungen arteigenen Verhaltens«, in: *Zeitschrift für angewandte Psychologie und Charakterkunde* 59, 1940, 2-81.

Lorenz, Konrad, »Der Kumpan in der Umwelt des Vogels. Der Artgenosse als auslösendes Moment sozialer Verhaltensweisen«, in: ders., *Über tierisches und menschliches Verhalten. Aus dem Werdegang der Verhaltenslehre. Gesammelte Abhandlungen I*, München 1966, 115-282.

Lorenz, Konrad, *Vergleichende Verhaltensforschung. Grundlagen der Ethologie*, München 1982.

Lorenz, Konrad, *Die acht Todsünden der zivilisierten Menschheit*, München 1983.

Lorenz, Konrad, *Das sogenannte Böse. Zur Naturgeschichte der Aggression*, München 1983.

Luhmann, Niklas, »Individuum, Individualität, Individualismus«, in: ders., *Gesellschaftsstruktur und Semantik. Studien zur Wissenssoziologie der modernen Gesellschaft*, Bd. 3, Frankfurt a. M. 1993, 149-258.

Luhmann, Niklas, *Soziale Systeme*, Frankfurt a. M. 1999.

Lyne, John, »Bio-Rhetorics: Moralizing the Life Sciences«, in: Herbert W. Simons (ed.), *The Rhetorical Turn. Invention and Persuasion in the Conduct of Inquiry*, Chicago/London 1990, 35-57.

Macho, Thomas, »Tier«, in: Christoph Wulff (Hg.), *Vom Menschen. Handbuch der Historischen Anthropologie*, Weinheim/Basel 1997, 62-85.

Mann, Thomas, *Herr und Hund. Ein Idyll*, Frankfurt a. M. 1985.

Markl, Hubert, »Freiheit, Verantwortung, Menschenwürde. Warum Lebenswissenschaften mehr sind als Biologie«, in: Christian Geyer (Hg.), *Biopolitik. Die Positionen*, Frankfurt a. M. 2001, 177-193.

Marx, Karl, *Das Kapital. Kritik der politischen Ökonomie*, Bd. 1, Berlin 1966.

Maynard-Smith, John, »The Evolution of Behavior«, in: *Scientific American* 239, 3, 1978, 136-145.

Maynard-Smith, John, *Evolution and the Theory of Games*, Cambridge 1982.

Meya, Jörg/Heinz Otto Sibum, *Das fünfte Element. Wirkungen und Deutungen der Elektrizität*, Reinbek 1987.

Mikorey, Max, »Das Zeitparadoxon der Lebensbilderschau in Katastrophensituationen«, in: *Zentralblatt für die gesamte Neurologie und Psychiatrie*, 159. Bd., 1960, 4.

Mittelstaedt, Horst, »Probleme der Kursregelung bei frei beweglichen Tieren«, in: *Aufnahme und Verarbeitung von Nachrichten durch Organismen*, hg. von Nachrichtentechnische Gesellschaft im VDE Fachausschuß »Informations- und Systemtheorie«, Stuttgart 1961, 138-148.

Moebius, Karl, *Die Auster und die Austernwirthschaft*, Berlin 1877.

Morgan, Thomas H., *The Theory of the Gene*, New York 1964 (Reprint from the November 1929 2nd printing).

Morgan, Thomas H./Calvin B. Bridges, *Sex-linked Inheritance in Drosophila*, Washington 1916.

Moritz, Karl Philipp, *Gnothi Sauton oder Magazin zur Erfahrungsseelenkunde*, in: ders., *Die Schriften in dreißig Bänden*, hg. von Petra und Uwe Nettelbeck, Bd. 1-10, Nördlingen 1986.

Muller, Hermann J., »Genetischer Fortschritt durch planmäßige Samenwahl«, in: Robert Jungk, Hans Josef Mundt (Hg.), *Das umstrittene Experiment: Der Mensch. 27 Wissenschaftler diskutieren die Elemente einer biologischen Revolution. Dokumentation des Ciba-Symposiums 1962 »Man and His Future«*, 2. ergänzte Aufl. Frankfurt a. M./München 1988, 277-291.

Müller, Irmgard, *Die Geschichte der Zoologischen Station in Neapel von der Gründung durch Anton Dohrn (1872) bis zum Ersten Weltkrieg und ihre Bedeutung für die Entwicklung der modernen biologischen Wissenschaften*, Habilitationsschrift, Universität Düsseldorf 1976.

Müller-Doohm, Stefan, *Adorno. Eine Biographie*, Frankfurt a. M. 2003.

Musil, Robert, »Psychotechnik und ihre Anwendungsmöglichkeit im Bundesheere«, in: *Militärwissenschaftliche und technische Mitteilungen*, LIII. Jahrgang, 6. Heft, Wien 1922, 244-265.

Musil, Robert, »Durch die Brille des Sports« [1925/26 oder später], in: ders., *Gesammelte Werke*, hg. von Adolf Frisé, II, Reinbek 1978, 792-795.

Musil, Robert, *Der Mann ohne Eigenschaften*, Reinbek 1987.

Neumann, Gerhard, »Der Blick des Anderen. Zum Motiv des Hundes und des Affen in der Literatur«, in: *Jahrbuch der Deutschen Schillergesellschaft* 40, 1996, 87-121.

Neumann, Herbert A., *Vom Ascaris zum Tumor. Leben und Werk des Biologen Theodor Boveri (1862-1915)*, Berlin u. a. 1998.

Nietzsche, Friedrich, *Jenseits von Gut und Böse. Vorspiel einer Philosophie der Zukunft*, in: ders., *Sämtliche Werke. Studienausgabe in 15 Einzelbänden*, hg. von Giorgio Colli/Mazzino Montinari, Bd. 5, Berlin/New York 1988.

Nüsslein-Volhard, Christiane, »Die Identifizierung von Genen, die die Entwicklung bei Fliegen und Fischen steuern (Nobel-Vortrag)«, in: *Angewandte Chemie* 108, 19, 1996, 2317-2328.

Palágyi, Melchior, *Wahrnehmungslehre* (Mit einer Einführung von Dr. Ludwig Klages), Leipzig 1925.

Pawlow, Iwan, »Der Freiheitsreflex« (1917), in: ders., *Sämtliche Werke*, Bd. III, 1, Berlin 1953b, 248-252.

Pawlow, Iwan, »Antwort eines Physiologen an die Psychologen« (1932), in: ders., *Sämtliche Werke*, Bd. III, 2, Berlin 1953a, 404-430.

Pawlow, Iwan, »Der bedingte Reflex« (1936), in: ders., *Sämtliche Werke*, Bd. III, 2, Berlin 1953c, 532-549.

Pawlow, Iwan, »Zwanzigjährige Erfahrungen mit dem objektiven Studium der höheren Nerventätigkeit (des Verhaltens) der Tiere« (1923), in: ders., *Sämtliche Werke*, Bd. III, 1, Berlin 1953d.

Pawlow, Iwan, »Vorlesungen über die Arbeit der Großhirnhemisphären« (1927), in: ders., *Sämtliche Werke*, Bd. IV, Berlin 1953e.

Pawlow, Iwan, »Vivisektion« (1893), in: ders., *Sämtliche Werke*, Bd. VI, Berlin 1954, 3-17.

Peil, Dietmar, *Untersuchungen zur Staats- und Herrschaftsmetaphorik in literarischen Zeugnissen von der Antike bis zur Gegenwart*, München 1983.

Pera, Marcello, *The Ambiguous Frog. The Galvani-Volta Controversy on Animal Electricity*, Princeton 1992.

Perler, Dominik/Markus Wild (Hg.), *Der Geist der Tiere. Philosophische Texte zu einer aktuellen Diskussion*, Frankfurt a. M. 2005.

Platon, »Politeia«, in: ders., *Sämtliche Werke*, Bd. 2, Reinbek 1994, 195-537.

Plessner, Helmuth, »Das Problem der menschlichen Umwelt«, in: ders., *Politik – Anthropologie – Philosophie*, hg. von Hans-Ulrich Lessing und Salvatore Giamusso, München 2001, 168-175.

Plessner, Helmuth/Frederik J. J. Buytendijk, »Die physiologische Erklärung des Verhaltens. Eine Kritik an der Theorie Pawlows«, in: *Acta biotheoretica*, Volumen I, 1935, 151-172; wiederabgdr. in: Helmuth

Plessner, *Gesammelte Schriften VIII: Conditio humana*, Frankfurt a. M. 2003, 7-32.

C. Plinius Secundus d. Ä., *Naturalis Historiae – Naturkunde. Lateinisch – Deutsch*, hg. und übers. v. Roderich König in Zusammenarbeit mit Joachim Hopp, Buch 11: *Zoologie: Insekten. Vergleichende Anatomie*, München/Zürich 1990.

Pötzl, Otto, »Physiologisches und Pathologisches über das persönliche Tempo«, in: *Wiener Klinische Wochenschrift*, 52. Jg., Nr. 24, 1939, 569-573.

Portmann, Adolf, *Neue Wege der Biologie*, München 1960.

Portmann, Adolf, *Entläßt die Natur den Menschen? Gesammelte Aufsätze zur Biologie und Anthropologie*, München 1970.

Portmann, Adolf, »Die Zeit im Leben der Organismen«, in: ders., *Biologie und Geist*, Frankfurt a. M. 1973, 142-164.

Potthast, Thomas, »Wissenschaftliche Ökologie und Naturschutz: Szenen einer Annäherung«, in: Joachim Radkau/Frank Uekötter (Hg.), *Naturschutz und Nationalsozialismus*, Frankfurt a. M. 2003, 225-254.

Pschyrembel. Klinisches Wörterbuch der Medizin, 260. Auflage, Berlin/New York 2004.

Querner, Hans/Ilse Jahn, *Christoph Gottfried Jacobi und die Süßwasserpolypen des Abraham Trembley*, Marburg an der Lahn 2003.

Rapoport, Anatol, *Decision Theory and Decision Behaviour. Normative and Descriptive Approaches*, Dordrecht u. a. 1989.

Rheinberger, Hans-Jörg, *Experiment. Schrift. Differenz. Zur Geschichte epistemischer Dinge*, Marburg 1992.

Riechelmann, Cord, *Bestiarium. Der Zoo als Welt – die Welt als Zoo*, Frankfurt a. M. 2003.

Rieger, Stefan, *Kybernetische Anthropologie. Eine Geschichte der Virtualität*, Frankfurt a. M. 2003.

Rieger, Stefan, »Kunst, Medien, Kultur. Konjunkturen des Wissens«, in: Friedrich Jaeger/Jürgen Straub (Hg.), *Handbuch der Kulturwissenschaften*, Band 2, Paradigmen und Disziplinen, Stuttgart/Weimar 2004, 638-655.

Rösel von Rosenhof, Johann, *Insectenbelustigung*, Nürnberg 1740.

Rothacker, Erich, *Probleme der Kulturanthropologie*, Bonn 1948.

Rothschuh, Karl E., »Aus der Frühzeit der Elektrobiologie«, in: *Elektromedizin und ihre Grenzgebiete. Zeitschrift für Klinik und Praxis einschließlich Elektropathologie*, 4. Bd., Dezember 1959, Nr. 6, 201-217.

Rothschuh, Karl E., »Von der Idee bis zum Nachweis der tierischen Elektrizität«, in: *Sudhoffs Archiv für Geschichte der Medizin und der Naturwissenschaften*, 44. Bd., 1960, 25-44.

Roux, Wilhelm, »Ueber die künstliche Hervorbringung »halber« Embryonen durch Zerstörung einer der beiden ersten Furchungszellen, sowie über die Nachentwickelung (Postgeneration) der fehlenden Körperhälfte« [1888], in: ders., *Gesammelte Abhandlungen über Entwickelungsmechanik der Organismen*. Bd. 2: *Über Entwickelungsmechanik des Embryo*, Leipzig 1895, 419-521.

Sachs, Carl, *Dr. Carl Sachs Untersuchungen am Zitteraal Gymnotus Electricus*. Nach seinem Tode bearbeitet von Emil du Bois-Reymond, Leipzig 1881.

Sarris, Emmanuel, »Der Blinde über seinen Führhund«, in: *Zeitschrift für Hundeforschung 3*, 1933, 170-187.

Sarris, Emmanuel, »Abrichtung oder Ausbildung der Führhunde für Blinde?«, in: *Zeitschrift für angewandte Psychologie und Charakterkunde 48*, 1935, 341-360.

Schaffer, Simon/Steven Shapin, *Leviathan and the Air-Pump. Hobbes, Boyle, and the Experimental Life*, Princeton 1985.

Schaltenbrand, Georges (Hg.), *Zeit in nervenärztlicher Sicht. Vorträge des Südwestdeutschen Neurologenkongresses Pfingsten 1960 in Baden-Baden*, Stuttgart 1963.

Scheitlin, Peter, *Versuch einer vollständigen Thierseelenkunde*, Stuttgart 1840.

Scheler, Max, *Schriften zur Anthropologie*, hg. von Martin Arndt, Stuttgart 1994, Einleitung 5-25.

August Ludwig Schlözers Vorbericht zur sechsten Ausgabe von Achenwalls *Statsverfassung der heutigen vornehmsten Europäischen Reiche und Völker im Grundrisse*, Erster Theil, Göttingen 1790.

Schmidt, Arno, ›Piporakemes!‹, in: ders., *Schwänze. Fünf Erzählungen*, Frankfurt a. M. 1976, 93-123.

Schmidt, Arno, *Aus dem Leben eines Fauns*, in: Bargfelder Ausgabe der Werke Arno Schmidts, hg. von der Arno Schmidt Stiftung, Bd. I, 1, Zürich 1987, 301-390.

Schnelle-Schneyder, Marlene, *Photographie und Wahrnehmung am Beispiel der Bewegungsdarstellung im 19. Jahrhundert*, Marburg 1990.

Schütt, Hans-Peter (Hg.), *Die Vernunft der Tiere*, Frankfurt a. M. 1990.

Schütte, Wolfram (Hg.), *Adorno in Frankfurt*, Frankfurt a. M. 2003.

Sebeok, Thomas A., *Perspectives in Zoosemiotics*, The Hague/Paris 1972.

Sebeok, Thomas A., *Theorie und Geschichte der Semiotik*, Reinbek 1979.

Skinner, Burrhus F., »How To Teach Animals«, in: *Scientific American* 185, 1951, 26-29.

Skinner, Burrhus F., *Wissenschaft und menschliches Verhalten*, München 1973.

Small, Willard, »An Experimental Study of the Mental Processes of the Rat«, in: *The American Journal of Psychology* 11, 1900, 133-165.

Small, Willard, »Experimental Study of the Mental Processes of the Rat II«, in: *The American Journal of Psychology* 12, 2, 1900-01, 206-239.

Spemann, Hans, »Über die Erzeugung tierischer Chimären durch heteroplastische embryonale Transplantation zwischen *Triton cristatus* und *Triton taeniatus*«, in: *Archiv für Entwicklungsmechanik der Organismen* 48, 1921, 533-570.

Spemann, Hans, »Mikrochirurgische Operationstechnik«, in: *Abderhaldens Handbuch der biologischen Arbeitsmethoden. Abt. V: Methoden zum Studium der Funktionen der einzelnen Organe im tierischen Organismus. Teil 3, A: Methoden der Entwicklungsmechanik*, Berlin/Wien 1923, 1-30.

Spemann, Hans, *Experimentelle Beiträge zu einer Theorie der Entwicklung*, Berlin 1936 – Nachdruck 1968.

Spemann, Hans/Hilde Mangold, »Über Induktion von Embryonalanlagen durch Implantation artfremder Organisatoren«, in: *Roux' Archiv für Entwicklungsmechanik* 100, 1924, 599-638.

Stephanitz, Max von, *Der deutsche Schäferhund in Wort und Bild*, 8., neubearb. Aufl., Jena 1932.

Straus, Erich, *Vom Sinn der Sinne. Ein Beitrag zur Grundlegung der Psychologie* [1956], 2. Aufl., Berlin u. a. 1978.

Sturtevant, Alfred H., »The linear arrangement of six sex-linked factors in *Drosophila*, as shown by their mode of association«, in: *The Journal of Experimental Zoology* 14, 1913, 43-59.

Thienemann, August, »Lebensgemeinschaft und Lebensraum«, in: *Naturwissenschaftliche Wochenschrift. Allgemeinverständliche Wochenschrift für sämtliche Gebiete der Naturwissenschaften* 17, 1918, 281-290 und 297-303.

Thienemann, August, »Lebensgemeinschaft und Lebensraum«, in: *Unterrichtsblätter für Mathematik und Naturwissenschaften* 41, 1935 (Beihefte), 337-350.

Thienemann, August, *Leben und Umwelt*, Leipzig 1941.

Tucholsky, Kurt, »Der Hund als Untergebener«, in: Helmut Brackert/Cora von Kleffens (Hg.), *Von Hunden und Menschen. Geschichte einer Lebensgemeinschaft*, München 1989, 265.

Uexküll, Jakob von, *Staatsbiologie. Anatomie – Physiologie – Pathologie des Staates*, Hamburg 1933.

Uexküll, Jakob von, »Das Führhundproblem«, in: *Zeitschrift für angewandte Psychologie* 45, 1933, 46-53.

Uexküll, Jakob von, »Die Umwelt des Hundes«, in: *Zeitschrift für Hundeforschung* 2, 1932, 157-170.

Uexküll, Jakob von, *Streifzüge durch die Umwelten von Tieren und Menschen. Ein Bilderbuch unsichtbarer Welten*, Hamburg 1956.

Uexküll, Jakob von, *Theoretische Biologie*, Frankfurt a. M. 1973.

Vierordt, Karl von, *Der Zeitsinn nach Versuchen*, Tübingen 1868.

Vogel, Christian, »Gibt es eine natürliche Moral? Oder: wie widernatürlich ist unsere Ethik?« in: Heinrich Meier (Hg.), *Die Herausforderung der Evolutionsbiologie*, 3. Aufl., München 1992, 193-219.

Wolfgang Wickler/Uta Seibt, *Das Prinzip Eigennutz. Zur Evolution sozialen Verhaltens*, München, überarb. Neuausgabe 1991.

Vollmar, Fritz, »Das Telemobiloskop von Christian Hülsmeyer, ein früher Vorläufer des Radargeräts«, in: *Deutsches Museum. Abhandlungen und Berichte*, 28. Jg., Heft 1, 1960, 33-36.

Volta, Alessandro, *Briefe über thierische Elektricität (1792)*, hg. von Arthur J. von Oettingen, Leipzig 1900 (Ostwald's Klassiker der exakten Wissenschaften, 114).

Volta, Alessandro, *Untersuchungen über den Galvanismus (1796 bis 1800)*, hg. von Arthur J. von Oettingen, Leipzig 1900 (Ostwald's Klassiker der exakten Wissenschaften, 118), 77.

Walsh, John, »Of the electric Property of the Torpedo«, in: *Philosophical Transactions*, 36. Bd., 1773, 461-480.

Watson, John B., *Behaviorismus. Ergänzt durch den Aufsatz »Psychologie, wie sie der Behaviorist sieht«*, hg. von Carl F. Graumann, Frankfurt a. M. 1976.

Watson, John B./Rosalie Rayner, »Studies in Infant Psychology«, in: *The Scientific Monthly* 13, 6, Dec. 1921, 493-515.

Weber, Wilhelm/Eduard Weber, *Die Mechanik der menschlichen Gehwerkzeuge. Eine anatomisch-physiologische Untersuchung*, in: *Wilhelm Weber's Werke*, hg. von der königlichen Gesellschaft der Wissenschaften zu Göttingen, Bd. 6, Berlin 1892ff.

Weizsäcker, Viktor von, »Der Begriff des Lebens. Über das Erforschliche und das Unerforschliche«, in: ders., *Gesammelte Schriften*, 7. Bd. (Allgemeine Medizin, Grundfragen medizinische Anthropologie), Frankfurt a. M. 1987, 24-40.

Weizsäcker, Viktor von, *Der Gestaltkreis. Theorie der Einheit von Wahrnehmen und Bewegen*, in: ders., *Gesammelte Schriften*, 4. Bd., Frankfurt a. M. 1997.

Wiener, Norbert, *Mensch und Menschmaschine. Kybernetik und Gesellschaft*, Frankfurt a. M. 1964.

Wiener, Norbert, *Kybernetik. Regelung und Nachrichtenübertragung in Lebewesen und Maschine*, Reinbek 1968.

Wiener, Norbert/Arturo Rosenblueth, »The Role of Models in Science«, in: *Philosophy in Science*, Vol. 12, 1945, 316-321.

Wilson, Edward O., *Sociobiology: The New Synthesis*, 4. Aufl., Cambridge, Mass./London, England 1976.

Wilson, Edward O., *Biologie als Schicksal. Die soziobiologischen Grundlagen menschlichen Verhaltens*, Frankfurt a. M. 1980.

Wolpert, Lewis u. a., *Entwicklungsbiologie*, Berlin 1990.

Wuketits, Franz M., *Soziobiologie. Die Macht der Gene und die Evolution sozialen Verhaltens*, Heidelberg u. a. 1997.

Zborzill, Ed, *Die mnemonische Dressur des Hundes oder neu entdeckte Methode [...]*, Berlin o. J.

Zeier, Hans (Hg.), *Die Psychologie des 20. Jahrhunderts*, Bd. 4: *Pawlow und die Folgen: Von der klassischen Konditionierung bis zur Verhaltenstherapie*, Zürich 1977.

http://www.florian-seiffert.de/doc/steinlaus.pdf [1]

http://de.wikipedia.org/wiki/Radar

Abbildungsverzeichnis

Ameise

Abb. 1: Auguste Forel, *Die Welt der Ameisen*, Zürich 1948, Tafel V, 228.
Abb. 2: Auguste Forel, *Die Welt der Ameisen*, Zürich 1948, Figur 48, 223.

Bär

Abb. 1: F. J. J. Buytendijk, *Wege zum Verständnis der Tiere*, Zürich, Leipzig o. J., 190.
Abb. 2: F. J. J. Buytendijk, *Wege zum Verständnis der Tiere*, Zürich, Leipzig o. J., 191.
Abb. 3: F. J. J. Buytendijk, *Wege zum Verständnis der Tiere*, Zürich, Leipzig o. J., 192.

Barsch

Abb. 1: Versuchsanordnung mit Labrus nach Erich von Holst, »Über den Prozeß der zentralnervösen Koordination«, in: *Pflügers Archiv für die gesamte Physiologie des Menschen und der Tiere*, 236. Bd., 1935, 149-158, hier: 151.
Abb. 2: Kurven nach Erich von Holst, »Neue Versuche zur Deutung der relativen Koordination bei Fischen«, in: *Pflügers Archiv für die gesamte Physiologie des Menschen und der Tiere*, 240. Bd., 1938, 1-43, hier: 10.
Abb. 3: Erich von Holst, »Neue Versuche zur Deutung der relativen Koordination bei Fischen«, in: *Pflügers Archiv für die gesamte Physiologie des Menschen und der Tiere*, 240. Bd., 1938, 1-43, hier: 11.
Abb. 4: Erich von Holst, »Neue Versuche zur Deutung der relativen Koordination bei Fischen«, in: *Pflügers Archiv für die gesamte Physiologie des Menschen und der Tiere*, 240. Bd., 1938, 1-43, hier: 32.
Abb. 5: Erich von Holst, »Neue Versuche zur Deutung der relativen Koordination bei Fischen«, in: *Pflügers Archiv für die gesamte Physiologie des Menschen und der Tiere*, 240. Bd., 1938, 1-43, hier: 38.
Abb. 6: Erich von Holst, »Über relative Koordination bei Säugern und beim Menschen«, in: *Pflügers Archiv für die gesamte Physiologie des Menschen und der Tiere*, 240. Bd., 1938, 44-59, hier: 54.

Biene

Abb. 1: Karl von Frisch, *Tanzsprache und Orientierung der Bienen*, Berlin u. a. 1965, 62.
Abb. 2: Karl von Frisch, *Tanzsprache und Orientierung der Bienen*, Berlin u. a. 1965, 168.

Drosophila

Abb. 1: Theodor Dobzhansky, *Die Entwicklung zum Menschen. Evolution, Abstammung und Vererbung. Ein Abriß*, Hamburg, Berlin 1958, 69.
Abb. 2: Alfred H. Sturtevant, »The linear arrangement of six sex-linked factors in *Drosophila*, as shown by their mode of association«, in: *The Journal of Experimental Zoology* 14, 1913, 43-59, hier: 49.
Abb. 3: Thomas H. Morgan, Calvin B. Bridges, *Sex-linked Inheritance in Drosophila*, Washington 1916, 22.

Fledermaus

Abb. 1: Ernst Haeckel, *Kunstformen der Natur.* Hundert Illustrationstafeln mit beschreibendem Text. Allgemeine Erläuterung und systematische Übersicht. Mit einem Prolog von Prof. Dr. Jochen Martens, Wiesbaden 2004, S. 160, Tafel 67 (Vampyrus).
Abb. 2: Jack Couffer, *Bat Bomb. World War II's Other Secret Weapon*, Austin 1992, ohne Pag.
Abb. 3: Jack Couffer, *Bat Bomb. World War II's Other Secret Weapon*, Austin 1992, ohne Pag.
Abb. 4: H. Raghuram, G. Marimuthu, »Donald Redfield Griffin. The Discovery of Echolocation«, in: *Resonance*, February 2005, 20-32, hier: 23.

Frosch

Abb. 1: Karl E. Rothschuh, »Von der Idee bis zum Nachweis der tierischen Elektrizität«, in: *Sudhoffs Archiv für Geschichte der Medizin und der Naturwissenschaften*, 44. Bd., 1960, 25-44, Abb. 1, 40.
Abb. 2: Aloisius Galvani, *Abhandlung über die Kräfte der Electricität bei der Muskelbewegung (1791)*, hg. von A. J. von Oettingen, Leipzig 1894 (Ostwald's Klassiker der exakten Wissenschaften; 52), 5.
Abb. 3: Marcello Pera, *The Ambiguous Frog. The Galvani-Volta Controversy on Animal Electricity*, Princeton 1992, 14.
Abb. 4: Aloisius Galvani, *Abhandlung über die Kräfte der Electricität bei der Muskelbewegung (1791)*, hg. von A. J. von Oettingen, Leipzig 1894 (Ostwald's Klassiker der exakten Wissenschaften; 52), 25.

Abb. 5: Karl E. Rothschuh, »Aus der Frühzeit der Elektrobiologie«, in: *Elektromedizin und ihre Grenzgebiete. Zeitschrift für Klinik und Praxis einschließlich Elektropathologie*, 4. Bd., Dezember 1959, Nr. 6, 201-217, Bild 5, 206.
Abb. 6: Marcello Pera, *The Ambiguous Frog. The Galvani-Volta Controversy on Animal Electricity*, Princeton 1992, 111.
Abb. 7: Karl E. Rothschuh, »Aus der Frühzeit der Elektrobiologie«, in: *Elektromedizin und ihre Grenzgebiete. Zeitschrift für Klinik und Praxis einschließlich Elektropathologie*, 4. Bd, Dezember 1959, Nr. 6, 201-217, Bild 12, 214.
Abb. 8: Marcello Pera, *The Ambiguous Frog. The Galvani-Volta Controversy on Animal Electricity*, Princeton 1992, 147.
Abb. 9: Marcello Pera, *The Ambiguous Frog. The Galvani-Volta Controversy on Animal Electricity*, Princeton 1992, 168.
Abb. 10: Emil du Bois-Reymond, *Untersuchungen über thierische Elektricität*, 1. Band, Berlin 1848.
Abb. 11: Ferdinand Scheminzky, Michelangelo G. Fuortes, Friedrich K. Köllensperger, »Die Nachwirkung einer galvanischen Längsdurchströmung bei Fröschen«, in: *Pflügers Archiv für die gesamte Physiologie des Menschen und der Tiere*, 243. Bd., 1940, 1-21, Abb. 1., 3.

Graugans

Abb. 1: Konrad Lorenz, »Durch Domestikation verursachte Störungen arteigenen Verhaltens«, in: *Zeitschrift für angewandte Psychologie und Charakterkunde* 59, 1940, 2-81, hier: 77.
Abb. 2: Konrad Lorenz, »Durch Domestikation verursachte Störungen arteigenen Verhaltens«, in: *Zeitschrift für angewandte Psychologie und Charakterkunde* 59, 1940, 2-81, hier: 78.

Hund

Abb. 1: Iwan Pawlow, Vorlesungen über die Arbeit der Großhirnhemisphären (1927), in: ders.: *Sämtliche Werke*, Bd. IV, Berlin 1953, 373.
Abb. 2: Max von Stephanitz, *Der deutsche Schäferhund in Wort und Bild*, 8., neubearb. Aufl. Jena 1932, 510.
Abb. 3: Max von Stephanitz, *Der deutsche Schäferhund in Wort und Bild*, 8., neubearb. Aufl. Jena 1932, 508.

Mickey Mouse

Abb. 1: Ur-Mickey Mouse aus Steamboat-Willy.
Abb. 2: Tillergirls nach Fritz Giese, *Girlkultur. Vergleiche zwischen amerikanischem und europäischem Rhythmus und Lebensgefühl*, München 1925, Abb. 14.

Molch

Abb. 1: Vilhelm Slomann, *Bicorporates. Studies in Revivals and Migrations of Art Motifs. In two Volumes. Vol. II: Plates*, Copenhagen 1967, (Figur 183).
Abb. 2: Hans Spemann, »Mikrochirurgische Operationstechnik«, in: *Abderhaldens Handbuch der biologischen Arbeitsmethoden. Abt. V: Methoden zum Studium der Funktionen der einzelnen Organe im tierischen Organismus. Teil 3, A: Methoden der Entwicklungsmechanik*, Berlin/Wien 1923, 1-30, hier: 19.
Abb. 3: Hans Spemann, »Mikrochirurgische Operationstechnik«, in: *Abderhaldens Handbuch der biologischen Arbeitsmethoden. Abt. V: Methoden zum Studium der Funktionen der einzelnen Organe im tierischen Organismus. Teil 3, A: Methoden der Entwicklungsmechanik*, Berlin/Wien 1923, 1-30, hier: 29.

Ornithopter

Abb. 1: Otto Lilienthal, *Der Vogelflug als Grundlage der Fliegekunst. Ein Beitrag zur Systematik der Flugtechnik*, Reprint der Originalausgabe Berlin 1889, Fig 11, 47.
Abb. 2: Otto Lilienthal, *Der Vogelflug als Grundlage der Fliegekunst. Ein Beitrag zur Systematik der Flugtechnik*, Reprint der Originalausgabe Berlin 1889, Fig 35, 89.
Abb. 3: Otto Lilienthal, *Der Vogelflug als Grundlage der Fliegekunst. Ein Beitrag zur Systematik der Flugtechnik*, Reprint der Originalausgabe Berlin 1889, Fig 35, 89.
Abb. 4: Erich von Holst, »Vom Flug der Tiere und vom Menschenflug der Zukunft«, in: Erich von Holst, *Zur Verhaltensphysiologie bei Tieren und Menschen. Gesammelte Abhandlungen*, Bd. II, München 1970, 139-159, hier: 154
Abb. 5: Erich von Holst, »Über ›künstliche Vögel‹ als Mittel zum Studium des Vogelflugs« (1943), in: ders., *Zur Verhaltensphysiologie bei Tieren und Menschen. Gesammelte Abhandlungen*, Bd. II, München 1970, 84-131, hier: 123.
Abb. 6: Erich von Holst, »Vom Flug der Tiere und vom Menschenflug der Zukunft«, in: Erich von Holst, *Zur Verhaltensphysiologie bei Tie-*

ren und Menschen. Gesammelte Abhandlungen, Bd. II, München 1970, 139-159, hier: 157.

Abb. 7: Erich von Holst, »Über ›künstliche Vögel‹ als Mittel zum Studium des Vogelflugs« (1943), in: ders., *Zur Verhaltensphysiologie bei Tieren und Menschen. Gesammelte Abhandlungen*, Bd. II, München 1970, 84-131, hier: 108.

Abb. 8: Erich von Holst, »Über ›künstliche Vögel‹ als Mittel zum Studium des Vogelflugs« (1943), in: ders., *Zur Verhaltensphysiologie bei Tieren und Menschen. Gesammelte Abhandlungen*, Bd. II, München 1970, 84-131, hier: 104

Abb. 9: Erich von Holst, »Untersuchungen über Flugbiophysik. Messungen zur Aerodynamik kleiner schwingender Flügel«, in: ders., *Zur Verhaltensphysiologie bei Tieren und Menschen. Gesammelte Abhandlungen*, Bd. II, München 1970, 37-83, hier: 80.

Pferd

Abb. 1: Marlene Schnelle-Schneyder, *Photographie und Wahrnehmung am Beispiel der Bewegungsdarstellung im 19. Jahrhundert*, Marburg 1990, 71.

Abb. 2: Marlene Schnelle-Schneyder, *Photographie und Wahrnehmung am Beispiel der Bewegungsdarstellung im 19. Jahrhundert*, Marburg 1990, 69.

Abb. 3: Marlene Schnelle-Schneyder, *Photographie und Wahrnehmung am Beispiel der Bewegungsdarstellung im 19. Jahrhundert*, Marburg 1990, 115.

Abb. 4: Marlene Schnelle-Schneyder, *Photographie und Wahrnehmung am Beispiel der Bewegungsdarstellung im 19. Jahrhundert*, Marburg 1990, 134.

Abb. 5: Erich von Holst, »Über die Ordnung und Umordnung der Beinbewegungen bei Hundertfüßern (Chilopoden)«, in: *Pflügers Archiv für die gesamte Physiologie des Menschen und der Tiere*, 234. Bd., 1934, 101-113, hier: 108.

Abb. 6: Erich von Holst, »Über die Ordnung und Umordnung der Beinbewegungen bei Hundertfüßern (Chilopoden)«, in: *Pflügers Archiv für die gesamte Physiologie des Menschen und der Tiere*, 234. Bd., 1934, 101-113, hier: 109.

Polyp

Abb. 1: Hans Querner/Ilse Jahn, *Christoph Gottfried Jacobi und die Süßwasserpolypen des Abraham Trembley*, Marburg an der Lahn 2003, 10.

Abb. 2: Hans Querner/Ilse Jahn, *Christoph Gottfried Jacobi und die Süßwasserpolypen des Abraham Trembley*, Marburg an der Lahn 2003, 41.
Abb. 3: Otto Steche, *Hydra und die Hydroiden, zugleich eine Einführung in die experimentelle Behandlung biologischer Probleme an niederen Tieren*, Leipzig 1911 (Monographien einheimischer Tiere; III. Bd.), 50.
Abb. 4: Otto Steche, *Hydra und die Hydroiden, zugleich eine Einführung in die experimentelle Behandlung biologischer Probleme an niederen Tieren*, Leipzig 1911 (Monographien einheimischer Tiere; III. Bd.), 47.
Abb. 5: Otto Steche, *Hydra und die Hydroiden, zugleich eine Einführung in die experimentelle Behandlung biologischer Probleme an niederen Tieren*, Leipzig 1911 (Monographien einheimischer Tiere; III. Bd.), 71.
Abb. 6: C. Ischikawa, »Trembley's Umkehrungsversuche an Hydra nach neuen Versuchen erklärt«, in: *Zeitschrift für wissenschaftliche Zoologie*, 49. Bd., 1890 (Diss. Freiburg i. B. 1889), 433-460, hier: 436.
Abb. 7: Hans Querner/Ilse Jahn, *Christoph Gottfried Jacobi und die Süßwasserpolypen des Abraham Trembley*, Marburg an der Lahn 2003, 43.
Abb. 8: *Terminator 2 – Jugdement Day*, Regie James Cameron.

Ratte

Abb. 1: Daniel W. Bjork, *B. F. Skinner. A Life*, o. O. 1993; (Copyright: Gerbrands Corp. Arlington, MA).
Abb. 2: http://behavior.romek.ru/dskinnerbox.htm

Schildkröte

Abb. 1: Alex Sutter, *Göttliche Maschinen. Die Automaten für Lebendiges bei Descartes, Leibniz, La Mettrie und Kant*, Frankfurt/M. 1988, Titelbild.
Abb. 2: Ewald Eichler, »Die künstliche Schildkröte. Ein umweltabhängiger Automat«, in: *Radiotechnik* 5/6, 1955, 173-179, hier: 173.
Abb. 3: Ewald Eichler, »Aufbau und Verhalten der künstlichen Schildkröte«, in: *Radiotechnik* 7/8, 1955, 239-244, hier: 242.
Abb. 4: Ewald Eichler, »Aufbau und Verhalten der künstlichen Schildkröte«, in: *Radiotechnik* 7/8, 1955, 239-244, hier: 242.
Abb. 5: Schaltung eines bedingten Reflexes nach Ewald Eichler, »Die künstliche Schildkröte. Ein umweltabhängiger Automat«, in: *Radiotechnik* 5/6, 1955, 173-179, hier: 177.

Schnecke

Abb. 1: Gerhard A. Brecher, *Die Entstehung und biologische Bedeutung der subjektiven Zeiteinheit – des Moments. (Aus dem Institut für Umweltforschung)*, Kiel 1932, Abb. 3.
Abb. 2: Gerhard A. Brecher, *Die Entstehung und biologische Bedeutung der subjektiven Zeiteinheit – des Moments. (Aus dem Institut für Umweltforschung)*, Kiel 1932, Abb. 4.
Abb. 3: Gerhard A. Brecher, *Die Entstehung und biologische Bedeutung der subjektiven Zeiteinheit – des Moments. (Aus dem Institut für Umweltforschung)*, Kiel 1932, Tabelle 5.
Abb. 4: K. Krüger, »Zeitlupe und Zeitraffer«, in: Edgar Beyfuss, Alfred Kossowsky (Hg.), *Das Kulturfilmbuch*, Berlin 1924, 186-193, hier: 189.

Seeigel

Abb. 1: Ricard Mas Peinado, Carlos Rojas, *Dalí*, Paris 2003.
Abb. 2: Oscar Hertwig, *Lehrbuch der Entwicklungsgeschichte des Menschen und der Wirbeltiere*, 9. umgearbeitete und erweiterte Aufl. Jena 1910, 103.
Abb. 3: Oscar Hertwig, *Lehrbuch der Entwicklungsgeschichte des Menschen und der Wirbeltiere*, 9. umgearbeitete und erweiterte Aufl. Jena 1910, 104.

Steinlaus

Abb. 1: *Pschyrembel. Klinisches Wörterbuch der Medizin*, 260. Auflage, Berlin, New York 2004, 1728.
Abb. 2: Floh nach Robert Hooke, *Micrographia or some physiological descriptions of minute bodies made by magnifying glasses*, London 1667, o. Pg.

Zecke

Abb. 1: Jakob von Uexküll, Georg Kriszat, *Streifzüge durch die Umwelten von Tieren und Menschen. Ein Bilderbuch unsichtbarer Welten. Bedeutungslehre*, Hamburg 1956, 27.
Abb. 2: Jakob von Uexküll, Georg Kriszat, *Streifzüge durch die Umwelten von Tieren und Menschen. Ein Bilderbuch unsichtbarer Welten. Bedeutungslehre*, Hamburg 1956, 40.
Abb. 3: Jakob von Uexküll, Georg Kriszat, *Streifzüge durch die Umwelten von Tieren und Menschen. Ein Bilderbuch unsichtbarer Welten. Bedeutungslehre*, Hamburg 1956, 41.

Zitteraal

Abb. 1: Carl Sachs, *Dr. Carl Sachs Untersuchungen am Zitteraal Gymnotus Electricus.* Nach seinem Tode bearbeitet von Emil du Bois-Reymond, Leipzig 1881, 14.
Abb. 2: John Walsh, »Of the electric Property of the Torpedo«, in: *Philosophical Transactions*, 36. Bd., 1773, 461-480, Tab. XIX, 480.
Abb. 3: Künstlicher Fisch nach Henry Cavendish, »An Account of Some Attempts to Imitate the Effects of the Torpedo by Electricity«, in: James Clerk Maxwell (ed.), *The Electrical Researches of the Honourable Henry Cavendish, first published 1879*, Guilford and London 1967, 194-215, Fig 3, 200.
Abb. 4: Künstlicher Fisch nach Henry Cavendish, »An Account of Some Attempts to Imitate the Effects of the Torpedo by Electricity«, in: James Clerk Maxwell (ed.), *The Electrical Researches of the Honourable Henry Cavendish, first published 1879*, Guilford and London 1967, 194-215, Fig 4, 201.
Abb. 5: Alessandro Volta, *Untersuchungen über den Galvanismus (1796 bis 1800)*, hg. von A. J. von Oettingen, Leipzig 1900 (Ostwald's Klassiker der exakten Wissenschaften; 118), Fig. 3 und 4, 88.
Abb. 6: Carl Sachs, *Dr. Carl Sachs Untersuchungen am Zitteraal Gymnotus Electricus.* Nach seinem Tode bearbeitet von Emil du Bois-Reymond, Leipzig 1881, Tafel III, ohne Pag.

Homo-nix-sapiens

Abb. 1: Wolfgang Köhler, *Intelligenzprüfungen an Menschenaffen. Unveränderter Nachdruck der zweiten, durchgesehenen Auflage der »Intelligenzprüfungen an Anthropoiden I«. Aus den Abhandlungen der Preuss. Akademie der Wissenschaften Jahrgang 1917, Physikal.-Mathem. Klasse, NR. 1, 1921. Mit einem Anhang zur Psychologie des Schimpansen*, Berlin u. a. 1963, Tafel IV.
Abb. 2: Walter Karp, *Charles Darwin and the Origin of Species*, New York 1968, 140.

Register der Tiere, die dem Netz der alphabetischen Gesamtanordnung und seiner Querverweise entgingen

Aplysia 11
Ascaris 76
Aufgußtierchen 209

Bakteriophagen 11
Bienenmilbe 250

Caribenfisch 269
Cayman 269
Chamäleon 8
Conferva 27

Dodo 28
Dohle 118

Echse 99
Eintagsfliege 15
Elefant 73, 245, 270
Ente 110, 121f., 209ff., 276
Eule 92

Falke 23
Floh 149

Gewohnheitstier 279

Hai 99
Hamster 230
Heuschrecke 113
Hirsch 13, 244
Hirscheber 240
Huhn 86, 121f., 230, 245
Hummel 69
Hund 221
Hundertfüßer 48

Igel 187
Infusorium 15

Jaguar 267, 269

Kakerlaken 220
Käsemilbe 250
Kampffisch 226
Kaninchen 110, 127, 221, 230
Katze 126f., 270
Katzenhai 259
Knochenfisch 99
Kobra 37
Kolkrabe 118
Krabben 22
Krätzmilbe 250
Krampffisch 265
Krampfrochen 265
Kranich 60
Krokodil 267
Küchenschabe 200

Löwe 13, 239
Libelle 165
Lurch 99

Maultier 152

Maulwurf 89
Maus 11, 79, 86, 151
Mehlmilbe 252
Milbe 149, 250
Mücke 149
Mungo 37
Muschel 28, 224, 259

Nachtigall 7

Orang-Utan 27

Pony 182

Rind 251, 270

Schaf 137, 149, 152, 270
Schimpanse 13, 21, 240, 244, 280
Schlangenstern 62, 259
Seehund 13,
Schwein 7, 230
Schwalbe 7
Schwan 7
Seeigel 11
Seestern 259
Spinne 7, 61
Stachelrochen 269
Storch 243

Taube 23, 121, 161, 200, 206
Tausendfüßer 11
Torpedofisch 271
Truthuhn 187

Walfisch 89
Weinbergschnecke 224f.
Wespe 21, 60
Wolf 137, 149, 240
Wombat 240, 246
Wurm 198

Zebrafisch 87
Ziege 152
Zitterrochen 265, 275, 278
Zitterwels 265
Zwergnilpferd 240

Literaturwissenschaft und Kulturtheorie in der edition suhrkamp
Eine Auswahl

Jan Assmann. Der Tod als Thema der Kulturtheorie. Todesbilder und Todesriten im Alten Ägypten. Mit zahlreichen Abbildungen. es 2157. 128 Seiten

Etienne Barilier. Gegen den neuen Obskurantismus. Lob des Fortschritts. Übersetzt von Ulrich Kunzmann.
es 2099. 180 Seiten

Benjamins Begriffe. Herausgegeben von Michael Opitz und Erdmut Wizisla. Zwei Bände. es 2048. 880 Seiten

Ottmar Ette. Roland Barthes. Eine intellektuelle Biographie.
es 2077. 522 Seiten

Stephen Greenblatt. Was ist Literaturgeschichte? Übersetzt von Reinhard Kaiser und Barbara Naumann.
es 2171. 112 Seiten

Jochen Hörisch. Brot und Wein. Die Poesie des Abendmahls.
es 1692. 295 Seiten

Jochen Hörisch. Kopf oder Zahl. Die Poesie des Geldes.
Mit Abbildungen. es 1998. 370 Seiten

Jochen Hörisch. Ende der Vorstellung. Die Poesie der Medien.
es 2115. 292 Seiten

Konstruktionen praktischer Vernunft. Philosophie im Gespräch. Herausgegeben von Herlinde Pauer-Studer.
es 2181. 304 Seiten

NF 308/1/8.00

Henning Ritter. Die Fassaden am East River. es 2158. 95 Seiten

Richard Rorty. Die Schönheit, die Erhabenheit und die Gemeinschaft der Philosophen. es 2149. 87 Seiten

Peter Strasser. Journal der letzten Dinge. es 2051. 301 Seiten

Peter Strasser. Der Weg nach draußen. es 2177. 272 Seiten

Hans-Ulrich Treichel. Über die Schrift hinaus. Essays zur Literatur. es 2144. 240 Seiten

Robert Walser und die moderne Poetik. Herausgegeben von Dieter Borchmeyer. es 2107. 251 Seiten

NF 308/2/8.00